21世纪高等学校计算机
专业实用规划教材

Linux 服务器
配置实践教程

◎ 陈洪丽　范青武　主编

和　薇　郑　鲲　李东旭　副主编

清华大学出版社

北京

内容简介

全书以 Red Hat Enterprise Linux 5 作为基础进行实例教学,对 Linux 的网络服务应用进行了详细讲解。本书内容包括 Red Hat Enterprise Linux 5 的安装与配置、服务器配置常见命令概述、Samba 服务器的安装与配置、DNS 服务器的安装与配置、WWW 服务器的安装与配置、FTP 服务器的安装与配置、DHCP 服务器的安装与配置、NFS 服务器的安装与配置和 Sendmail 服务器的安装与配置。本书内容详尽、实例丰富、结构清晰、通俗易懂,使用了大量的截图进行讲解和说明,对重点操作给出了详细的操作步骤,便于读者学习和查阅,具有很强的实用性和参考性。

本书可作为高等院校相关专业的教材,也可供广大 Linux 爱好者自学使用。

图书在版编目(CIP)数据

Linux 服务器配置实践教程/陈洪丽,范青武主编.—北京:清华大学出版社,2016
(21 世纪高等学校计算机专业实用规划教材)
ISBN 978-7-302-45349-9

Ⅰ. ①L… Ⅱ. ①陈… ②范… Ⅲ. ①Linux 操作系统—高等学校—教材 Ⅳ. ①TP316.89

中国版本图书馆 CIP 数据核字(2016)第 260861 号

责任编辑:黄 芝 王冰飞
封面设计:刘 键
责任校对:梁 毅
责任印制:李红英

出版发行:清华大学出版社
      网   址:http://www.tup.com.cn, http://www.wqbook.com
      地   址:北京清华大学学研大厦 A 座   邮   编:100084
      社 总 机:010-62770175   邮   购:010-62786544
      投稿与读者服务:010-62776969, c-service@tup.tsinghua.edu.cn
      质 量 反 馈:010-62772015,zhiliang@tup.tsinghua.edu.cn
      课 件 下 载:http://www.tup.com.cn,010-62795954

印 装 者:北京密云胶印厂
经   销:全国新华书店
开   本:185mm×260mm   印 张:19   字   数:457 千字
版   次:2016 年 12 月第 1 版   印   次:2016 年 12 月第 1 次印刷
印   数:1～2000
定   价:39.50 元

产品编号:071800-01

前　言

  Linux 系统作为开源软件的代表,已经广泛应用于各个领域。凭借其良好的安全性和出色的稳定性,Linux 已成为目前网络服务器首选的操作系统之一。

  本书能帮助读者熟悉各种服务器的基本工作原理,也能快速掌握架设及管理常用服务器的基本方法与技巧。本书内容实践性强,且基于 VMware 虚拟机＋Red Hat Enterprise Linux 5 平台,通过大量的实例图片帮助读者形象、直观地学习服务器配置的基本方法。

  本书共分 9 章,第 1 章讲述了 VMware 虚拟机＋ Red Hat Enterprise Linux 5 环境的搭建;第 2 章对服务器配置中常见的命令进行了讲解,方便后面章节的学习;第 3～9 章分别讲解了 Samba 服务器、DNS 服务器、WWW 服务器、FTP 服务器、DHCP 服务器、NFS 服务器和 Sendmail 服务器的安装与配置,在对基本概念、原理叙述清楚后,重点通过相关实例的讲解,帮助读者掌握服务器配置与管理的基本方法,讲解细致、步骤清晰,一定会给读者的学习带来事半功倍的效果。为了配合上机练习,在第 3～9 章中分别设置了知识拓展、本章小结和操作与练习。通过每个章节的实例及知识拓展、本章小结和操作与练习,读者可以熟悉并掌握架设服务器的相关技巧,对服务器的配置从理论到实践都起到很好的巩固和强化作用。

  本书由陈洪丽主编并统稿,范青武任第二主编,和薇、郑鲲、李东旭任副主编。其中,陈洪丽编写了第 1、4、5 章,范青武编写了第 2、3 章,和薇编写了第 6、7 章,郑鲲编写了第 8 章,李东旭编写了第 9 章。

  由于作者水平有限,书中难免存在一些缺点和不足,敬请广大读者及同行批评指正。

编　者

2016 年 8 月

目　　录

第1章 Red Hat Enterprise Linux 5 的安装与配置

Linux 操作系统是一款优秀的操作系统，支持多用户、多线程、多进程，实时性好，功能强大且稳定。同时，它又具有良好的兼容性和可移植性，被广泛应用于各种计算机平台。本书实例的配置环境是在 Windows 系统（如 Windows XP）中安装 VMware 虚拟机，然后在 VMware 虚拟机下安装 Red Hat Enterprise Linux 5，并进行简单的网络配置后构成的。

1.1　VMware 虚拟机的安装

用户可以通过互联网访问 VMware 的官方网站"http://www.wmware.com/cn/"了解详细介绍，并下载 VMware Workstation。软件安装步骤如下所述。

（1）本书下载的是绿色汉化版 6.0.2，运行该安装包，首先会弹出安装提示窗口，直接单击"确定"按钮，接下来会出现如图 1-1 所示的欢迎安装界面，直接单击 Next 按钮。

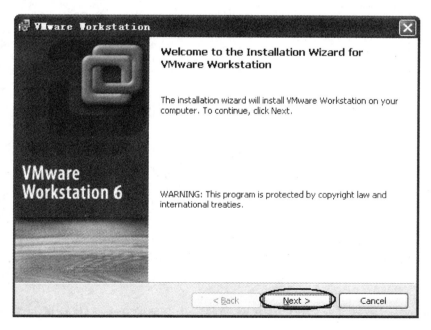

图 1-1　欢迎安装界面

（2）在安装类型窗口中选择 Typical 选项，即典型安装方式，如图 1-2 所示。

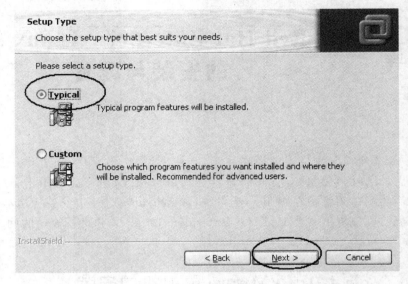

图 1-2　安装类型选择窗口

（3）指定安装路径，如图 1-3 所示，默认值为"C:\ Program Files\VMware\VMware Workstation\"，这里不做改动，直接单击 Next 按钮。

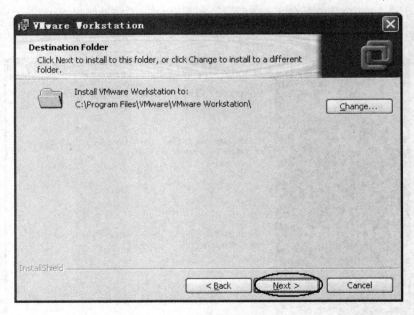

图 1-3　安装路径选择窗口

（4）询问是否需要设置多种启动方式，这里选中全部的复选框，然后单击 Next 按钮，如图 1-4 所示。

（5）单击 Install 按钮进行安装，如图 1-5 所示。

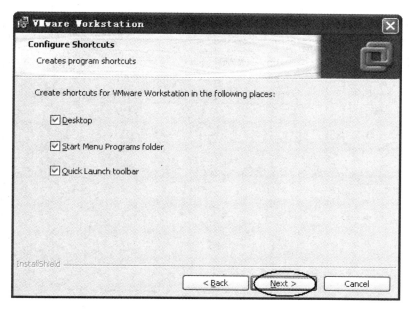

图 1-4　设置启动方式

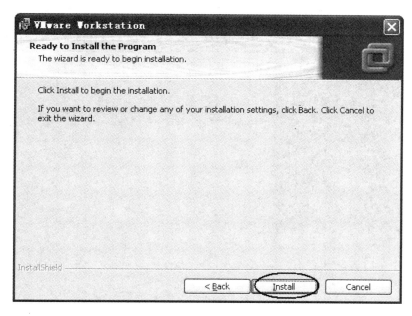

图 1-5　安装界面

（6）由于安装的虚拟机是绿色汉化版 6.0.2，这里需要输入序列号，在开始的安装提示窗口中已经说明，直接按 Ctrl＋V 组合键粘贴即可，如图 1-6 所示。

注意：在此之前不可以使用复制和剪切等功能，否则这里就无法正确粘贴序列号了。

（7）如果序列号正确无误，则可以进行安装，安装完毕后，单击 Finish 按钮，如图 1-7 所示。

4

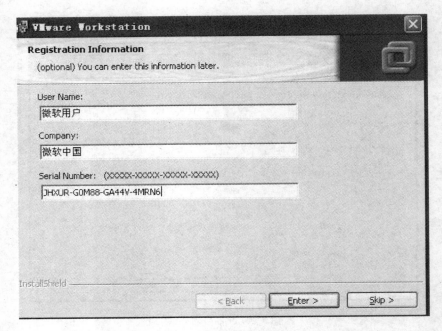

图 1-6　验证序列号窗口

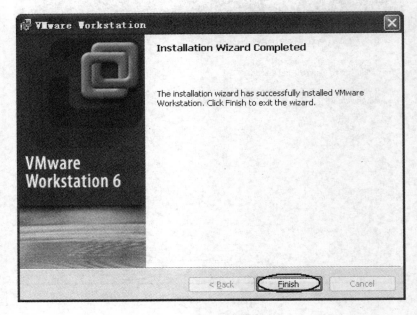

图 1-7　英文版安装完成

（8）自动安装汉化补丁，如图 1-8 所示，单击"确定"按钮。

（9）安装完毕后，需要重新启动计算机，如图 1-9 所示。

图 1-8　安装汉化补丁窗口

图 1-9　重启系统

1.2　在 VMware Workstation 下新建虚拟机

VMware 虚拟机安装完毕后,需要新建一个虚拟机才能在其中安装某种操作系统。新建步骤如下。

(1) 运行 VMware 虚拟机,其主界面如图 1-10 所示,单击右侧窗口中的"新建虚拟机"按钮。

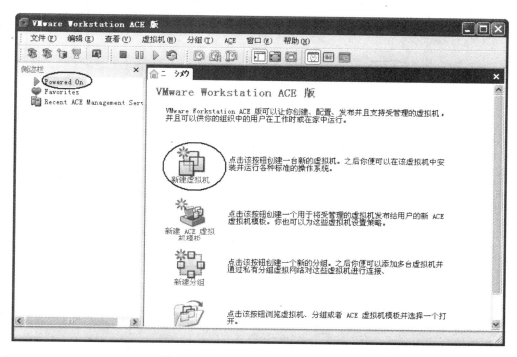

图 1-10　VMware Workstation 主界面

（2）弹出"新建虚拟机向导"窗口,如图 1-11 所示,单击"下一步"按钮。

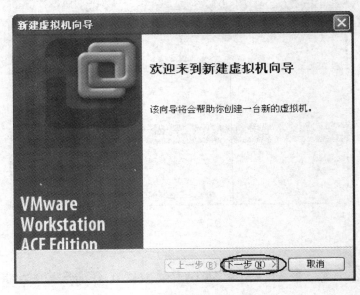

图 1-11　"新建虚拟机向导"窗口

（3）配置虚拟机,这里选择"典型"选项,然后单击"下一步"按钮,如图 1-12 所示。

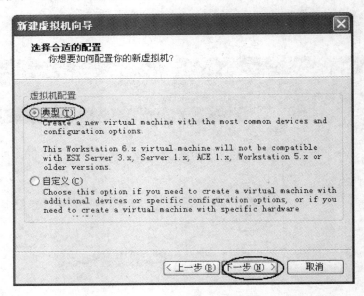

图 1-12　虚拟机配置窗口

　　（4）选择在虚拟机上安装的操作系统类型,由于我们要安装 Red Hat Enterprise Linux 5,所以在"客户机操作系统"选项区域中选择 Linux 选项,在"版本"下拉列表框中选择 Red Hat Enterprise Linux 5 选项,如图 1-13 所示。

　　（5）输入安装的虚拟机的名称,这里命名为 Red Hat Enterprise Linux 5,还要输入虚拟机的磁盘安装路径,即虚拟机的各种文件放置的目录。虚拟机包含一系列文件,如虚拟机磁

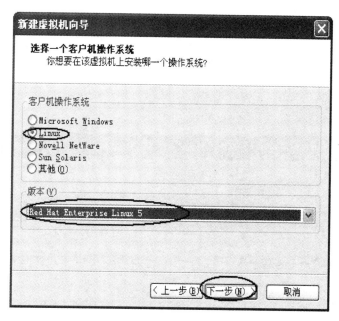

图 1-13　选择操作系统类型

盘文件等。由于虚拟机的磁盘文件是完成虚拟机系统的磁盘功能,所以该文件会随着操作系统的安装而变得很大,Red Hat Enterprise Linux 5 安装完毕可能需要 5GB 左右的空间(最小安装需要 850MB,最大安装需要 5.5GB),建议选择磁盘空间较大的分区,不应小于6GB,这里指定路径为“H:\My Virtual Machines\Red Hat Enterprise Linux 5”,如图 1-14所示。

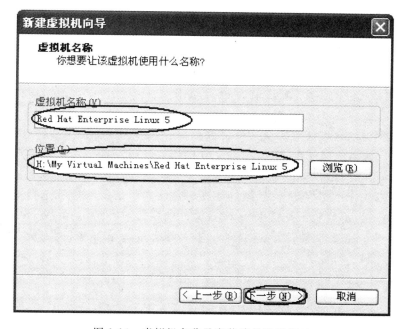

图 1-14　虚拟机名称及安装路径设置窗口

Red Hat Enterprise Linux 5 的安装与配置

（6）选择网络连接类型。虚拟机通过虚拟网卡可以与外界网络连接，如同一台独立的计算机一样工作，其他计算机也可以通过网络访问该虚拟机，而完全感觉不到那其实是一台虚拟计算机。

VMware 虚拟机与外界网络连接可以有不同的类型：桥接方式、网络地址翻译方式、私有网络主机方式和无网络连接方式。为了让虚拟机像一台独立计算机一样地工作，并可被其他计算机访问，这里选择桥接方式，如图 1-15 所示。

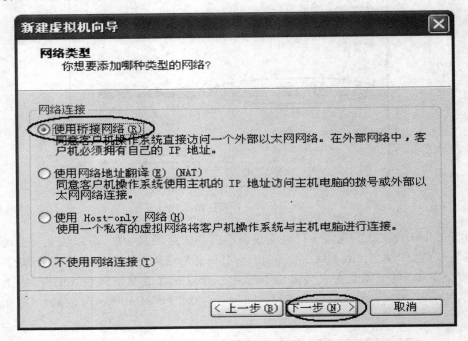

图 1-15　选择网络连接类型

（7）指定虚拟磁盘空间的大小。虚拟机的磁盘是宿主计算机系统中的一个文件虚拟，该文件的大小与安装的操作系统类型和其中的应用软件多少有关，要根据需要设置。这里设置的是该文件的上限，默认值为 8GB，如图 1-16 所示，该数值为虚拟机磁盘的最大容量。

"磁盘容量"选项区域还有两个选项可以选择："立即分配所有磁盘空间"和"分割磁盘为 2GB 文件"。如果选择前者，则 VMware 立即创建与所设置的虚拟机磁盘空间大小一样的文件，即使什么系统都没有装也要占用这么多空间；如果不选择，则系统会随着虚拟机系统的安装而逐渐扩大虚拟机磁盘文件，即用多少占多少。因此不建议选择前者。而分割磁盘为 2GB 文件是为了兼容不支持大于 2GB 文件的系统，现在常见的 Windows 或者 Linux 系统都支持大于 2GB 的文件，因此该选项也不需要选择，单击下方的"完成"按钮，如图 1-16 所示。

（8）提示虚拟机成功创建，单击 Close 按钮结束安装，如图 1-17 所示。

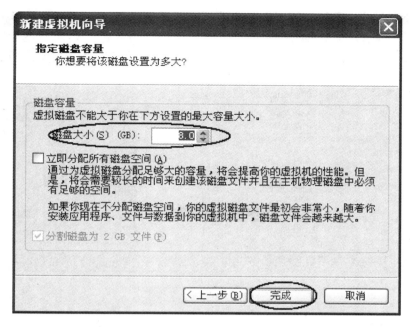

图 1-16　指定虚拟磁盘空间

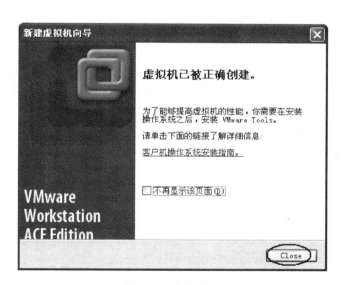

图 1-17　安装完毕

1.3　Red Hat Enterprise Linux 5 的安装

　　当在 VMware Workstation 下创建好了 Red Hat Enterprise Linux 5 所对应的虚拟机后,就可以来安装操作系统了。

　　(1) 可以使用宿主计算机的实际物理光驱,也可以使用光盘镜像文件进行安装,选择"虚拟机"菜单下的"设置"选项,激活虚拟机设置窗口,如图 1-18 所示。

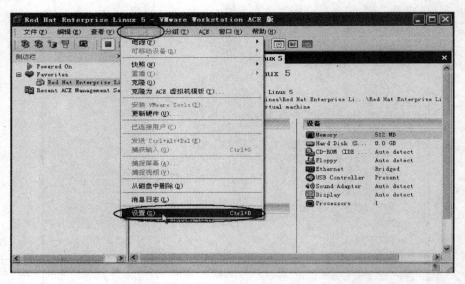

图 1-18　虚拟机设置菜单

（2）选择 CD-ROM 选项，其默认方式是 auto detect（自动检测）。如果通过系统盘来安装"Red Hat Enterprise Linux 5"，则按照这种方式即可；如果想通过镜像文件安装，需要选择"使用 ISO 镜像"选项。本书就是通过后者来安装的，并且指定安装所需的镜像文件为"H:\RHEL_5.3 i386 DVD.iso"，如图 1-19 所示。

注意：安装光盘的 ISO 文件可以从 Red Hat Network 网站上下载，由于 Red Hat Enterprise Linux 是一个商业版的 Linux 安装软件包，所以必须付费才能使用。不过 Red Hat 提供 30 天的使用版，可以从网站"http://www.redhat.com/rhel/details/eval/"上取得 Red Hat Enterprise Linux 5 的试用版。

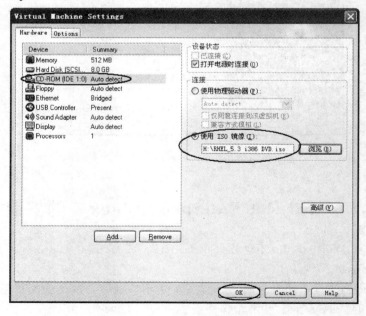

图 1-19　指定镜像文件

（3）启动虚拟机，就可以看到 Red Hat Enterprise Linux 5 的安装界面了，如图 1-20
所示。

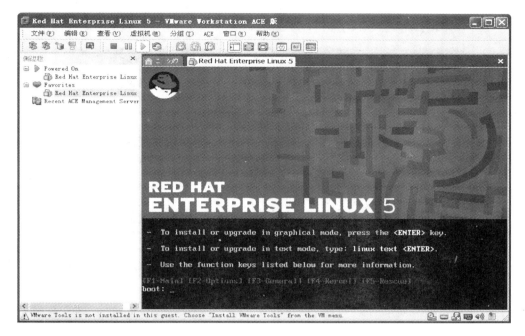

图 1-20　Red Hat Enterprise Linux 5 的安装界面

（4）当看到"boot:"提示符后直接按下 Enter 键，安装程序经过一番检测后进入如
图 1-21 所示的测试光盘选择界面。如果看到"boot:"提示符后没有进行任何操作，安装程
序将在 1 分钟后自动开始检测，并进入如图 1-21 所示的测试光盘选择界面。这时直接按
Enter 键开始光盘介质的测试，大约需要几分钟的时间，也可以按 Tab 键切换到 Skip 按钮
上，然后按 Enter 键跳过光盘的测试，进入下一步的安装。

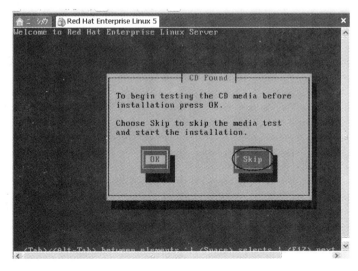

图 1-21　测试光盘选择界面

Red Hat Enterprise Linux 5 的安装与配置

（5）开始安装 Red Hat Enterprise Linux 5，在如图 1-22 所示的开始安装界面中单击 Next 按钮。

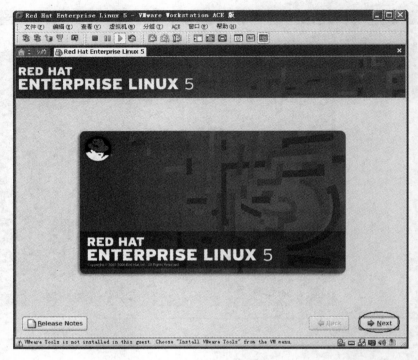

图 1-22　开始安装界面

（6）进入到安装语言选择界面，如图 1-23 所示，选择"简体中文"选项。

注意：这里选择的语言只是在安装过程中使用的语言，并不影响安装完成后所使用的语言支持。

（7）单击 Next 按钮，进入如图 1-24 所示的键盘设置界面，安装程序检测到的键盘类型会加亮显示，默认为美国英语式键盘。

（8）单击"下一步"按钮，打开如图 1-25 所示的"安装号码"对话框，选中"安装号码"单选按钮，然后在后面的文本框中输入安装号码。也可以选中"跳过输入安装号码"单选按钮，直接进入下一步。

注意：如果不输入安装号码，将只有核心服务器或 Desktop 被安装，其他功能可以在以后由手动安装。

（9）单击"确定"按钮，打开如图 1-26 所示的"警告"对话框，因为是全新安装，安装程序将提示是否初始化驱动器。

（10）单击"是"按钮，进入如图 1-27 所示的分区方案选择界面，选择"在选定驱动器上删除 Linux 分区并创建默认的分区结构"选项。如果是在选定的磁盘上安装 Linux，则选择"在选定磁盘上删除 Linux 分区并创建默认的分区结构"选项；如果是在选定的驱动器上的空余空间安装 Linux，则选择"使用选定的驱动器中的空余空间并创建默认的分区结构"选项；如果要自定义分区结构，则选择"建立自定义的分区结构"选项。

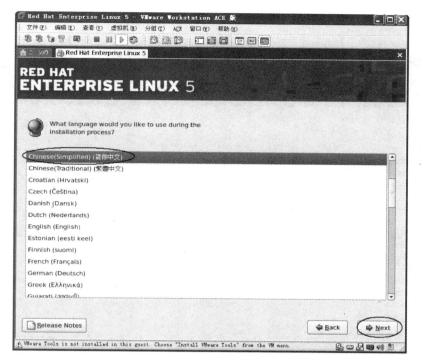

图 1-23　安装语言选择界面

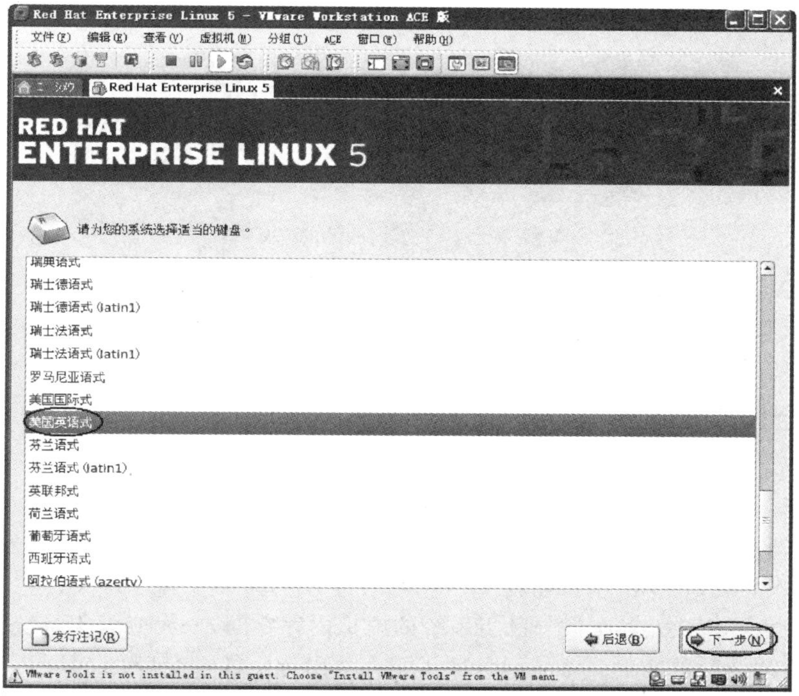

图 1-24　键盘设置界面

第
1
章

Red Hat Enterprise Linux 5 的安装与配置

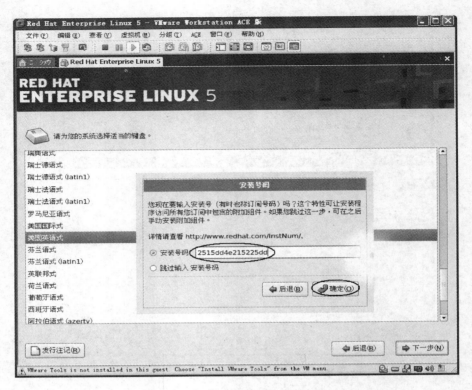

图 1-25　"安装号码"对话框

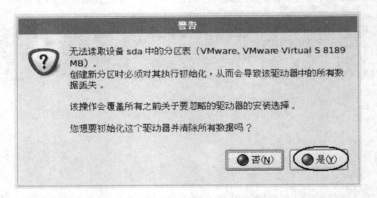

图 1-26　"警告"对话框

如果选择了自定义分区结构，为了成功安装 Red Hat Enterprise Linux 5，至少需要建立两个分区，即根分区(/)和交换分区（SWAP 分区），当然，也可以再创建一个系统引导分区(/boot)。其中根分区(/)用来存放 Linux 的大部分系统文件和用户文件，其大小要根据安装的软件包大小来决定；交换分区指系统的虚拟内存空间，一般应大于系统的物理内存，可以取值为物理内存的 2 倍。系统引导区用于存放引导文件，一般为 100MB。

　　(11) 这里选择自定义分区结构，然后单击"下一步"按钮设置磁盘分区，如图 1-28 所示。

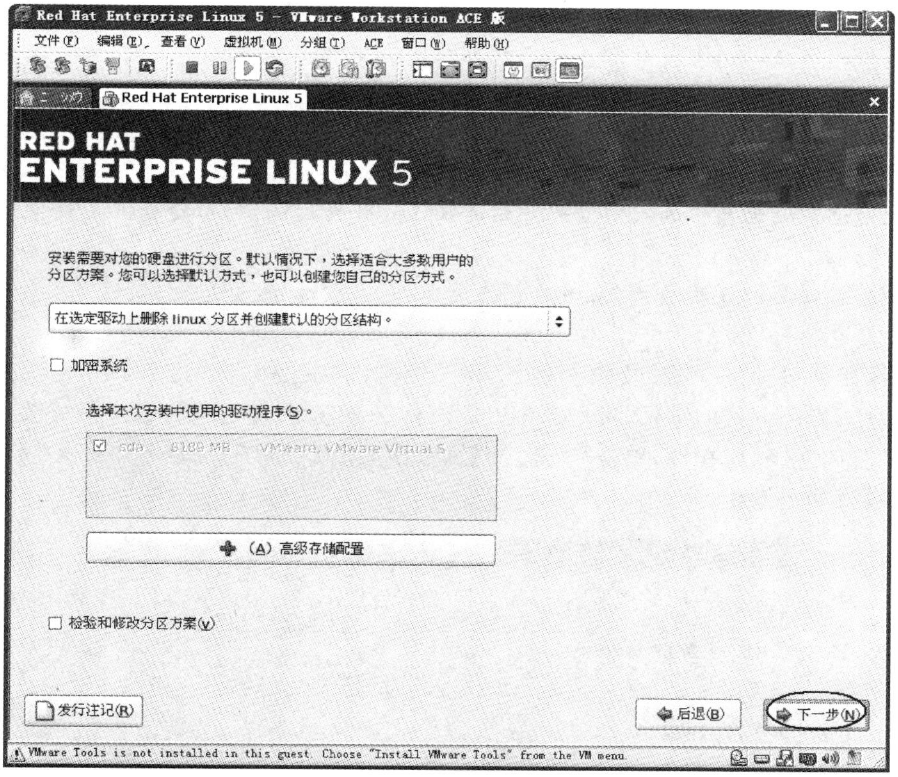

图 1-27　分区方案选择界面

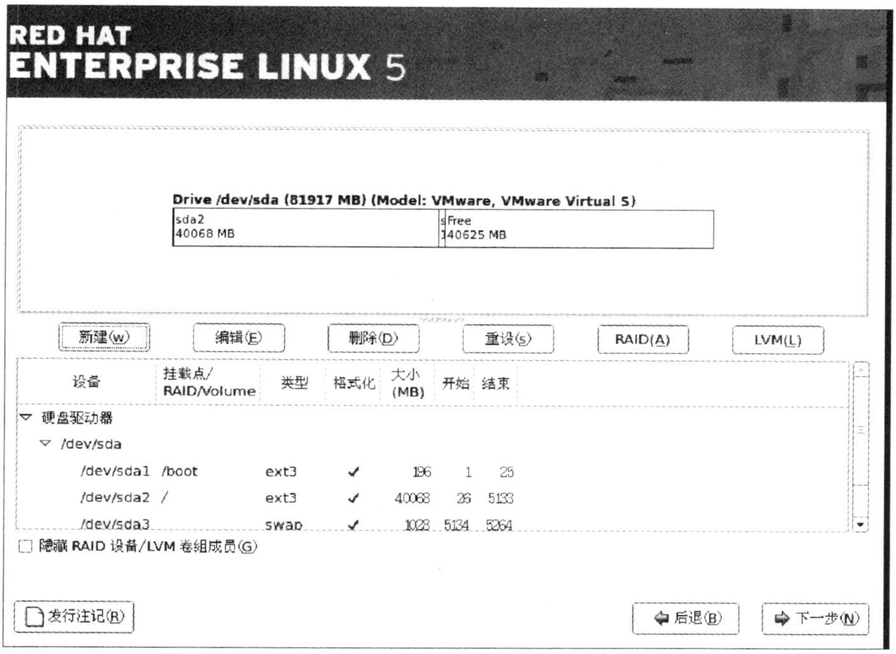

图 1-28　设置磁盘分区

提示：RHEL 5 Server 提供以下 4 种分区方式以供选择。

① 在选定磁盘上删除所有分区并创建默认分区结构：硬盘上原有的一切数据都将被删除，如果在硬盘安装 RHEL 5 Server 选择此方法最快捷。

② 在选定驱动器上删除 Linux 分区并创建默认的分区结构：以前在硬盘上安装的所有 Linux 内容都将被删除。此项为默认的磁盘分区方式。

③ 使用选定驱动器中的空闲空间并创建默认的分区结构，利用硬盘上未被任何系统使用的剩余空间进行安装。

④ 使用自定义的分区结构，由用户自己决定如何进行磁盘分区。

• 新建交换分区

这里采用如下分区方案：交换分区、"/boot"分区和根分区(/)共 3 个分区。分区创建的先后顺序不影响分区的结果，用户既可以先新建交换分区，也可以先新建根分区。

选中"空闲"选项所在行，单击"新建"按钮，弹出如图 1-29 所示的"添加分区"对话框，在此界面中进行如下操作。

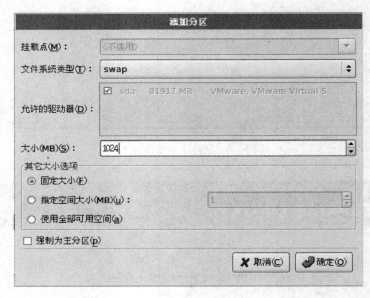

图 1-29 创建交换分区

① 在"文件系统类型"下拉列表框中选择 swap 选项，此时"挂载点"下拉列表框的内容会显示为灰色<不适用>，即交换分区不需要挂载点。

② 在"大小"文本框中输入 1024(一般是物理内存的 1～2 倍)。

③ 单击"确定"按钮，结束对交换分区的设置，返回 Disk Druid 界面，如图 1-30 所示，此时磁盘分区信息部分多出一行交换分区的相关信息，而空闲磁盘空间减少了。

• 新建"/boot"分区

再次选中"空闲"选项所在行，单击"新建"按钮，弹出如图 1-31 所示的"添加分区"对话框，在此界面中进行如下操作。

① 在"挂载点"下拉列表框中选择"/boot"选项，即新建"/boot"分区。

② 在"文件系统类型"下拉列表框中选择 ext3 选项。

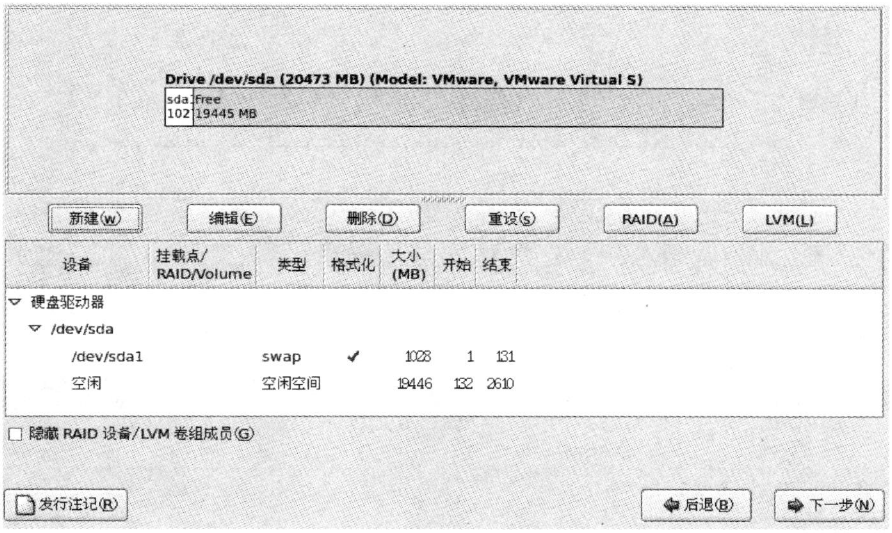

图 1-30　创建交换分区的磁盘分区情况

图 1-31　创建"/boot"分区

③ 在"大小"文本框中输入 100("/boot"分区通常是 100MB)。

④ 单击"确定"按钮,结束对"/boot"分区的设置,返回 Disk Druid 界面,如图 1-32 所示。此时磁盘分区信息部分多出一行"/boot"分区的相关信息,而空闲磁盘空间进一步减少了。

- 新建根分区

再次选中"空闲"选项所在行,单击"新建"按钮,弹出如图 1-33 所示的"添加分区"对话框,在此界面中进行如下操作。

18

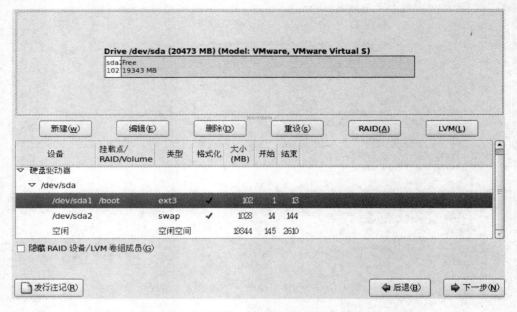

图 1-32　创建"/boot"分区后的磁盘分区情况

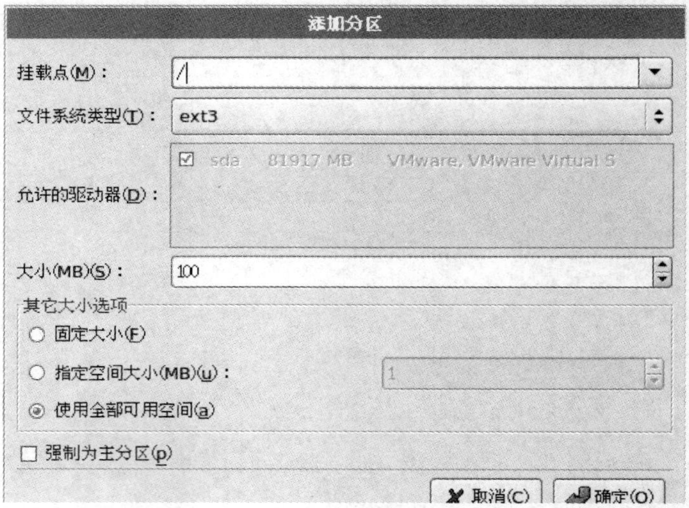

图 1-33　创建根分区

① 在"挂载点"下拉列表框中选择"/"选项,即新建根分区(/)。

② 在"文件系统类型"下拉列表框中选择 ext3 选项。

③ 在"其他大小选项"选项区域中选中"使用全部可以空间"单选按钮,磁盘上所有的可用空间都划归到根分区。

④ 单击"确定"按钮,结束对根分区的设置,返回 Disk Druid 界面,如图 1-34 所示显示出新建 Linux 分区后的磁盘分区状况。此时"格式化"列表中出现"√"符号,表示 3 个 Linux 分区均要进行格式化来创建文件系统,至此磁盘分区工作全部完成。

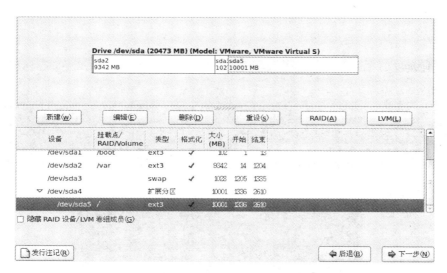

Drive /dev/sda (20473 MB) (Model: VMware, VMware Virtual S)

| sda2 9342 MB | | sda | sda5 102 10001 MB |

| 新建(W) | 编辑(E) | 删除(D) | 重设(S) | RAID(A) | LVM(L) |

设备	挂载点/RAID/Volume	类型	格式化	大小(MB)	开始	结束
/dev/sda1	/boot	ext3	✓	102	1	13
/dev/sda2	/var	ext3	✓	9342	14	1204
/dev/sda3		swap	✓	1028	1205	1335
▽ /dev/sda4		扩展分区		10001	1336	2610
/dev/sda5	/	ext3	✓	10001	1336	2610

☐ 隐藏 RAID 设备/LVM 卷组成员(G)

| 📄 发行注记(R) | | ⬅ 后退(B) | ➡ 下一步(N) |

图 1-34　创建 Linux 的分区后的磁盘分区情况

　　(12) 进入到网络配置界面,如图 1-35 所示。在"网络设备"选项区域可以看到安装程序检测到的网卡。默认情况下,网卡被设置成通过 DHCP 获得网络配置参数,也可以选择手工设置。如果要手工设置,则选中"手工设置"单选按钮,然后为网卡设备设置 IP 地址、网关、DNS 等参数,并且在安装完成后,还可以使用多种方法修改网络配置。

图 1-35　网络配置界面

Red Hat Enterprise Linux 5 的安装与配置

（13）单击"下一步"按钮，进入如图 1-36 所示的时区选择界面，可通过单击地图选择相应区域，也可从"亚洲/上海"选项所属的下拉列表中选择区域。

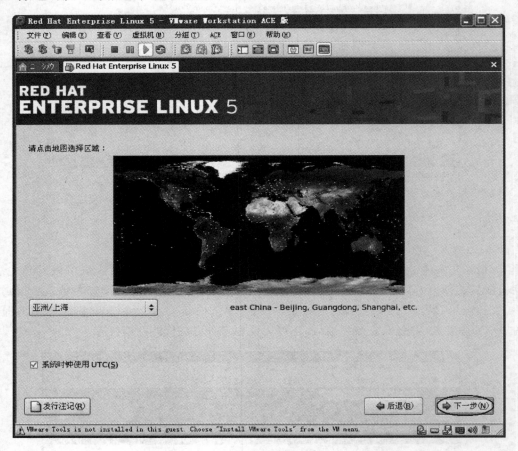

图 1-36　时区选择界面

（14）单击"下一步"按钮，进入如图 1-37 所示的设置根口令界面，在这里为根用户（root）设置口令。根用户也称超级用户，对整个系统拥有完全的存取权限，因此，为了安全，应为根用户设置一个安全口令，并且只有在执行系统维护和管理任务时使用根用户。

（15）单击"下一步"按钮，进入如图 1-38 所示的软件包定制界面，可以选择"稍后定制"或"现在定制"选项。如果选择"稍后定制"选项，则只安装默认的软件包，包括桌面外壳（GNOME）、管理工具、服务器配置工具、万维网服务器以及 Windows 文件服务器（SMB）等。

（16）此处选中"现在定制"选项，然后单击"下一步"按钮，进入到如图 1-39 所示的软件包具体定制界面。由于本书主要介绍服务器配置方面的内容，所以在左侧列表项"服务器"项目中，将相关的软件包全部选中安装。其余软件包可根据需要自行定制。

（17）当定制好了需要安装的软件包后，单击"下一步"按钮，安装程序将在所选定要安装的软件包中检查依赖关系，检查完毕后，会出现如图 1-40 所示的准备安装界面。

（18）单击"下一步"按钮，开始安装，如图 1-41 所示。

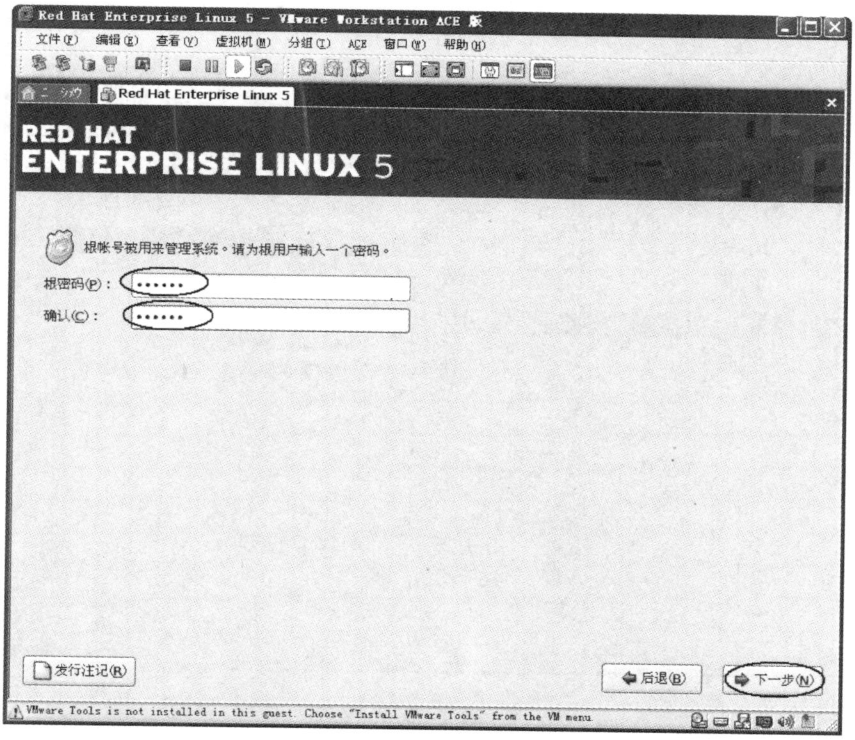

图 1-37　设置根口令界面

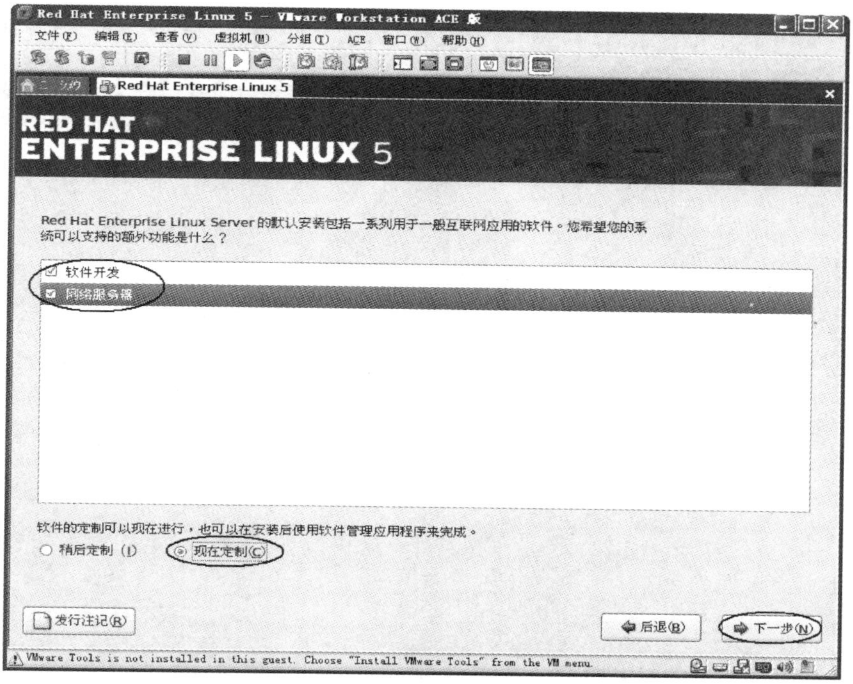

图 1-38　软件包定制界面

Red Hat Enterprise Linux 5 的安装与配置

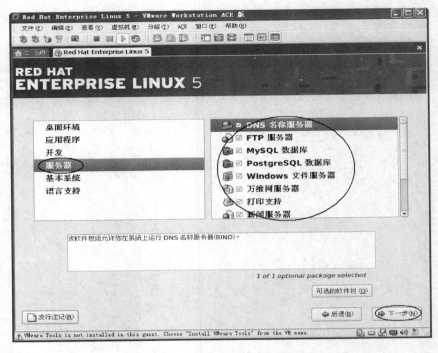

图 1-39 软件包具体定制界面

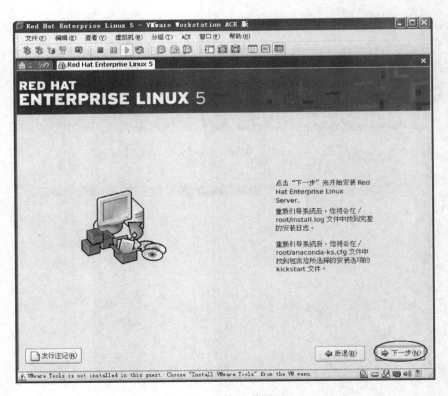

图 1-40 准备安装界面

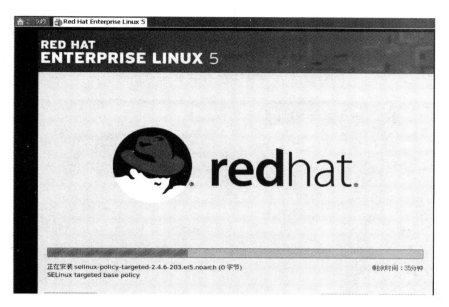

图 1-41　开始安装界面

（19）当所选的软件包全部安装完毕后，将进入如图 1-42 所示的界面，提示需要重新引导计算机，以完成后续的配置。

图 1-42　安装完成界面

注意：Red Hat Enterprise Linux 5 安装结束后，计算机将以 Linux 操作系统重新启动。首次启动 Linux 操作系统时，它将要求用户进行一系列的初始化配置，这些配置包括必要的安全设置、日期和时间设置、创建用户和声卡等设备的安装，用户应按要求完成这些配置。

Red Hat Enterprise Linux 5 的安装与配置

（20）单击"重新引导"按钮，重启 Red Hat Enterprise Linux 5，Linux 开始搜索并启动系统上的所有硬件设备，之后，系统还会执行一系列与启动相关的程序。然后进行一系列的初始化配置。如图 1-43 至图 1-52 所示。

正常启动后，系统会出现如图 1-53 所示的登录界面。

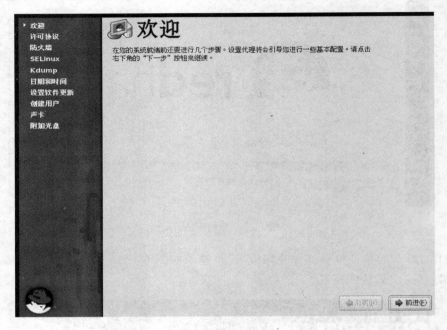

图 1-43　欢迎界面

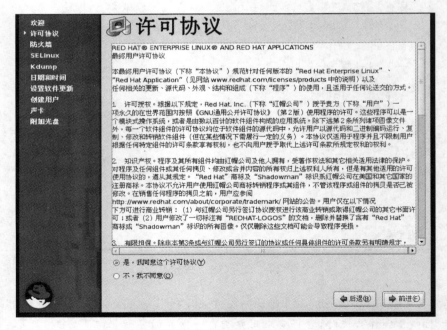

图 1-44　许可协议界面

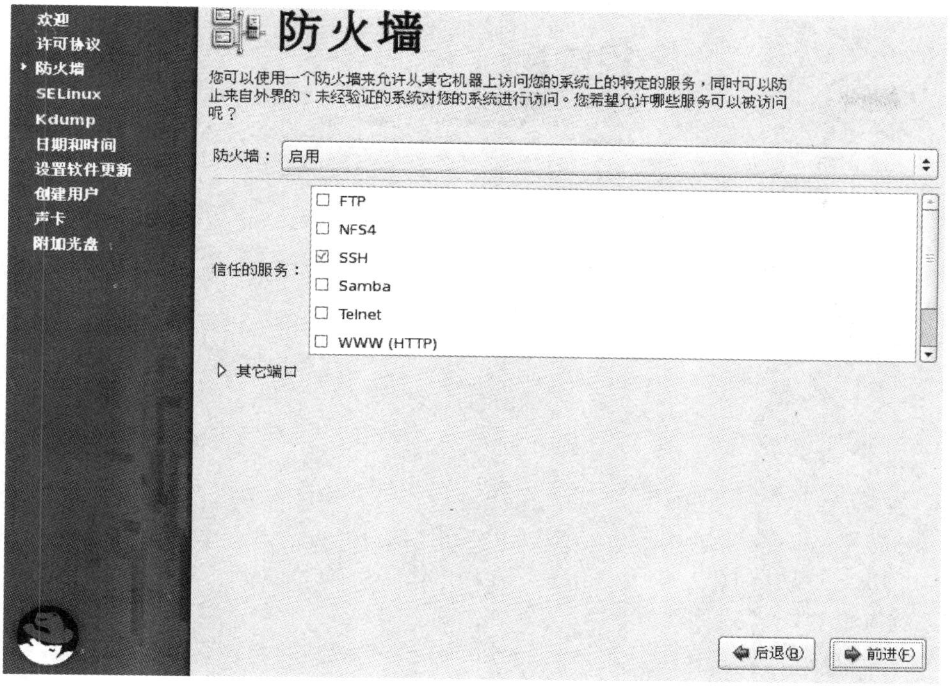

图 1-45　设置防火墙

图 1-46　设置 SELinux

Red Hat Enterprise Linux 5 的安装与配置

26

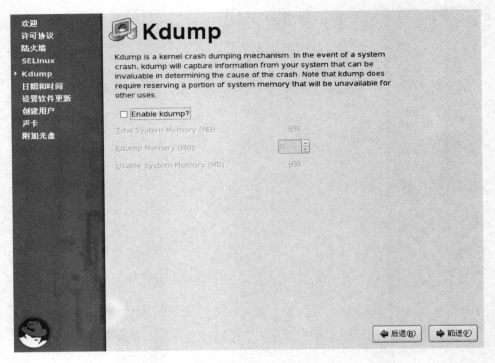

图 1-47　设置 Kdump

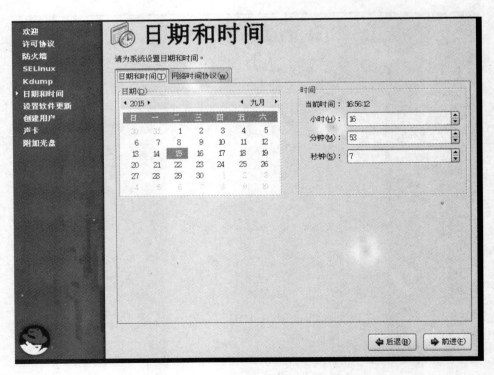

图 1-48　设置日期和时间

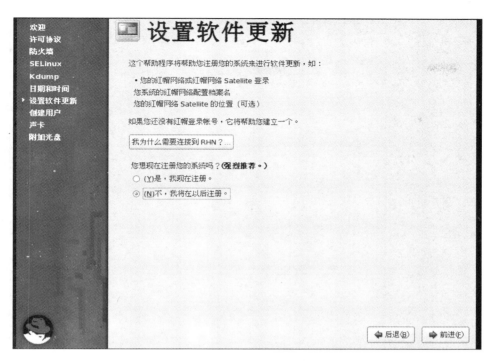

图 1-49　注册 Red Hat 网络

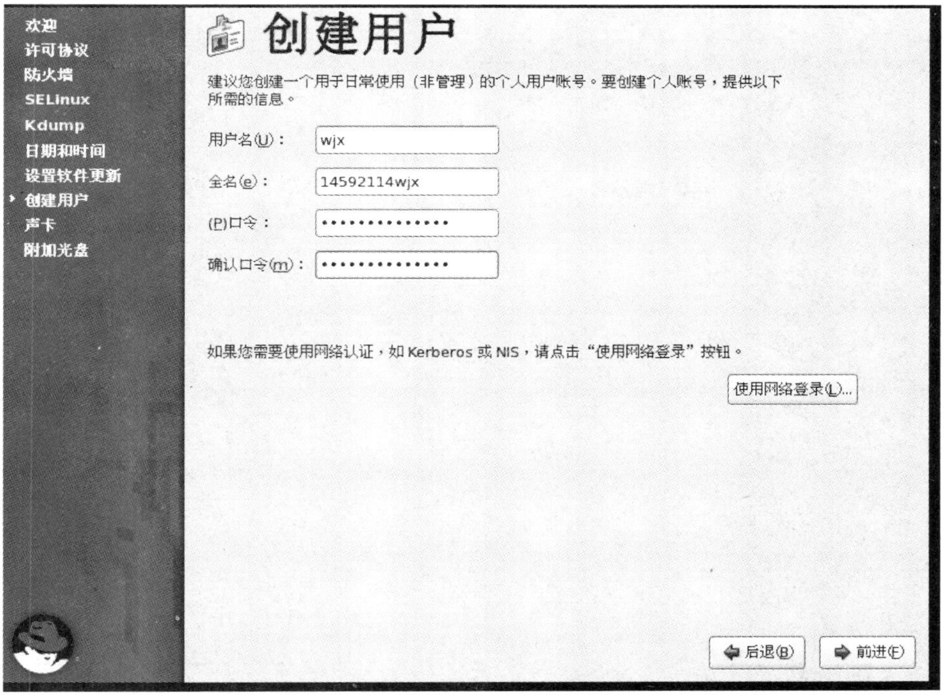

图 1-50　创建普通用户

Red Hat Enterprise Linux 5 的安装与配置

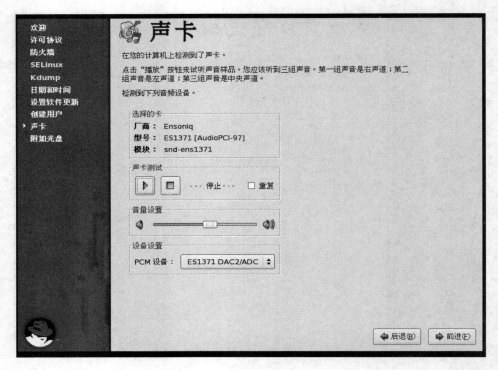

图 1-51　检测声卡

图 1-52　安装附加光盘界面

图 1-53　登录界面

图 1-54　输入用户名和口令

当正确地输入用户名和密码后,如图 1-54 所示,系统会进入 Red Hat Enterprise Linux 5 的桌面,如图 1-55 所示。

图 1-55　GNOME 桌面环境

提示:首次启动图形界面时,由于需要进行多项初始化设置,较为费时。以后再启动图形化界面时,计算机 BIOS 自检后,则只需要选择操作系统、登录 Linux 两个步骤。

1.4　Red Hat Enterprise Linux 5 的显卡驱动方法

系统安装完成后,可以发现,Red Hat Enterprise Linux 5 的显卡并没有驱动起来,当按住 Ctrl+Alt+Enter 组合键切换到全屏状态后,并不是想要的全屏状态。另外,在宿主计算机 Windows XP 系统和虚拟机 Red Hat Enterprise Linux 5 系统间切换时,也只能借助 Ctrl+Alt 组合键加鼠标移动的方式,很不方便。所以,需要驱动显卡,然后再重新设置分辨率才可以解决上述问题。其设置方法如下。

(1) 单击“虚拟机”菜单下的“设置”选项,如图 1-56 所示。

(2) 在弹出的窗口中选择 CD-ROM(IDE 1:0)选项,右击,选择“使用 ISO 镜像”选项,将默认的目录改为“虚拟机安装目录\VMware\VMware Workstation\linux. iso”。图 1-57 为镜像文件的默认设置。

(3) 将镜像文件设置为“虚拟机安装目录\VMware\VMware Workstation\linux. iso”,如图 1-58 所示。

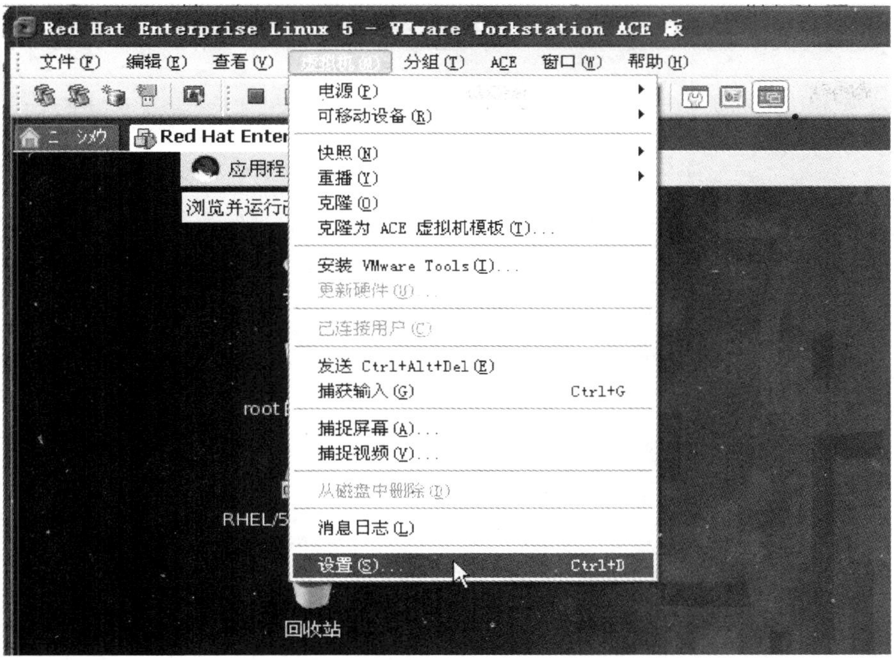

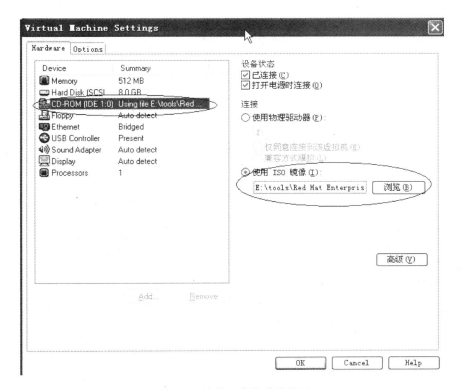

图 1-56　虚拟机设置菜单

图 1-57　镜像文件的默认设置

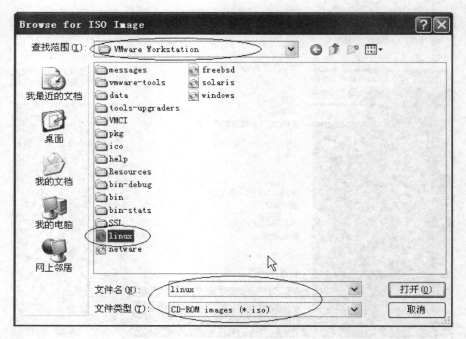

图 1-58　设置镜像文件

（4）单击"虚拟机"菜单下的"安装 VMware Tools"选项，如图 1-59 所示。

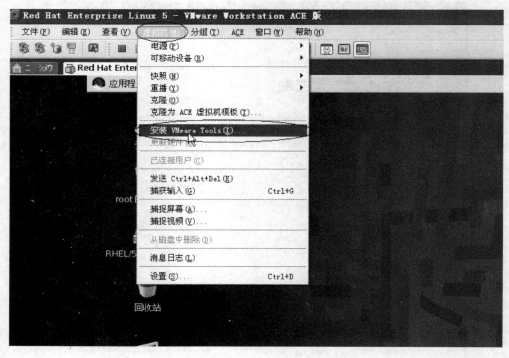

图 1-59　选择"安装 VMware Tools"选项

（5）在弹出的"警告"对话框中单击 Install 按钮，如图 1-60 所示。

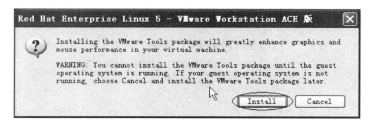

图 1-60 "警告"对话框

（6）重新启动系统，然后单击桌面上的 DVD-ROM 图标，如图 1-61 所示。

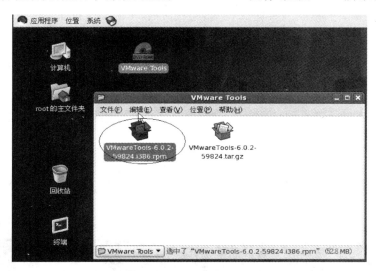

图 1-61 DVD-ROM 文件夹

（7）双击文件"VMwareTools-6.0.2-59824.i386.rpm"进行安装，在弹出的窗口中选中 VMwareTools-7240-59824.i386 和 VMware Tools 选项，然后单击"应用"按钮，如图 1-62 所示。

图 1-62 选择软件包

Red Hat Enterprise Linux 5 的安装与配置

（8）在弹出的对话框中单击"无论如何都安装"按钮，如图 1-63 所示。

图 1-63　确认对话框

（9）安装完毕，会弹出"软件已成功安装"对话框，单击 OK 按钮，如图 1-64 所示。

图 1-64　成功安装界面

（10）打开桌面上的 DVD-ROM 文件夹，双击 VMwareTools-6.0.2-59824.tar.gz 文件，如图 1-65 所示。

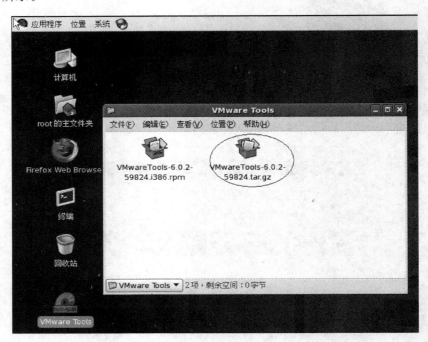

图 1-65　运行"VMwareTools-6.0.2-59824.tar.gz"

（11）解压完毕，打开"/vmware-tools-distrib/"目录，可以看到 vmware-install.pl 文件，如图 1-66 所示。

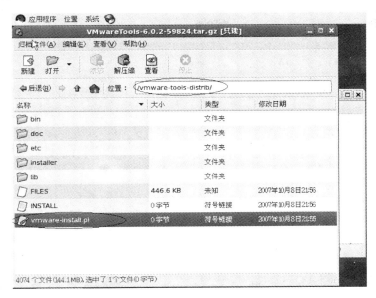

图 1-66 "/vmware-tools-distrib/"目录

（12）打开终端窗口，进入"/vmware-tools-distrib/bin"路径中，输入"./vmware-config-tools.pl"进行配置，如图 1-67 所示。

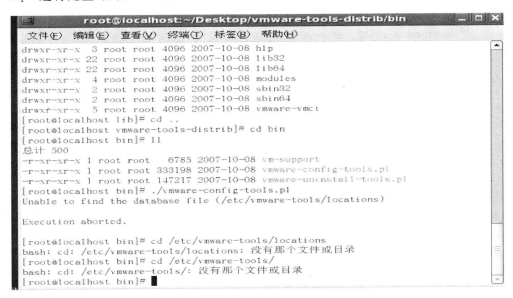

图 1-67 运行 vmware-config-tools.pl 程序

（13）在"Would you like to enable this feature? ［no］"后输入 y，确认配置，如图 1-68 所示。

Red Hat Enterprise Linux 5 的安装与配置

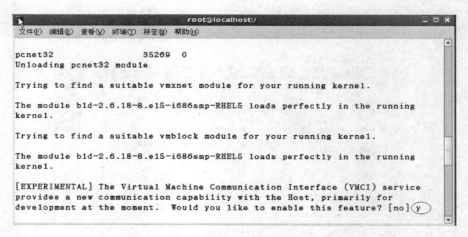

图 1-68　确认配置界面

（14）在显示的分辨率设置列表中选择最佳的分辨率，例如［3］，表示"1024×768"分辨率，然后按 Enter 键，如图 1-69 所示。

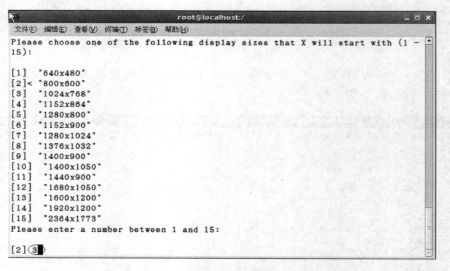

图 1-69　设置分辨率

（15）选择桌面上方菜单栏中的"系统"→"管理"→"显示"选项，进行分辨率的设置，如图 1-70 所示。

（16）在弹出的"显示设置"对话框中将显示器的分辨率设置为最佳，例如"1024×768"，然后单击"确认"按钮，如图 1-71 所示。

（17）在弹出的确认窗口中单击"确定"按钮，如图 1-72 所示。

（18）重新启动系统，会发现分辨率设置生效，如图 1-73 所示。

这样，再全屏显示 Red Hat Enterprise Linux 5 系统时，就是理想的全屏效果了。在宿主计算机 Windows XP 系统和 Red Hat Enterprise Linux 5 系统之间切换时，只需要移动光标即可。

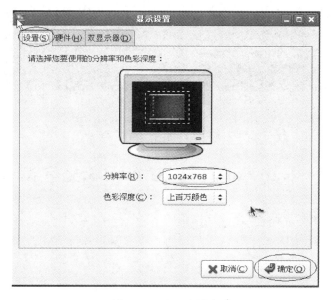

图 1-70　分辨率设置菜单

图 1-71　设置分辨率

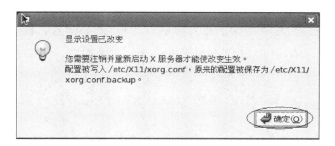

图 1-72　确认窗口

图 1-73　分辨率设置生效后的效果

1.5　Red Hat Enterprise Linux 5 光盘镜像的指定

后面要配置各种服务器,需要的软件包较多,不可能一次性地全部安装到位,为了方便起见,可以将光盘镜像事先指定好,这样,当再需要安装某个 RPM 包时,只需要直接从光盘镜像中找到并安装即可。

(1) 选择"虚拟机"菜单下的"设置"选项,激活如图 1-74 所示的虚拟机设置窗口,单击左侧的 CD-ROM 选项,然后在右侧选择"使用 ISO 镜像"选项,通过单击"浏览"按钮将 Red Hat Enterprise Linux 5 的镜像文件指定好。

提示:将"设备状态"选项区域中的两项全部选中,然后重启系统,这样,就会在桌面看到由 Red Hat Enterprise Linux 5 镜像文件映射生成的 RHEL/5.3i386 DVD 快捷方式了,如图 1-75 所示。

(2) 双击 RHEL/5.3i386 DVD 图标,会看到有一个 Server 文件夹,其中包含了服务器配置所需的 RPM 包,如图 1-76 所示。

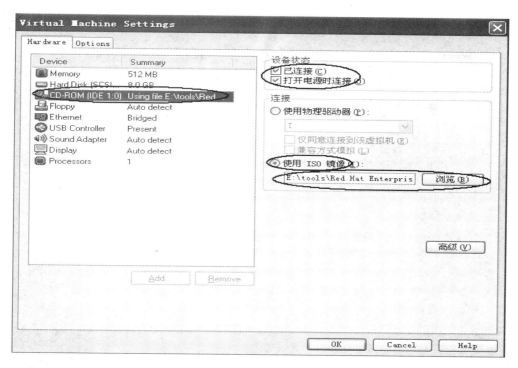

图 1-74　指定虚拟机镜像文件

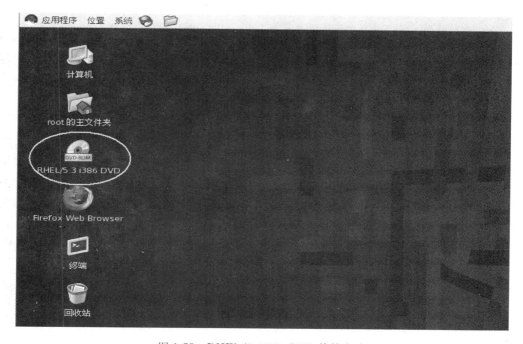

图 1-75　RHEL/5.3i386 DVD 快捷方式

Red Hat Enterprise Linux 5 的安装与配置

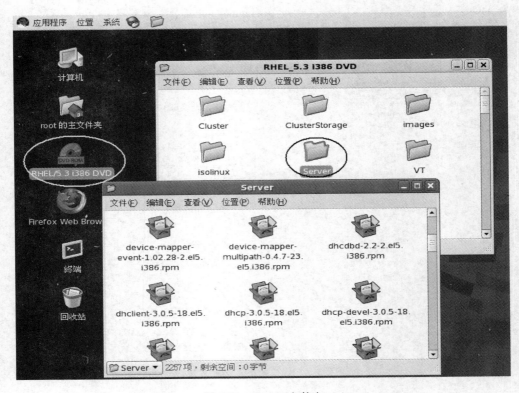

图 1-76　Server 文件夹

1.6　VMware 虚拟机下 Red Hat Enterprise Linux 5 的备份

1. 方法一

进入虚拟机下 Red Hat Enterprise Linux 5 的安装目录"H:\My Virtual Machines",由于已经安装了 Red Hat Enterprise Linux 5,所以会在该文件夹下创建好了 Red Hat Enterprise Linux 5 文件夹,此时只需要将此文件夹备份即可。当虚拟机下的 Red Hat Enterprise Linux 5 系统出现问题时,用备份的 Red Hat Enterprise Linux 5 文件夹替换"H:\My Virtual Machines\"目录下的 Red Hat Enterprise Linux 5 文件夹即可,如图 1-77 所示。

注意:用备份的 Red Hat Enterprise Linux 5 文件夹更新原来的文件夹后,则首次启动 Red Hat Enterprise Linux 5 时,需要选择"文件"菜单下的"打开"选项,指定启动程序为 "H:\My Virtual Machines\Red Hat Enterprise Linux 5\Red Hat Enterprise Linux 5 .vmx",如图 1-78 所示。

在弹出的如图 1-79 所示的"打开"对话框中选择"H:\My Virtual Machines\Red Hat Enterprise Linux 5\Red Hat Enterprise Linux 5.vmx"文件,然后启动该虚拟机。在弹出的如图 1-80 所示的对话框中选择 I copied it 选项,这样就可以进入 Red Hat Enterprise Linux 5 了。

2. 方法二

VMware 虚拟机自身也具有备份系统的功能,启动 Red Hat Enterprise Linux 5 后,

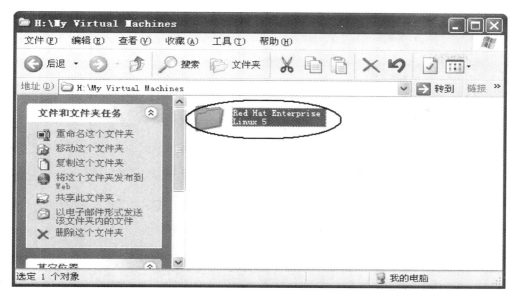

图 1-77　Red Hat Enterprise Linux 5 文件夹

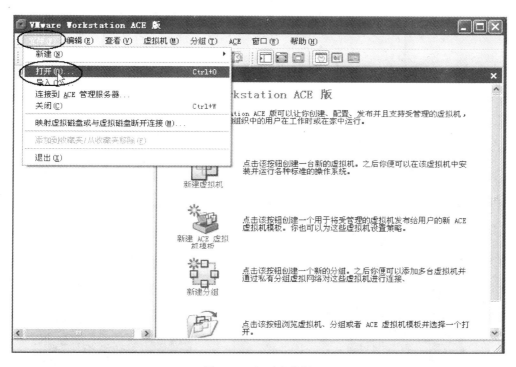

图 1-78　打开虚拟机

选择菜单栏中的"虚拟机"→"快照"→"从当前状态创建快照"选项,可以将 Red Hat Enterprise Linux 5 系统的当前状态备份下来,如图 1-81 所示。当系统出现问题时,可以选择菜单栏中的"虚拟机"→"快照"→"恢复到上一个快照"选项将系统还原。

Red Hat Enterprise Linux 5 的安装与配置

图 1-79　指定虚拟机系统启动文件

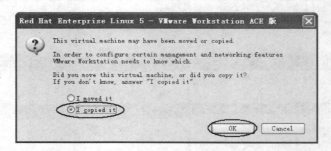

图 1-80　虚拟机启动确认界面

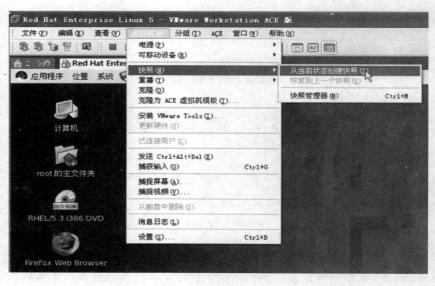

图 1-81　创建快照界面

1.7 VMware 虚拟机下 Red Hat Enterprise Linux 5 的网络设置

（1）默认情况下，虚拟机的 Ethernet（以太网）设置为"桥接"方式，即宿主计算机和虚拟机都拥有独立的 IP 地址，此时，宿主计算机和虚拟机就好像两台独立的计算机一样可以相互通信。如果网络中 IP 地址不够，则可以将虚拟机的 Ethernet（以太网）设置为"NAT：使用已共享的主机 IP 地址"选项，此时，二者拥有相同的 IP 地址，如图 1-82 所示。

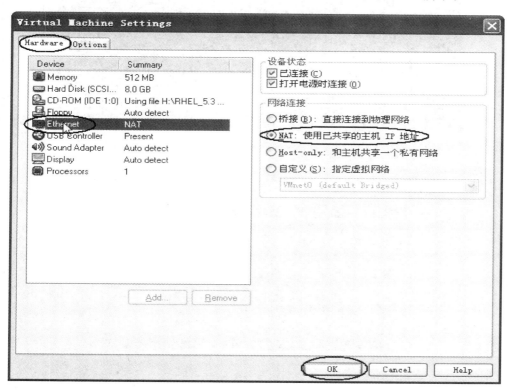

图 1-82　Ethernet（以太网）设置界面

（2）当然，为了后面测试的方便，最好将 Ethernet（以太网）设置为"桥接"方式，这样，宿主计算机 Windows XP 可以当作虚拟机 Red Hat Enterprise Linux 5 系统的客户机进行测试。

在"桥接"方式下，要保证宿主计算机 Windows XP 和虚拟机的 Red Hat Enterprise Linux 5 都拥有独立的 IP 地址。图 1-83 是通过命令方式查看宿主计算机 Windows XP 的 IP 地址。

从图 1-83 中可以看到，宿主计算机 Windows XP 的 IP 地址为 192.168.3.95。

（3）由于在安装 Red Hat Enterprise Linux 5 系统时没有指定 IP 地址，所以这里需要手动设置，选择"系统"→"管理"→"网络"选项，打开如图 1-84 所示的"网络配置"窗口。

单击"编辑"按钮，系统会弹出"以太网设备"对话框，如图 1-85 所示，分别设置 IP 地址，

Red Hat Enterprise Linux 5 的安装与配置

```
C:\WINDOWS\system32\cmd.exe

C:\Documents and Settings\Administrator.LENOVO-6F01B7BA>ipconfig

Windows IP Configuration

Ethernet adapter VMware Network Adapter VMnet8:

        Connection-specific DNS Suffix  . :
        IP Address. . . . . . . . . . . . : 192.168.85.1
        Subnet Mask . . . . . . . . . . . : 255.255.255.0
        Default Gateway . . . . . . . . . :

Ethernet adapter VMware Network Adapter VMnet1:

        Connection-specific DNS Suffix  . :
        IP Address. . . . . . . . . . . . : 192.168.239.1
        Subnet Mask . . . . . . . . . . . : 255.255.255.0
        Default Gateway . . . . . . . . . :

Ethernet adapter 本地连接:

        Connection-specific DNS Suffix  . :
        IP Address. . . . . . . . . . . . : 192.168.3.95
        Subnet Mask . . . . . . . . . . . : 255.255.255.0
        Default Gateway . . . . . . . . . : 192.168.3.1

C:\Documents and Settings\Administrator.LENOVO-6F01B7BA>
```

图 1-83 查看宿主计算机 Windows XP 系统的 IP 地址

子网掩码和网关地址后,单击"确认"按钮。

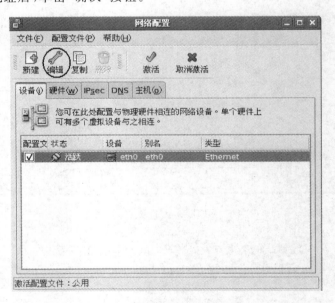

图 1-84 "网络配置"对话框

(4) 设置 DNS,如图 1-86 所示,分别设置主 DNS,第二 DNS 服务器。设置完成后,确认修改生效,然后重新激活,此时看到网络连接状态为"活跃",说明配置成功,如图 1-87 所示。

(5) 打开 Red Hat Enterprise Linux 5 的终端,输入 ifconfig 命令查看 IP 地址,如图 1-88 所示。

图 1-85 "以太网设备"窗口

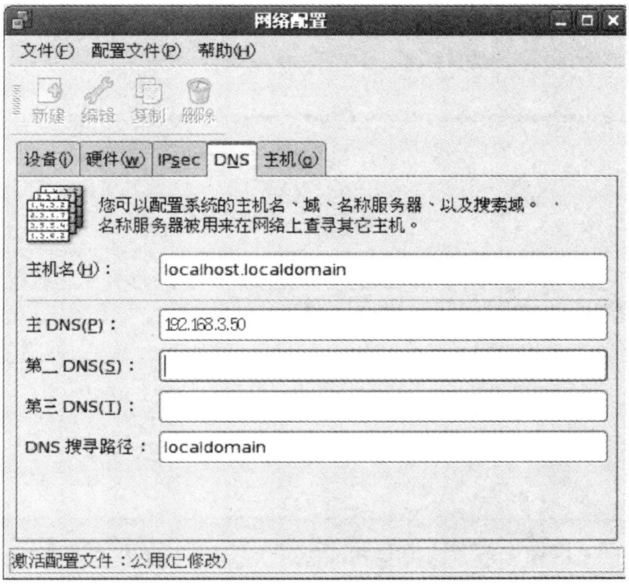

图 1-86 DNS 设置窗口

从图 1-88 中可以看到,给 Red Hat Enterprise Linux 5 系统配置的 IP 地址 192.168.3.50 已经生效。

(6) 在 Red Hat Enterprise Linux 5 系统中 ping 宿主计算机 Windows XP 系统的 IP 地

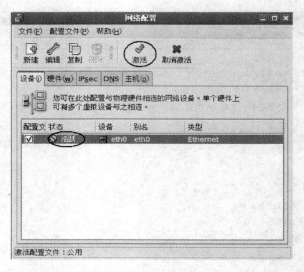

图 1-87　激活网络

图 1-88　查看 IP 地址窗口

址,效果如图 1-89 所示。

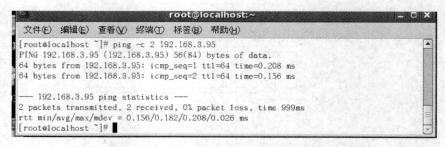

图 1-89　测试与 Windows XP 系统的连接状态

(7) 在宿主计算机 Windows XP 系统中 ping 虚拟机下的 Red Hat Enterprise Linux 5 系统的 IP 地址,效果如图 1-90 所示。

提示:如果宿主计算机和虚拟机相互 ping 不通,则应先关掉各自的防火墙。

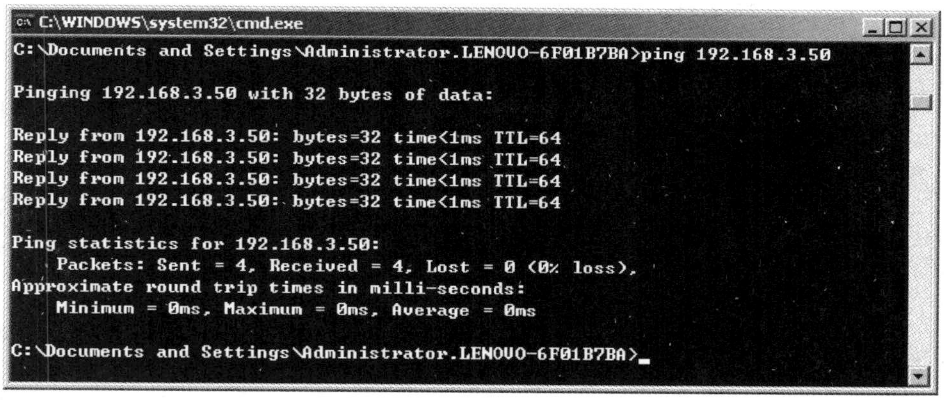

图 1-90　测试与 Red Hat Enterprise Linux 5 系统的连接状态

1.8　网络配置综合案例 1

1.8.1　任务描述

因工作性质原因,公司某职员需要经常上网浏览相关信息,因此他需要配置自己计算机上的网卡以连通 Internet,他向公司网管员提出申请,公司网管员建议他使用静态 IP 或动态 IP 方式实现上网:

① IP 地址为 192.168.3.50。

② 子网掩码为 255.255.255.0。

③ 网关为 192.168.3.1。

④ DNS 服务器 IP 地址为 192.168.3.5。

⑤ 主机名建议使用 localhost。

1.8.2　任务准备

① 一台装有 RHEL 5 Server 操作系统的计算机,且配备有 CD 或 DVD 光驱、音箱或耳机。

② 从公司网络中心接入一根网线到该计算机。

1.8.3　任务实施

1. 图形化方式

(1) 打开"网络配置"窗口。

选择桌面顶部菜单的"系统"→"管理"→"网络"命令,弹出如图 1-91 所示的"网络配置"对话框。

提示:安装 RHEL 5 Server 时系统会自动安装计算机的网卡,在默认情况下,网卡设备名为"eth0",采用 DHCP 方式自动获取 IP 地址,并在开机后自动激活。

(2) 配置网卡的 IP 地址、子网掩码和网关地址。

Red Hat Enterprise Linux 5 的安装与配置

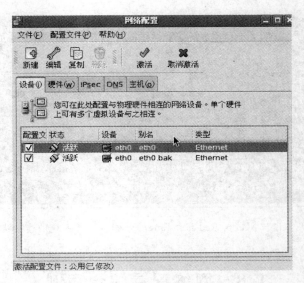

图 1-91　"网络配置"对话框

① 在"设备"选项卡中,选中网卡设备 eth0,单击工具栏上的"编辑"按钮,弹出"以太网设备"对话框,在"常规"选项卡中,选中"静态设备的 IP 地址"单选按钮,然后根据网络的具体情况,在"地址"文本框中输入"192.168.3.50",在"子网掩码"文本框中输入"255.255.255.0",在"默认网关地址"文本框中输入"192.168.3.1",如图 1-92 所示。单击"确定"按钮,返回图 1-91 所示的对话框,单击工具栏上的"激活"按钮完成配置。

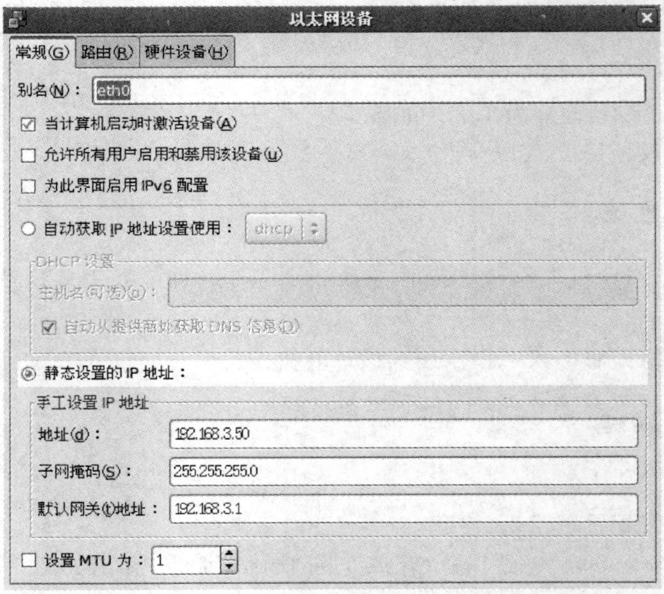

图 1-92　静态 IP 地址配置

② 在"以太网设备"对话框的"常规"选项卡中,也可选中"自动获取 IP 地址设置使用"单选按钮,在"主机名"文本框中输入"localhost",并选中"自动从提供商处获取 DNS 信息"

复选框。如图 1-93 所示。单击"确定"按钮,返回如图 1-91 所示的窗口,单击工具栏上的
"激活"按钮完成配置。

图 1-93　动态 IP 地址配置

（3）设备主机名和 DNS 服务器地址。

在"网络配置"对话框中选择 DNS 选项卡,在"主机名"文本框中输入想要设置的主机名,
图 1-94 中采用默认的主机名,在"主 DNS"文本框中输入"192.168.3.5",如图 1-94 所示。

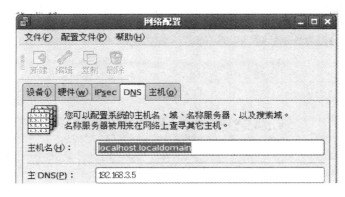

图 1-94　DNS 配置

2. Shell 命令方式

（1）打开配置文件 ifcfg-eth0。

右击桌面空白处,弹出快捷菜单,单击"打开终端"选项,打开一个终端窗口。在终端命
令提示符后输入 gedit 打开配置文件 ifcfg-eth0,如图 1-95 所示。

图 1-95　静态 IP 地址网卡配置文件内容

Red Hat Enterprise Linux 5 的安装与配置

（2）设置 IP 地址。

此时也可选择配置动态 IP 地址，只需将文件 ifcfg-eth0 中的"BOOTPROTO＝none"改成"BOOTPROTO＝dhcp"即可。

修改完毕后保存并关闭 gedit 编辑器。这里建议最好用 vim 编辑器编辑配置文件。

（3）激活网卡。

在终端命令提示符后输入命令"service network restart"激活网卡。如图 1-96 所示。

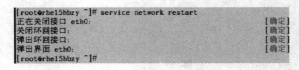

图 1-96　激活网卡

（4）设置主机名。

在终端命令提示符后输入 gedit 命令，打开配置文件"/etc/sysconfig/network"，将主机名改成 localhost，如图 1-97 所示。

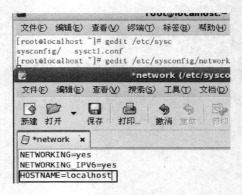

图 1-97　编辑主机名文件

（5）设置 DNS。

在终端命令提示符后输入 gedit 命令，打开配置文件"/etc/resolv.conf"，将 DNS 改成192.168.3.5，如图 1-98 所示，到此网卡设置完成。

图 1-98　编辑 DNS 文件 resolv.conf

1.8.4　任务检测

检测网络的连通性。在终端命令提示符后输入命令"ping -c 2 192.168.3.50"进行测试，如图1-99所示，结果显示网络正常连通。

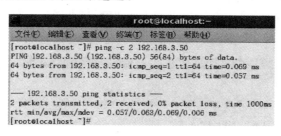

图 1-99　检测网络连通性

1.9　网络配置综合案例 2

1.9.1　任务描述

由于公司业务很多，公司购买了一台专业服务器，拟建立多个服务系统（WWW、DNS、FTP、DHCP、E-mail 等），且要求可自由选择接入 Internet、教育网、内部专用网等。公司网络中心拟采用虚拟网卡使服务器自由选择接入网络，同时采用设备别名解决一台计算机配置多个服务系统的问题，具体方案如下：

① 物理网卡 IP 地址为 192.168.3.50，子网掩码 255.255.255.0，网关为 192.168.3.1，主机名为 localhost，用于接入 Internet。

② 服务器的 IP 地址与主机名一一对应，其对应表如表1-1所示。

表 1-1　IP 地址与主机名对应表

IP 地址	主　机　名	别名
192.168.3.5	dns. pcbjut. cn	dns
192.168.3.7	www. pcbjut. cn	www
192.168.3.8	ftp. pcbjut. cn	ftp
192.168.3.9	dhcp. pcbjut. cn	dhcp
192.168.3.10	mail. pcbjut. cn	mail

1.9.2　任务准备

① 一台装有 RHEL 5 Server 操作系统的服务器，安装有多个服务系统。

② Internet、教育网、内部专用网的接入网线均接入到了网络中心。

③ 物理网卡 IP 地址为 192.168.3.50，子网掩码为 255.255.255.0，网关为 192.168.3.1，主机名为 localhost。

第1章

Red Hat Enterprise Linux 5 的安装与配置

1.9.3　任务实施

1. 图形化方式

（1）打开"网络配置"对话框。

选择桌面顶部菜单栏的"系统"→"管理"→"网络"菜单项,弹出如图 1-100 所示的"网络配置"对话框。

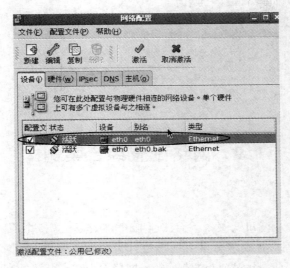

图 1-100　"网络配置"对话框

（2）添加设备别名。

① 在"网络配置"对话框的"设备"选项卡中,选中网卡 eth0,单击工具栏上的"新建"按钮,弹出如图 1-101 所示的"添加新设备类型"对话框。在"设备类型"列表中选择"以太网连接"选项,单击"前进"按钮,出现如图 1-102 所示的"选择以太网设备"对话框。

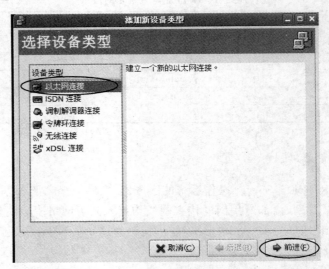

图 1-101　新建以太网连接

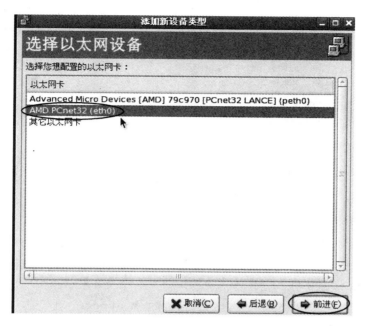

图 1-102　"选择以太网设备"对话框

② 选择"AMD PCnet32(eth0)"以太网卡,单击"前进"按钮,出现"配置网络设置"界面,选中"静态设置的 IP 地址"单选按钮,在"地址"文本框中输入"192.168.3.5",在"子网掩码"文本框中输入"255.255.255.0",在"默认网关地址"文本框中输入"192.168.3.1",如图 1-103 所示。

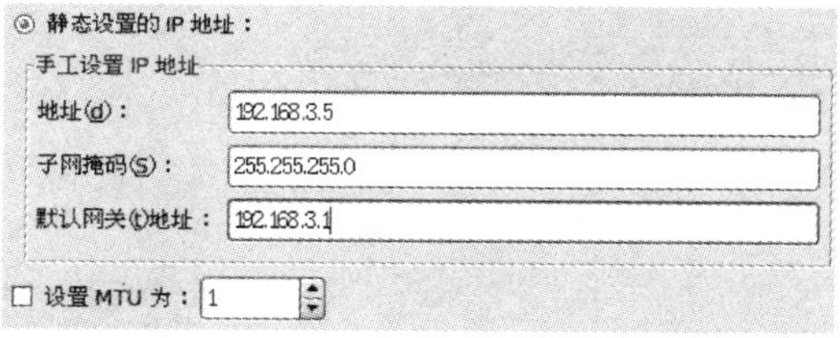

图 1-103　配置网络设置

③ 单击"前进"按钮,出现如图 1-104 所示的"创建以太网设备"对话框,单击"应用"按钮,返回到"网络配置"对话框,如图 1-105 所示。

④ 选中设备 eth0:1,单击工具栏上的"编辑"按钮,弹出"以太网设备"对话框,在"常规"选项卡中,选中"当父设备启动时激活该设备"复选框,如图 1-106 所示。

选择"硬件设备"选项卡,"设备别名号码"文本框为 1,如图 1-107 所示。单击"确定"按钮返回"网络配置"对话框。

⑤ 单击"激活"按钮,弹出如图 1-108 所示的对话框,单击"是"按钮,弹出如图 1-109 所示的对话框,单击"确定"按钮完成配置。

用户可激活或停用别名网卡"eth0:1",可修改其属性。方法与物理网卡相同。

Red Hat Enterprise Linux 5 的安装与配置

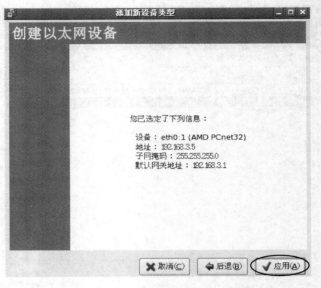

图 1-104　"创建以太网设备"对话框

图 1-105　配置设备别名的网络配置　　　　　　图 1-106　设置设备激活功能

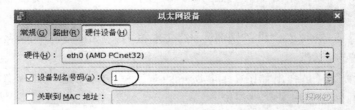

图 1-107　设置别名号码

图 1-108　激活网络设备提示 1

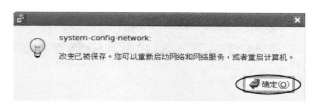

图 1-109　激活网络设备提示 2

重启步骤①～⑤的操作,依次添加设备别名。如图 1-110 所示。

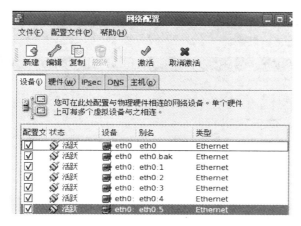

图 1-110　添加设备别名的结果

（3）配置主机。

在网络配置对话框中选择"主机"选项卡,单击工具栏上的"新建"按钮,弹出"添加/编辑主机项目"对话框,依次输入 192.168.3.5 主机名 dns.pcbjut.cn,别名 dns 设置主机列表如图 1-111 所示。

2. Shell 命令方式

（1）在终端命令提示符后输入 gedit 命令,打开配置文件。修改文件 ifcfg-eth0:1,如图 1-112 所示。

（2）在终端命令提示符后输入 gedit 命令,打开配置文件。依次修改文件 ifcfg-eth0:2～ifcfg-eth0:5,如图 1-113 所示。

Red Hat Enterprise Linux 5 的安装与配置

56

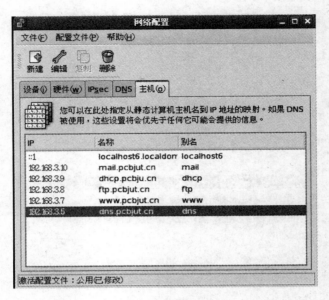

图 1-111 配置主机名

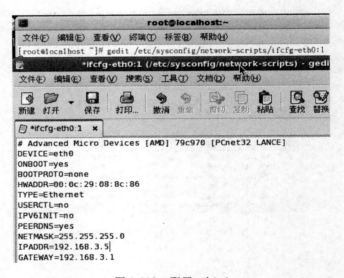

图 1-112 配置 eth0:1

图 1-113 配置其余的文件

1.9.4 任务检测

（1）检测设备别名，在终端窗口输入 ifconfig 命令，检测 eth0 的设备别名情况。如图 1-114 所示。

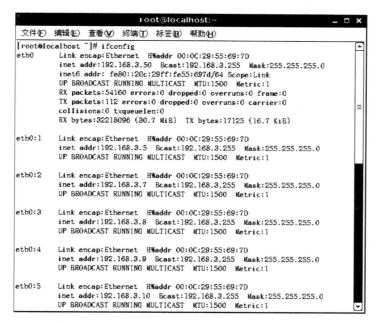

图 1-114　检测设备别名

（2）检测虚拟网卡，输入"ping -c 2 192.168.3.5"，按 Enter 键，如图 1-115 所示。

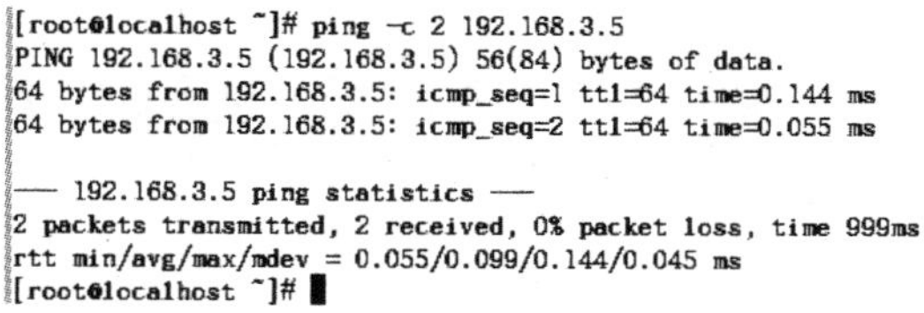

```
[root@localhost ~]# ping -c 2 192.168.3.5
PING 192.168.3.5 (192.168.3.5) 56(84) bytes of data.
64 bytes from 192.168.3.5: icmp_seq=1 ttl=64 time=0.144 ms
64 bytes from 192.168.3.5: icmp_seq=2 ttl=64 time=0.055 ms

--- 192.168.3.5 ping statistics ---
2 packets transmitted, 2 received, 0% packet loss, time 999ms
rtt min/avg/max/mdev = 0.055/0.099/0.144/0.045 ms
[root@localhost ~]#
```

图 1-115　检测连通性

Red Hat Enterprise Linux 5 的安装与配置

第2章　　服务器配置常见命令概述

在学习服务器配置之前,应对 Linux 常用命令有一定的了解。本章专门针对服务器配置过程中一些常见命令的用法做一个简单介绍。主要包括目录操作命令、文件操作命令、用户管理命令、软件包管理命令和其他命令五部分内容。

2.1　目录操作命令

1. pwd

功能:显示当前工作目录。

pwd 是 print working directory 的缩写,该命令用来显示当前的工作目录。

2. cd

功能:改变当前工作目录。

基本用法是"cd 目录名",表示进入指定的目录,使该目录成为当前目录。"cd.."命令表示进入上一级目录。在 Linux 中,直接执行 cd,不跟任何参数或跟"～"参数,则表示进入当前用户对应的宿主目录,若"～"后面跟一用户名,则进入到该用户的宿主目录。

从图 2-1 中可以看出,从目录"/root"切换到其上级目录"/"下用的命令是"cd.."。

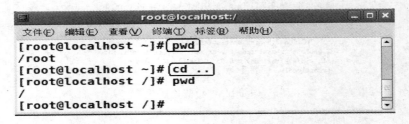

图 2-1　pwd 和 cd 命令的测试效果

3. ll

功能:以长格式显示一个或多个目录下的内容(目录或文件)。

ll 命令的功能等价于"ls -l",即按长格式显示信息,包括文件类型、权限、大小、日期等详细信息。图 2-2 中,用 ll 命令显示当前目录下的内容,其中,第 1 列首字符表示文件类型,包括 b(块设备文件)、c(字符设备文件)、f(普通文件)、l(符号链接)、d(目录)、p(管道)等,其中001.JPG 的文件类型是普通文件;从第 2～10 这 9 列字符表示该文件的访问权限,以 3 列为一组,共分成 3 组,分别代表所有者的权限,组内其他成员的权限和组外成员的权限。而对于一个文件或目录,其访问权限又包括 r、w 和 x,分别表示读、写和执行 3 种。如果具有该种权限,则用相应字母表示,如果没有相关权限,则用"-"表示。在图 2-2 中,文件 001.JPG 的 3 个对象的权限分别为"rw-r--r--",表示所有者具有读、写的权限,组内其他成员和组外成员的权限都是只读。接下来的 1 列表示该文件的硬链接数目,在图 2-2 中,文件 001.JPG 的硬链接数目为 1,表示只有该文件自身,不存在额外的硬链接。再下来的两列表示该文件或目录的所有者以及所有组。从图 2-2 中看到,文件 001.JPG 的所有者和所有组都是 root。下面一列的 99 828 是用字节来表示的该文件长度。后面的 01-27 15:38 表示该文件的更新时间。最后一列表示文件名或目录名,这里的 001.JPG 是文件名。

```
[root@localhost /]# ll
总计 258
-rw-r--r--   1 root root 99828 01-27 15:38 001.JPG
drwxr-xr-x   2 root root  4096 09-04 12:37 bin
drwxr-xr-x   4 root root  1024 08-31 18:07 boot
drwxr-xr-x  12 root root  3940 01-27 11:43 dev
drwxr-xr-x 106 root root 12288 01-27 12:49 etc
```

图 2-2　ll 命令的测试效果

4. chmod

功能:修改文件或目录的权限。

一个文件或目录的权限包括 r、w 和 x,分别表示读、写和执行三种。如果具有该种权限,则用相应字母表示,如果没有相关权限,则用"-"表示。

对于一个文件或目录,它隶属于 3 种不同的对象,即所有者、组内其他成员和组外成员。在图 2-3 中,文件 001.JPG 的 3 个对象的权限分别为"rw-r--r--",表示所有者具有读、写的权限,组内其他成员和组外成员的权限都是只读。在执行了命令"chmod 777 001.JPG"后,文件 001.JPG 的权限变成"-rwxrwxrwx",即 3 个对象都具有了读、写和执行的权限。

```
[root@localhost /]# chmod 777 001.JPG
[root@localhost /]# ll
总计 258
-rwxrwxrwx   1 root root 99828 01-27 15:38 001.JPG
drwxr-xr-x   2 root root  4096 09-04 12:37 bin
drwxr-xr-x   4 root root  1024 08-31 18:07 boot
```

图 2-3　chmod 命令的测试效果

5. mkdir

功能:创建新目录。

该命令的用法为"mkdir 新目录名",即在当前目录下创建了一个新目录。在图 2-4 中,在当前目录下,分别用相对路径和绝对路径两种方式创建了子目录 bbb 和 ccc。

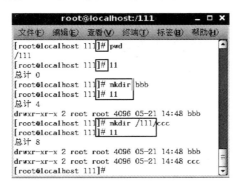

图 2-4　mkdir 命令的测试效果

服务器配置常见命令概述

6. rmdir

功能：删除目录。

该命令的用法为"rmdir 目录名"，即在当前目录下删除指定目录。

注意：删除一个目录时，该目录必须是空目录。

在图 2-5 中，在当前目录下，分别用相对路径和绝对路径两种方式删除了子目录 bbb 和 ccc。

图 2-5   rmdir 命令的测试效果

2.2   文件操作命令

1. vi（或 vim）

功能：激活文本编辑器。

如果不使用图形化桌面而又想读取并修改某个文本或配置文件，则可以使用 vi（Visual Interface）文本编辑器来完成。vi 是一个简单的应用程序，它在 shell 提示符下打开，并允许查看、搜索和修改文本文件。几乎所有的 UNIX 和 Linux 系统都提供某个版本的 vi 编辑器。在 Red Hat Enterprise Linux 5 中提供的 vim，可以认为是 vi 的增强版本。

如果想创建一个新文件，可以在命令行方式下输入"vim 新文件名"，这样就可以打开一个 vi 编辑器窗口，并自动以新文件名创建一个空白文件。例如在图 2-6 中，当输入"vim 123.txt"后，则 Linux 系统在启动了 vim 编辑器的同时，还创建了一个空文件 123.txt。

图 2-6   用 vim 创建 123.txt 文件

vim 编辑器提供 5 种方式：命令方式、插入方式、末行方式、可视化方式和查询方式。默认情况下为命令方式，在此方式下，可以输入一些基本命令，如存盘命令":wq"，放弃存盘直接退出命令":q!"。插入方式在 vim 编辑器的下方显示"插入"选项，在此状态下，用户可以随意录入字符。图 2-7 为在插入方式下录入了一些信息。

图 2-7　vim 编辑器的插入方式

如果直接在终端窗口中输入"vi"或"vim",也可以打开一个新的文本文件,当在插入方式下录完内容后,需要在命令方式下输入":wq 文件名"来存盘退出。

2. cat 或 more

功能:查看文件内容。

cat 命令常用于查看内容不多的文本文件,如果文件内容过多,则会因为滚动太快而无法阅读。more 命令可以实现分屏显示文件内容,按任意键后,系统会自动显示下一屏的内容,到达文件末尾后,命令执行即结束,如图 2-8 所示。

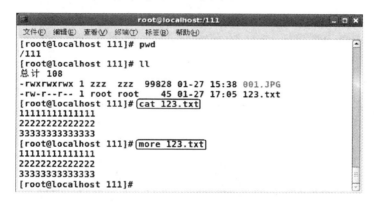

图 2-8　cat 和 more 命令效果

3. cp

功能:复制文件。

cp 是 copy 的缩写,可用于目录或文件的复制。利用 cp 命令复制目录时,需要加参数-r,以实现将源目录下的文件和子目录一并复制到目标目录中,在图 2-9 中,执行命令"cp 123.txt 321.txt",可将当前目录下的 123.txt 文件复制成另外一个相同内容的文件 321.txt。

在图 2-10 的实例中,将当前目录下的文件 123.txt 复制到目标目录"/"下。

默认情况下,cp 命令会直接覆盖已存在的目标文件,若要求显示覆盖提示,可使用-i 参数。

利用 cp 命令复制目录时,参数选项可使用-r,以实现将源目录下的文件和子目录一并复制到目标目录中,如图 2-11 所示。

4. rm

功能:删除文件或目录。

第 2 章

服务器配置常见命令概述

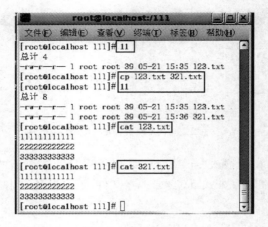

图 2-9　cp 改名复制

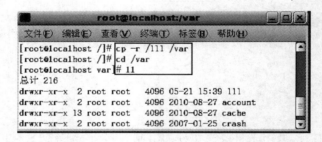

图 2-10　cp 同名复制

图 2-11　cp 复制目录

在 Linux 系统中，文件一旦被删除，就无法挽回了，因此删除操作一定要小心，为此可在执行该命令时，选用-i 参数，以使系统在删除之前，显示删除确认询问。目前新版的 Linux 都定义了"rm -i"命令的别名为 rm，因此执行时，-i 参数就可以省略了。若不需要提示，则使用-f(force)选项，此时将直接删除文件或目录，而不显示任何警告信息，使用时应倍加小心。图 2-12 是用 rm 命令删除指定文件的操作，可以看到，在删除之前需要确认。

　　rm 命令本身主要用于删除文件，若要用来删除目录，则必须带-r 的参数，否则该命令的执行将失败，带上-r 参数，该命令将删除指定目录及其目录下的所有文件和子目录，如图 2-13 所示。执行过程中，会逐一询问是否要删除某文件，若要系统不逐一询问，而直接删除，需要再加上-f 参数，此时的命令为"rm -rf 222"。由于该命令将直接删除整棵子目录树，

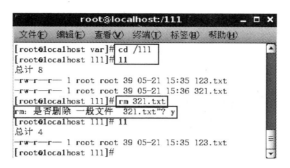

图 2-12　删除文件

以 root 身份执行带 - rf 参数的 rm 命令时，一定要特别小心。rmdir 虽然也可删除目录，但要求被删除的目录必须是空目录。

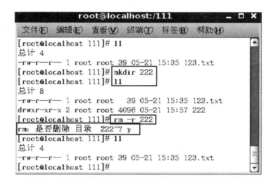

图 2-13　删除目录

5. mv

功能：移动或重命名目录或文件。

在图 2-14 所示的例子中，命令"mv 123.txt /111/222"将当前目录下的文本文件 123.txt 移动到了目标目录"/111/222"中。若在目标目录中已存在同名文件，则会自动覆盖，除非使用-i 选项。

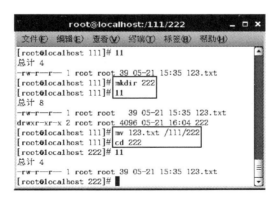

图 2-14　mv 移动文件

服务器配置常见命令概述

mv 命令也可以移动整个目录。在图 2-15 中执行"mv 222 333"命令,如果目标目录 333 不存在,则会建立该目录。所以该命令相当于重命名,即将 222 目录更名为 333。而执行 "mv 333 444"命令,由于目标目录 444 已存在,所以系统会将 333 目录及其下的全部内容移动到 444 目录中。

图 2-15   mv 移动目录

6. ln

功能:创建链接文件。

在 Linux 系统中,链接是指将已存在的文件或目录链接到位置或名字更便捷的文件或目录。当需要在不同的目录中,用到相同的某个文件时,不需要在每一个目录下都放一个该文件,这样会重复占用磁盘空间,也不便于同步管理。因此,可在某个固定的目录中放置该文件,然后在其他需要该文件的目录中,利用 ln 命令创建一个指向该文件的链接(link)即可,所生成的文件即为链接文件或称符号链接文件。

在 Linux 系统中,链接的方式有硬链接(hard link)和软链接(soft link)两种。

(1) 软链接。

使用软链接,系统将会生成一个很小的链接文件,该文件的内容是要链接到的文件的路径。原文件删除后,软链接文件也就失去了作用,删除软链接文件,对原文件无任何影响。类似于 Windows 系统的快捷方式。软链接可以跨越各种文件系统和挂载的设备。

创建软链接,是用带-s(symbolic link)选项的 ln 命令。在如图 2-16 所示的例子中,执行命令"ln-s 123.txt 321.txt"后,就为文本文件 123.txt 创建了一个软链接文件 321.txt。如果用 more 命令查看 321.txt 的内容,发现就是 123.txt 的内容。由于 321.txt 是一个软链接文件,所以其文件属性第 1 列是"l",表示是一个软链接文件。

(2) 硬链接。

通过索引节点进行的链接就是硬链接。Linux 系统允许一个文件拥有多个有效路径名,用户可以为重要文件建立硬链接,以防止误删。只有删除所有链接之后,文件才会被真正删除。硬链接无法跨越不同的文件系统、分区和挂载的设备,只能在原文件所在的同一磁

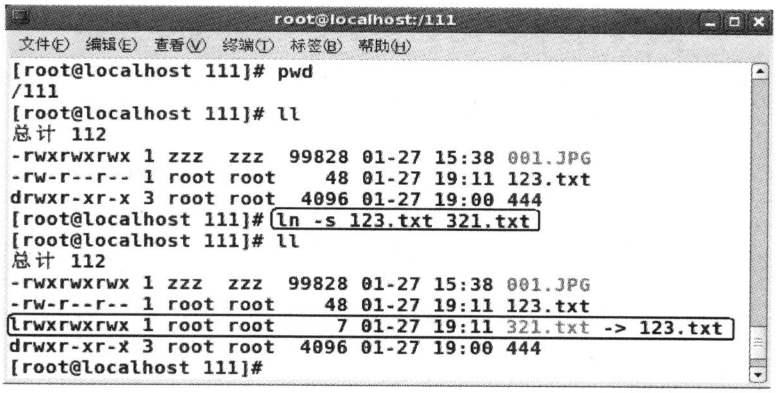

图 2-16　创建软链接

盘的同一分区上创建硬链接,而且硬链接只针对文件,不能用于目录。

在 Linux 系统中,不管磁盘分区中保存的文件是什么类型,都分配有一个编号,作为存取文件的索引。该编号称为索引节点号(Inode Index)。存在多个文件名指向同一索引节点的情况。

在如图 2-17 所示的例子中,用 ln 命令为文本文件 123.txt 创建了一个硬链接文件 hardlink.txt,然后用"ll -i"命令以长格式显示文件并显示 Inode 值,从结果中可以看到,123.txt 和其硬链接文件 hardlink.txt 的索引节点号是一样的。

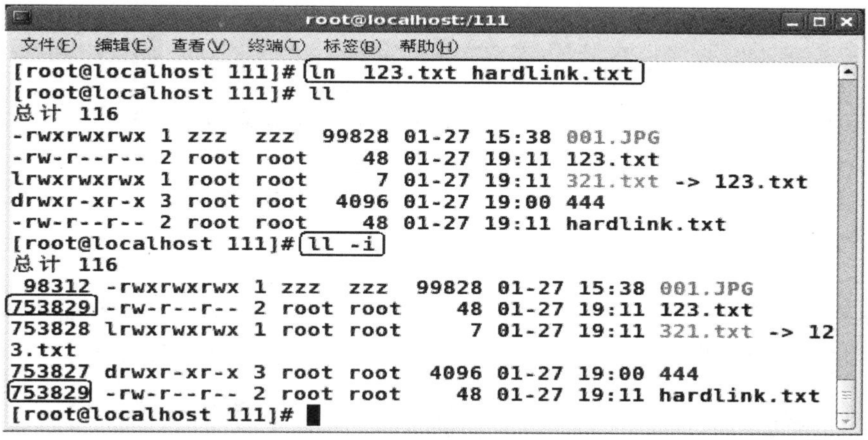

图 2-17　创建硬链接

在如图 2-18 所示的例子中先用 rm 命令将文本文件 123.txt 删除,再用命令查看,发现其软链接和硬链接文件均存在,如果查看硬链接文件,会发现内容正常,索引节点号和原先一致。这说明硬链接文件和原文件可以看成是原物理文件的两个不同名称,但文件内容以及索引节点号一致。而查看软链接文件,会发现内容无法显示,因为其链接的源文件已被删除。

7. find

功能:查找文件。

root@localhost:/111
文件(F) 编辑(E) 查看(V) 终端(T) 标签(B) 帮助(H)
[root@localhost 111]# rm 123.txt
rm: 是否删除 一般文件 123.txt"? y
[root@localhost 111]# ll
总计 8
lrwxrwxrwx 1 root root 7 05-21 16:41 321.txt -> 123.txt
drwxr-xr-x 3 root root 4096 05-21 16:07 444
-rw-r--r-- 1 root root 39 05-21 16:41 hardlink.txt
[root@localhost 111]# more hardlink.txt
111111111111
222222222222
333333333333
[root@localhost 111]# more 321.txt
321.txt: 没有那个文件或目录
[root@localhost 111]#

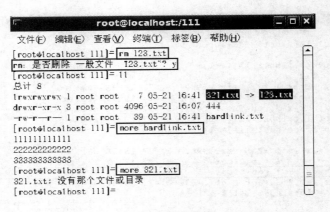

图 2-18　删除链接

在如图 2-19 所示的例子中，首先用“find -name hardlink.txt”命令在当前目录下查找指定文件 hardlink.txt，然后用“find -name ‘*.bak’”命令在当前目录下查找后缀为.bak 的文件，最后用命令“find /-name hardlink.txt”在指定目录“/”下查询指定文件 hardlink.txt。

root@localhost:/
文件(F) 编辑(E) 查看(V) 终端(T) 标签(B) 帮助(H)
[root@localhost /]# find -name hardlink.txt
./111/hardlink.txt
[root@localhost /]# find -name '*.bak'
./etc/mail/submit.cf.bak
./etc/sysconfig/networking/devices/ifcfg-eth0.bak
./etc/samba/smb.conf.bak
./var/lib/nfs/statd/sm.bak
./root/.mozilla/firefox/iv17cfye.default/bookmarks.bak
[root@localhost /]# find / -name hardlink.txt
/111/hardlink.txt
[root@localhost /]#

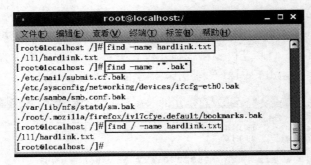

图 2-19　查找文件

8. grep

功能：查询文件内容。

grep 命令用于在指定的文件中查找并显示含有指定字符串的行。在如图 2-20 所示的例子中，用 grep 命令在指定文件 hardlink.txt 中查询包含字符串 222 的行信息。

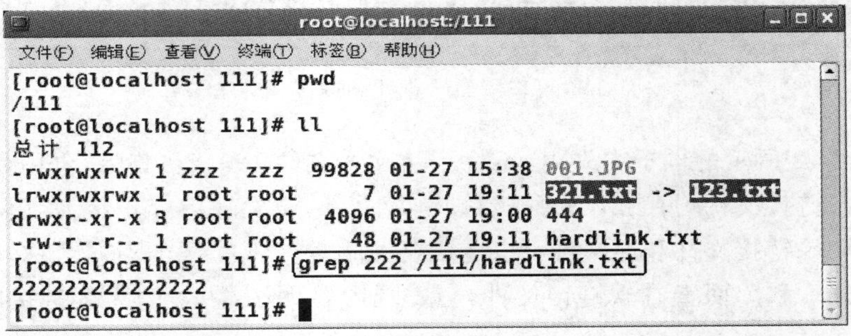

root@localhost:/111
文件(F) 编辑(E) 查看(V) 终端(T) 标签(B) 帮助(H)
[root@localhost 111]# pwd
/111
[root@localhost 111]# ll
总计 112
-rwxrwxrwx 1 zzz zzz 99828 01-27 15:38 001.JPG
lrwxrwxrwx 1 root root 7 01-27 19:11 321.txt -> 123.txt
drwxr-xr-x 3 root root 4096 01-27 19:00 444
-rw-r--r-- 1 root root 48 01-27 19:11 hardlink.txt
[root@localhost 111]# grep 222 /111/hardlink.txt
222222222222222
[root@localhost 111]#

图 2-20　查找文件内容

2.3 用户管理命令

1. useradd

功能：添加用户命令。

该命令后的参数选项较多,常用的主要参数如下。

∗ -c 注释	//用于设置对该账户的注释文字说明。
∗ -d 主目录	//指定用来取代默认的"/home/username"的主目录。
∗ -e <有效期限>	//指定账号的有效期限。
∗ -g 用户组	//指定将该用户加入到哪一个用户组中。该用户组在指定时必须已存在。
∗ -G <群组>	//指定用户所属的附加群组。
∗ -m	//若主目录不存在,则创建它。-r 与-m 相结合,可为系统账户创建主目录。
∗ -M	//不创建主目录。
∗ -n	//不为用户创建私有用户组。
∗ -r	//创建一个用户 ID 小于 500 的系统账户,默认不创建对应的主目录。
∗ -s shell	//指定用户登录时所使用的 shell,默认为"/bin/bash"。
∗ -u 用户 ID	//手动指定用户 ID 值,该值必须大于 499。

在图 2-21 中,先使用"useradd aaa"命令添加一个名为 aaa 的账户,但不指定用户组。然后使用"tail -1 /etc/passwd"命令显示系统账户文件的最后一行,发现账户 aaa 创建成功,宿主目录"/home/aaa"自动建立,并且设置该用户的 shell 为默认值"/bin/bash"。再使用"tail -2 /etc/group"命令显示系统组文件的最后两行内容,从图 2-21 中可以看到,虽然事先没有创建组 aaa,但系统在创建账户 aaa 的同时就会自动创建一个同名的私有用户组。若不需要创建私有用户组,可以选用-n 参数。

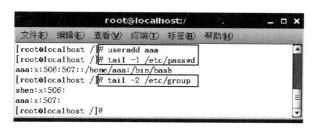

图 2-21　添加账户 aaa

在图 2-22 中创建了账户 bbb,并指定了宿主目录为"/var/bbb",shell 为"/sbin/nologin"。

2. passwd

功能：为指定账户设置密码。

在图 2-23 中,输入命令"passwd aaa"为账户 aaa 设置密码,前后两次输入的密码要

第 2 章

服务器配置常见命令概述

一致。

图 2-22　添加账户 bbb

图 2-23　为账户 aaa 设置密码

3. userdel

功能：删除指定账户。

-r　　　　//若带上该参数，则在删除该账户的同时，一并删除该账户所对应的主
　　　　　　目录。

在图 2-24 中，执行"userdel-r bbb"命令将账户 bbb 及其宿主目录一并删除。

userdel aaa //删除用户 aaa。

图 2-24　删除账户 bbb

4. groupadd

功能：创建用户组。

-r　　　　//若带上该参数，则创建系统用户组，该类用户组的 GID 值小于 500；若没
　　　　　　有-r 参数，则创建普通用户组，其 GID 值大于 500。

如图 2-25 所示，先创建了一个普通用户组 ccc，可以看到其 GID 值为 508；然后又创建
了一个系统用户组，其 GID 值为 101。

5. groupdel

功能：删除用户组。

如图 2-26 所示，分别执行"groupdel"命令将刚刚创建的用户组 ccc 和 ddd 删除。在删
除用户组时，被删除的用户组不能是某个账户的私有用户组，否则将无法删除，若要删除，则
应先删除引用该私有用户组的账户，然后再删除该用户组。

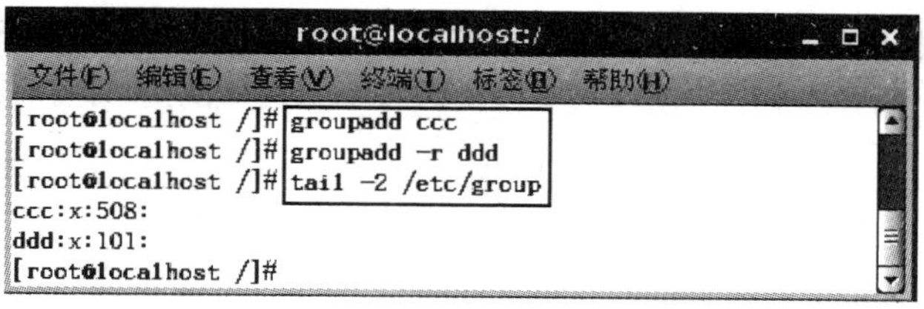

图 2-25　创建用户组

图 2-26　删除用户组

6．gpasswd-a

功能：添加用户到指定用户组。

如图 2-27 所示，首先执行 useradd 命令添加账户 xxx，由于没有使用-n 参数，所以系统在创建账户 xxx 的同时会自动创建一个同名的私有用户组，也叫 xxx。然后执行 groupadd 命令创建一个用户组 yyy。接下来执行 gpasswd -a 命令将 xxx 用户添加到指定组 yyy 中，最后用 groups 命令查看 xxx 账户隶属的组，从图 2-27 所示的结果可以看出，账户 xxx 同时属于 xxx 和 yyy 用户组。

gpasswd -a xxx yyy　　　　　　　　//添加用户 xxx 到用户组 yyy。

图 2-27　添加用户到指定组

7．gpasswd-d

功能：从指定用户组中移除某用户。

如图 2-28 所示，执行 gpasswd -d 命令将 xxx 用户从指定组 yyy 中移除。

gpasswd -d xxx yyy　　　　　　　　//从用户组 yyy 删除用户 xxx。

一般来说，添加用户到组和从组中移除某用户，都由超级用户 root 来完成。

8．chown

功能：修改文件或目录的所有者和所有组。

如图 2-29 所示，执行 ll 命令查看文件 001.JPG 的所有者和所有组均为 root。然后执行 chown 命令将其所有者和所有组均改为刚刚创建的 zzz 组。

服务器配置常见命令概述

图 2-28　从指定组中移除某用户

chown zzz zzz 001. JPG　　　　　　　　　　　　　//更改 001. JPG 的所有者和所有组为 zzz。

```
[root@localhost /]# cd /111
[root@localhost 111]# pwd
/111
[root@localhost 111]# ll
总计 104
-rwxrwxrwx 1 root root 99828 01-27 15:38 001.JPG
[root@localhost 111]# useradd zzz
[root@localhost 111]# chown zzz.zzz 001.JPG
[root@localhost 111]# ll
总计 104
-rwxrwxrwx 1 zzz zzz 99828 01-27 15:38 001.JPG
[root@localhost 111]#
```

图 2-29　修改文件的所有者和所有组

2.4　软件包管理命令

1. rpm

功能：管理 RPM 软件包命令。

RPM(Redhat package manager)是由 Red Hat 公司提供的一种软件包管理标准，可用于软件包的安装、查询、更新升级、校验，已安装软件包的卸载，以及生成.rpm 格式的软件包等，其功能均是通过 rpm 命令结合使用不同的命令参数来实现的。由于功能十分强大，RPM 已成为目前 Linux 各发行版本中应用最广泛的软件包管理格式之一。

RPM 软件包的名称具有特定的格式，其格式为：

软件名称-版本号(包括主版本号和次版本号). 软件运行的硬件平台.rpm。

比如，Telnet 服务器程序的软件包名称为 telnet-server-0. 17-26. i386. rpm，其中的 telnet-server 为软件名称，0. 17-26 为软件的版本号，i386 是软件的硬件平台，最后的.rpm 是文件的扩展名，代表文件是 rpm 类型的软件包。

RPM 软件包中的文件以压缩格式存储，并拥有一个定制的二进制头文件，其中包括有关于本软件包和内容的相关信息，便于对软件包进行查询。

Red Hat Linux 使用 rpm 命令实现对 RPM 软件包的维护和管理，由于 rpm 命令十分强大，因此，rpm 命令的参数选项也特别多，通过在 Shell 命令行中输入 rpm 命令，可查看其用法提示，其中详细列出了该命令的全部参数选项，这里介绍几个最常见的参数选项。当命令中同时选用多个参数时，这些参数可以合并在一起表达。

（1）查询 RPM 软件包。

查询 RPM 软件包使用－q 参数，如要查询包含某关键字的软件包是否已安装，可结合管道操作符和 grep 命令实现。如图 2-30 所示，执行 rpm -qa|grep ftp 命令查询包含指定关键字 ftp 的 RPM 包的名称。

图 2-30　查询包含指定关键字的软件包

如果要查询指定的软件包是否安装，则直接使执行"rpm -q 软件包名称列表"命令即可。如图 2-31 所示，分别用"rpm -q"查询 vsftpd 和 httpd 软件包是否安装，如果已安装，则系统会显示出其版本号，否则不显示任何信息。

图 2-31　查询指定软件包

（2）安装 RPM 软件包。

安装 RPM 软件包使用-i 参数，通常还结合 v 和 h 参数。其中 v 参数代表 verbose，使用该参数在安装过程中将显示比较详细的安装信息；h 参数代表 hash，在安装过程中将通过显示一系列的 ♯ 来表示安装的进度。因此安装 RPM 软件包的通常用法为"rpm -ivh 软件包全路径名"。在如图 2-32 所示的例子中，在当前目录下有所需的 vsftpd-2.0.5-10.el5.i386.rpm 包，直接用命令"rpm -ivh vsftpd-2.0.5-10.el5.i386.rpm"进行安装，在安装过程中，显示安装进度。当安装完毕后再次查询，发现系统已提示确定安装了。

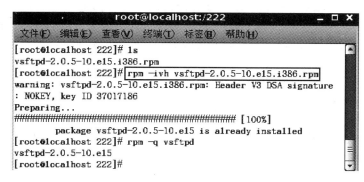

图 2-32　安装指定软件包

服务器配置常见命令概述

（3）删除 RPM 软件包。

删除 RPM 软件包使用 - e 参数，命令格式为"rpm -e 软件包名"。如执行 rpm -e vsftpd 命令可将 vsftpd 软件包删除。

（4）升级 RPM 软件包。

若要将某软件包升级为较高版本的软件包，此时可采用升级安装方式。升级安装使用 -U 参数来实现，该参数的功能是先卸载旧版，然后再安装新版。为了详细地显示安装过程，通常也结合 v 和 h 参数使用，其用法为"rpm -Uvh 软件包文件全路径名"。若指定的 RPM 软件包并未安装，则系统直接进行安装。

Red Hat Enterprise Linux 5 提供了一个图形化的 RPM 软件包管理工具，即软件包管理者，单击"应用程序"→"添加/删除应用程序"选项，打开"软件包管理者"对话框，在这里可对系统已安装的软件包进行管理。

另外，Red Hat Enterprise Linux 5 还提供了一个软件包更新工具，可选择"应用程序"→"系统工具"→"软件包更新工具"选项打开"软件更新注册"对话框，通过注册之后，就可以进行软件更新了。

2. tar

功能：文件压缩与解压缩。

该命令的基本用法为："tar option file-list"。

执行"tar -cvf bgl.tar /111"命令将目录"/111"打包成 bgl.tar 压缩文件，并显示详细信息。

执行"tar -zcvf bgl.tar.gz /111"命令将目录"/111"打包并压缩成 bgl.tar.gz，并显示详细信息。

执行"tar -tvf bgl.tar.gz"命令查看包 bgl.tar.gz 的文件列表。

执行"tar -tvf bgl.tar.bz2"命令查看包 bgl.tar.bz2 的文件列表。

执行"tar -jxvf bgl.tar.bz2"命令将格式为.tar.bz2 的压缩包释放。

3. tar.gz 或 tar.bz2 格式软件包的安装

以 tar.gz 和 tar.bz2 格式打包的软件，安装步骤是先解压，然后通过"./configure；make；make install"命令来安装；有的软件可以直接使用"make；make install"命令来安装。

可以通过"./configure --help"命令来查看配置软件的功能。"./configure"命令比较重要的一个参数是--prefix，用--prefix 参数可以指定该软件的安装目录。当不需要这个软件时，直接删除软件的目录就可以了。例如可以指定 fcitx 安装到"/opt/fcitx"目录中，当不需要 fcitx 时，可以直接删除"/opt/fcitx"目录。

```
[root@localhost fcitx]# tar jxvf fcitx - 3.2 - 050827.tar.bz2    //解压
[root@localhost fcitx]# cd fcitx                                 //进入解压生成的目录中
[root@localhost fcitx]# ./configure -- prefix = /opt/fcitx      //定制软件包的安装路径
[root@localhost fcitx]# make                                     //编译
[root@localhost fcitx]# make install                            //安装
```

2.5　其 他 命 令

1．who

功能：询问当前用户。

who 命令可以列出当前每一个处在系统中的用户的登录名、终端名和登录进入时间，并按终端标志的字母顺序排序。从图 2-33 中可以看出，登录到系统的用户只有 root。

图 2-33　who 命令效果

2．ifconfig

功能：查看本机的 IP 地址。

从图 2-34 中可以看出，本机的 IP 地址为 192.168.3.50。

图 2-34　ifconfig 命令效果

3．ping

功能：测试网络是否畅通。

图 2-35 所示的效果为网络不通的情形，图 2-36 所示的效果为网络畅通的情形。

4．clear

功能：清屏。

图 2-37 和图 2-38 分别为执行 clear 命令前和执行 clear 命令后的屏幕效果。

5．mount

功能：挂载 U 盘或光盘。

一般 Linux 系统在安装后就自动创建了"/mnt/usb-disk"目录，如果没有，则用 mkdir 命令创建该目录后，再用"mount /dev/sda1 /mnt/usb-disk"命令挂载，即将外设 U 盘所对应的设备文件"/dev/sda1"挂载到指定目录"/mnt/usb-disk"下。

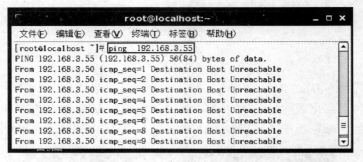

图 2-35　ping 命令测试不通时的效果

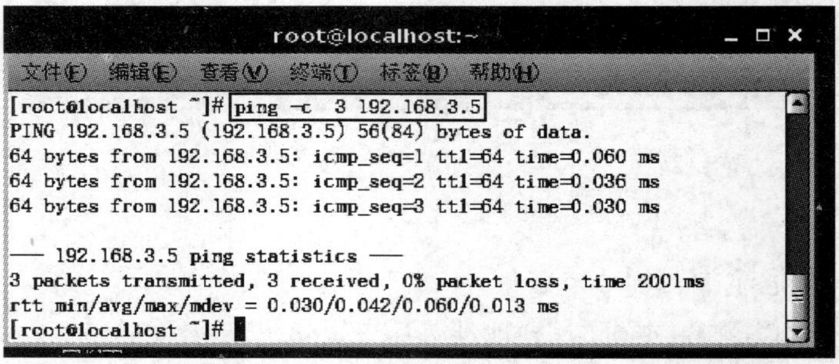

图 2-36　ping 命令测试畅通时的效果

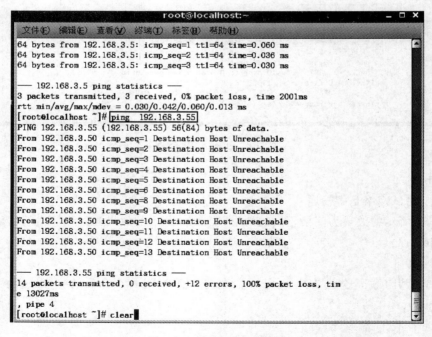

图 2-37　执行 clear 命令前

图 2-38　执行 clear 命令后

然后，就可以进入目录"/mnt/usb-disk"中，对 U 盘进行读写操作了。

6．umount

功能：卸载 U 盘或光盘。

对 U 盘读写完毕后，需要通过专门的卸载命令 umount 将 U 盘移除。

第 3 章　Samba 服务器的安装与配置

3.1　Samba 服务器简介

在同一个网络中有时既有 Windows 主机又有 Linux 主机,那么如何在两个不同的主机系统之间实现资源共享。除了常用的 Telnet 和 FTP 外,通常就是架设 Samba 服务器。

SMB(Server Message Block,服务器信息块)通信协议能使网络上各台主机之间能够共享文件、打印机等资源。Samba 是一套让 Linux 系统能够应用 Microsoft 网络通信协议的软件。它使执行 Linux 系统的计算机能与执行 Windows 系统的计算机分享驱动器与打印机。

Microsoft 和 Intel 两家公司开发了一个名为 SMB 的协议(Server Message Block),该协议允许 Windows 系列系统之间共享磁盘和打印资源。现在 SMB 协议已经超出了 Windows 系统平台,包括 Linux 在内的许多操作系统平台都可以使用 SMB。Samba 通过实现 UNIX 的 SMB/CIFS 协议可以让 UNIX 系统与标准 Windows 客户机共享资源。

3.1.1　Samba 服务器原理简介

为了使 Windows 用户以及 Linux 用户能够互相访问资源,Linux 提供了一套资源共享的软件——Samba 的服务器软件,通过它可以轻松实现文件共享。Samba 的功能很强大,在 Linux 服务器上的 Samba 运行起来以后,Linux 就相当于一台文件及打印服务器,向 Windows 和 Linux Samba 客户提供文件及打印服务。

3.1.2　SMB 协议

SMB(Server Message Block)通信协议是微软公司(Microsoft)和英特尔公司(Intel)在 1987 年制定的协议,是 Linux、OS/2、Windows 系列操作系统和 Windows for Workgroups 等计算机之间提供文件共享、打印机服务、域名解析、验证(Authentication)、授权(Authorization)以及浏览(Browsing)等服务的网络通信协议,主要作为 Microsoft 网络的通信协议。SMB 协议为客户机/服务器模型。客户机通过该协议可以访问服务器上的共享文件系统、打印机及其他资源。

3.1.3　SMB 服务器

所谓的 SMB 服务器,顾名思义就是用来提供 SMB 服务的服务器软件,目前在很多平台上都有 SMB 服务器,但这里只介绍在 Linux 上的 SMB 服务器——Samba。

Samba 是由 Andrew Tridgell 和一组志愿者所开发的 SMB 服务器，它可以在许多 UNIX OpenVMS 和 UNIX-Like 的平台上运行，其中包括 Linux、Solaris、SunOS、HP-UX、ULTRIX、DEC OSF/1、Digital UXIT、Dynix、IRIX、SCO Open Server、DG-UX、UNIXWARE、AIX、BSDI、NetBSD、NEXTSTEP 和 A/UX 等。

3.1.4　Samba 软件功能

由于 SMB 通信协议采用的是 Client/Server 架构，所以 Samba 软件可以分为客户端和服务器端两部分。通过执行 Samba 客户端程序，Linux 主机便可以使用网络上 Windows 主机所共享的资源。而在 Linux 主机上安装 Samba 服务程序，则可以使 Windows 主机访问 Samba 服务器共享的资源。

Samba 软件主要具有以下功能：

- 使用 Windows 系统能够共享的文件和打印机。
- 共享安装在 Samba 服务器上的打印机。
- 共享 Linux 的文件系统。
- 支持 Windows 客户使用网上邻居浏览网络。
- 支持 Windows 域控制器和 Windows 成员服务器对使用 Samba 资源的用户进行认证。
- 支持 WINS 名字服务器解析及浏览。
- 支持 SSL 安全套接层协议。

3.1.5　Samba 的组成软件包

Samba 之所以能支持如此多的功能，主要是包含许多软件包，其中所包含的软件包如表 3-1 所示。

表 3-1　Samba 应用程序

名称	说　　明
smbd	SMB 服务器的主要程序，可以处理来自客户端的连接、处理文件、授权和用户名称等工作
nmbd	NetBOIS 域名服务器，负责帮助客户端找出服务器的位置，以进行浏览工作和管理域，目前这些功能已内置在 Samba 中
smbclient	在 UNIX 主机上运行的 SMB 客户端程序
testprns	测试服务器访问打印机的程序
testparm	测试 Samba 配置正确性的程序
smb.conf	Samba 的主配置文件
smbprint	批处理运行文件，可允许 UNIX 主机使用 smbclient 将打印工作送给 SMB 服务器

3.1.6　安装 Samba 服务

（1）在安装 Red Hat Enterprise Linux 5 时可以定制安装 Samba 软件包。如果没有安装，需要到 Red Hat Enterprise Linux 5 的系统盘中找到 Samba-common-3.0.33-3.7.el5.rpm、Samba-3.0.33-3.7.el5.rpm 和 system-config-samba-1.2.39-1.el5.noarch.rpm 文件进行手动安装。samba-client-3.0.23c-2.rpm 和 samba-common-3.0.23c-2.rpm 文件是默

认安装的,所以我们只需要安装其余的两个,需要输入"rpm -ivh /mnt/cdrom/Server/samba-3. 0. 23c-2. i386. rpm"和"rpm -ivh /mnt/cdrom/Server/system-config-samba-1. 2. 39-1. el5. noarch. rpm"命令。

(2) 安装 Samba 服务器。在使用 shell 命令安装的方法下,首先查看是否装有 Samba 软件包,使用"rpm -qa|grep samba"命令查询,如图 3-1 所示。

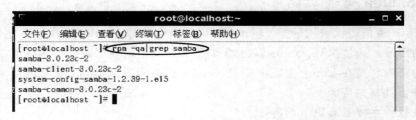

图 3-1　查询系统是否安装 Samba 软件包

3.1.7　启动与停止 Samba 服务器

在 Samba 服务器配置完成后,就可以启动 Samba 服务。在"/etc/init. d"目录中的脚本文件 smb 是控制 Samba 服务的,通过参数 start、stop 和 restart 可控制 Samba 服务的启动、停止和重启。

1. 启动 Samba 服务器

要启动 Samba 服务,只需用户在终端输入"service smb start"命令并按 Enter 键,如图 3-2 所示。

图 3-2　启动 samba 服务器

2. 重启 Samba 服务

Linux 系统服务中,当用户更改配置文件后,一定重新启动该服务,让服务重新加载配置文件,这样才能使配置生效。如果要重启 Samba 服务,在终端上输入"service smb restart"命令,并按 Enter 键,如图 3-3 所示。

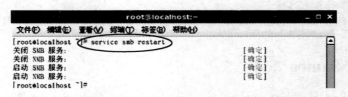

图 3-3　重启 Samba 服务器

3. 自动加载 samba 服务

在实际应用中,如果频繁地启用 Samba 服务是一项很烦琐的工作,因此,用户可以将其设置为开机启动项。

使用 chkconfig 命令可自动加载 SMB 服务,如下所示:

chkconfig-level 35 smb on   //运行级别 35 自动加载。

chkconfig-level 35 smb off   //运行级别 35 不自动加载。

如果要设置开机启动项,用户可以在终端输入"ntsysv"命令,并按 Enter 键,在打开的界面中使用方向键找到 smb 服务,在其前面加上 * 号(按 Space 键),接着按 Tab 键确定,按 Enter 键即可,如图 3-4 所示。

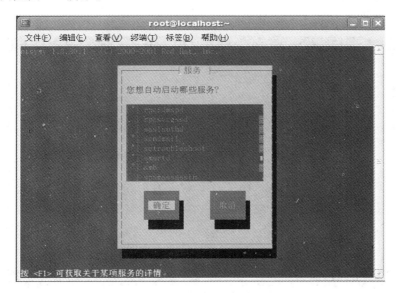

图 3-4　设置 SMB 服务自启动

4. 关闭 Samba 服务

当用户不希望开启 Smaba 共享时,就可以在终端输入"service smb stop"命令,关闭服务,如图 3-5 所示。

图 3-5　关闭 Samba 服务器

3.2　Samba 服务器的配置

在 Samba 服务安装成功后,用户并不是直接就可以使用 Windows 或 Linux 的客户端访问 Samba 服务器,还需要用户对服务器进行一系列的配置工作才能使其正常使用。这些配置操作可以通过修改配置文件和使用图形配置工具等多种方式实现。

3.2.1　Samba 服务器主配置文件

smb. conf 文件是 Samba 服务器的主配置文件,该文件位于"/etc/samba"目录下,如果把 Samba 服务器比喻成一本书,那么"/etc/samba"目录中的主配置文件 smb. conf 就相当于这本书的总目录,该目录记录着大量的共享信息和规则,因此该文件是 Samba 服务器中非常重要的配置文件。

在"/etc/samba"目录中,除了包含 Samba 主配置文件 smb. conf 外,还包含很多其他内容。如果想要查看/etc/samba 目录中所有内容,只需要在终端中输入"ls -l /etc/samba"命令,并按 Enter 键即可,如图 3-6 所示。

图 3-6　查看"/etc/samba"目录内容

smb. conf 的文件内容较为复杂,包含 272 行内容,几乎大部分的文件配置都是在该文件中进行,另外,在 smb. conf 这个配置文件中本身就包含了非常丰富的说明信息。因此,在配置之前,用户可以在终端中输入"vim/etc/samba/smb. conf"命令,并按 Enter 键,如图 3-7 所示。

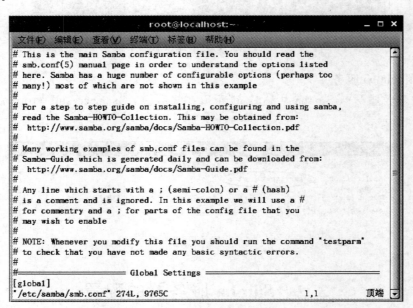

图 3-7　smb. conf 文件内容

smb. conf 文件配置信息被分为若干配置段，每段以"[段名]"形式开头，如配置信息中的[global]等。所有以";"开头的行为注释，在配置时可以忽略掉。其中，"♯"开头行表示系统注释，用于解析说明，";"开头行表示可以由用户来修改或设置的部分。

配置 Samba 的工作其实就是对默认的配置文件"/etc/samba/smb. conf"进行相应的设置。配置文件中有比较重要的几个全程单元：[global]、[homes]和[printers]，下面分别给予详细说明。

1. [global]单元

它定义了服务器本身使用的配置参数以及其他共享资源部分使用的缺省参数配置，可以说是最重要的一个字段。系统规定，如果其他字段列出了和[global]相同的选项并予以赋值，此时选项的赋值以其他部分的设置为准。如图 3-8 所示为 Samba 主配置文件"/etc/samba/smb. conf"中的[global]单元。[global]单元为设置全局变量区域，如果在此进行了设置，那么该设置就可针对所有的共享资源生效。该部分以[global]字段开始，其通用格式为：字段＝设定值。

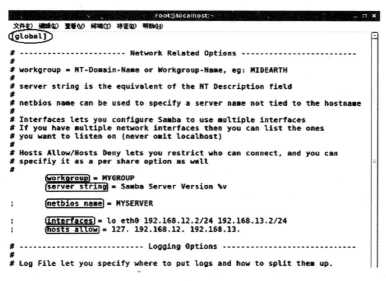

图 3-8　[global]单元

本单元主要参数包括下面这几种。

- workgroup：用来指定主机在网络上所属的工作组名称。
- server string：用来设置本机描述。
- netbios name：设置主机名称，即 Samba 服务器在网上邻居中显示的名字。
- interfaces：配置 Samba 使用多个网络接口。
- hosts allow：用来设置允许哪些计算机可以访问 Samba 服务器。用户通过指定一系列网络地址，可以有效阻止非法用户使用 Samba 服务器，且只有在指定网络地址中的计算机才能访问服务器提供的资源。在默认情况下，该参数被注释掉了，即所有的客户端都可以访问 Samba 服务器。
- loadprinters：允许自动加载打印机列表，而不需要单独设置每一台打印机。
- security：设置安全参数，定义安全模式。Samba 默认采用的是"用户"级别的安全性,也就是"security＝user"模式,此时由 Samba 服务器完全控制用户身份的认证。

Samba 服务器的用户验证模式包括用户、共享、服务器、域和 ADS 等多个级别。其含义如下。

① 用户(User Level):Samba 服务器对用户身份进行验证,用户只有通过验证才能访问相应的共享。

② 共享(Share Level):工作组中的每个共享都有一个或多个与其相关联的密码,用户只要知道密码,就可以随意访问。Windows95/98/ME 使用的就是这个模式。

③ 服务器(Server Level):可以使用一个单独的 Samba 服务器进行用户身份验证,这样用户才可以访问共享。

④ 域(Domain Level):此时 Samba 成为域的一部分,并使用主域控制器(PDC)来进行用户身份验证。用户通过了身份验证,就可以获得一个特殊的标志,这样就可以访问相应权限的共享资源。

⑤ ADS(Active Directory System):活动目录级别,只在 Windows2000 及以后的操作系统中支持。

参数"security＝user"是 Samba 默认的安全等级,即用户安全级别在该安全等级下,Samba 接收到用户的访问请求后,会进行密码检查工作,不过前提条件是用户名和密码必须在"/etc/Samba/smbpasswd"中已定义。为了保证安全,还要设置"encrypt passwords＝yes"。这样做的目的是保证密码不会在网络上被明文传送,从而避免了密码被嗅探工具捕获的风险。

当参数为"security＝share"时表示 Samba 服务器的用户验证模式采用的是共享级的方式。客户端连接时会发送一个口令,而不需要用户信息。共享级权限是 Windows 95 文件和打印服务器的默认设置。由于它的安全性不高,而且现在使用 Windows 95 操作系统的用户也很少,一般不推荐使用该安全级别。

"security＝server"模式称为服务器安全级别。在该级别下,Samba 软件会把密码验证的工作交给指定的服务器。当无法通过认证时,将会自动切换到"security＝user"模式。

"security＝domain"模式称为域安全级别。在该级别下,用户首先需要有 Windows 域的管理员账号,此时 Samba 会模拟一台加入 Windows 域的服务器,然后进行类似于安装 Windows 服务器时加入域的动作。

"security＝ads"模式称为活动目录安全级别。该模式要求比较高,因为从 Samba3.0 开始,可以完美支持 Windows 2000/2003 服务器的 ADS。如采用该模式,则客户端必须都是 Windows 2000、XP 甚至 Vista 等更高版本才行。

注意:不管是"security＝server"还是"security＝domain"模式,都需要设置"password server＝ServerName"选项。

2.〔homes〕单元

〔homes〕单元指定的是 Windows 共享的主目录。如果用户使用 Windows 访问 Linux 主目录,则其用户名作为主目录共享名。如果在 Windows 工作站登录的名称与口令和 Linux 用户名与口令一致,则在网上邻居中双击共享目录图标,就可以获得访问该目录的权限。如图 3-9 所示,〔homes〕单元为每个用户设置一个随用户名而变化的动态目录,并将其映射到相应的 Linux 用户的家目录中。主要参数含义如下:

- comment：注释，描述共享的信息。
- browseable：定义是否允许网络列出共享，即是否允许其他人浏览该共享。
- writable：指定合法用户是否具有对该目录写入的权限。
- valid users：定义合法用户，只有指定列表中的用户才可访问该共享，各个用户名前用空格分隔，如果是组群名，则前面需要加上@或＋符号。这里使用的是 Samba 的变量%S，表示与共享名同名的用户。

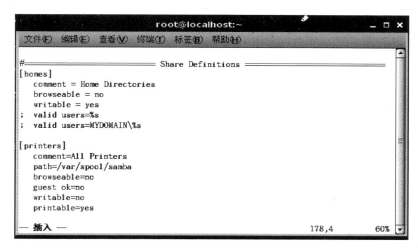

图 3-9　［homes］和［printers］单元

3.［printers］单元

用于定义共享 Linux 网络打印机。从 Windows 系统访问 Linux 网络打印机时，共享的应是 printcap 中指定的 Linux 打印机名。

4.［public］单元

在 Samba 服务器主配置文件的最后还包含了一个［public］单元，可以用来设置用户自定义的共享资源，如图 3-10 所示。

```
[public]
    comment = Public Stuff
    path = /home/samba
    public = yes
    writable = yes
    printable = no
    write list = @staff
```

图 3-10　［public］单元

各主要参数说明如下：
- comment：提示，在 Windows 的网上邻居上显示为备注。
- path：Linux 上的共享目录。这里设置成了"/home/Samba"目录，但共享名为public。
- public：若设为 yes，则允许 guest 用户在内的所有用户访问该共享。
- writable：是否允许用户具有写权限。
- printable：若设为 yes，则被认定为打印机。

Samba 服务器的安装与配置

- write list：表示只有组群 staff 中的成员才可以对该目录进行读写操作设置好 "/etc/samba/smb.conf" 之后，可以用 testparm 指令检查该文件是否有错误，如图 3-11 所示。

```
[root@localhost samba]# testparm
Load smb config files from /etc/samba/smb.conf
Processing section "[homes]"
Processing section "[printers]"
Loaded services file OK.
Server role: ROLE_STANDALONE
Press enter to see a dump of your service definitions
```

图 3-11　用 testparm 指令检查

按 Enter 键显示更多 Samba 服务器的详细信息，如图 3-12 所示。

```
[global]
        workgroup = MYGROUP
        server string = Samba Server
        log file = /var/log/samba/%m.log
        max log size = 50
        dns proxy = No
        cups options = raw

[homes]
        comment = Home Directories
        read only = No
        browseable = No

[printers]
        comment = All Printers
        path = /usr/spool/samba
        printable = Yes
        browseable = No
```

图 3-12　Samba 服务器的详细信息

3.2.2　Samba 服务器的日志文件

Samba 服务器的日志文件默认保存在 "/var/log/samba" 目录中。Samba 服务器为所有连接到 Samba 服务器的计算机建立独立的日志文件，如 192.168.3.95.log 为 IP 地址为 192.168.3.95 的计算机的日志文件。此外，还将 NMB 服务和 SMB 服务的运行情况写入 "/var/log/samba" 目录中的 nmbd.log 和 smbd.log 文件中。管理员可以根据这些日志文件了解用户的访问情况和 Samba 服务器的运行情况。

3.2.3　Samba 服务器常规配置实例

1. 设置工作组或域名名称

【例 3.1】　设置 Samba 服务的工作组为 Pcbjut。

```
workgroup = Pcbjut
```

2. 服务器描述

【例 3.2】　设置 Samba 服务器简要说明 "Pcbjut Linux"。

```
Server string = Pcbjut Linux
```

3. 共享目录或打印机的定义

（1）设置共享名。

共享资源发布后，必须为每个共享目录或打印机设置不同的共享名，共享名可以与原目录名不同。设置共享名非常简单，格式如下：

[共享名]

【例 3.3】 Samba 服务器有一个目录为"/Pcbjut"，需要发布该目录成为共享目录，定义共享名为 public，如下所示。

```
[public]
  comment = Pcbjut
  path = / Pcbjut
  public = yes
```

（2）共享资源描述。

网络中存中各种共享资源，为了方便用户识别，可以为其添加备注信息，以方便用户查找。格式如下：

comment ＝注释信息

【例 3.4】 Samba 服务器"/Student"目录存放了学生的数据信息，为了学生区分，添加注释信息如下所示。

```
[Student]
  comment = share directory of Student
  path = /Student
  valid users = @Student
```

（3）共享路径。

可以使用 path 字段设置共享资源的原始完整路径，要求务必正确。格式如下：

Path＝完整路径

【例 3.5】 Samba 服务器"/share/tools"目录存放常用工具软件，需要发布该目录共享。如下所示：

```
[tools]
    comment = tools
    path = /share/tools
    public = yes
```

（4）设置匿名访问。

共享资源如果对匿名访问进行设置，可以更改 public 字段，格式如下所示：

public = yes   #允许匿名访问

或

public = no   #不允许匿名访问

【例 3.6】 Samba 服务器共享目录允许匿名用户访问,如下所示:

```
[share]
    Comment = share
    Path = /public
    Public = yes                    # 允许匿名访问
```

(5)设置用户访问。

如果共享资源存在重要数据,则需要对访问用户进行审核,使用 valid users 字段进行设置。格式如下所示:

```
valid users =用户名
```

或

```
valid user = @组名
```

【例 3.7】 Samba 服务器"/share/Registry"目录存储教务处大量数据,只允许教师和教务处长访问,教师组为 teacherz,教务处长的账号为 jwcz,如下所示:

```
[jwc]
    comment = Registry
    path = /share/Registry
    valid users = jwcz, @teacherz
```

(6)设置目录只读。

共享目录如果限制用户的读写操作,可以通过 readonly 命令实现。格式如下所示:

```
readonly = yes                     # 只读
```

或

```
readonly = no                      # 读写
```

【例 3.8】 Samba 服务器公共目录"/public"存放大量共享数据,为保证目录安全只允许读取,命令如下所示:

```
[public]
    comment = public
    path = /public
    public = yes
    readonly = yes
```

(7)设置目录可写。

如果共享目录允许用户进行写操作,则可以使用以下两个字段来设置完成。格式如下:

```
writable = yes  或  writable = no
write list =用户名  或  write list = @组名
```

(8)Samba 服务器的密码文件。

客户端访问 Samba 服务器时,需要提交用户名和密码进行身份验证,验证合格才可以登录。Samba 服务器将用户名和密码的信息存放在"/etc/samba/smbpasswd"文件中。在客户端访问时,将用户提交的资料与 smbpasswd 存放的信息进行比对。如果二者相同,并且 Samba 服务器其他安全设置允许,客户端与 Samba 服务器的连接才能成功。

不能直接建立 Samba 账号,需要在 Linux 建立同名系统的账号。例如,如果要建立一个名为 user 的 Samba 账号,那么 Linux 系统中必须提前存在一个同名的 user 系统账号。

Samba 中添加账号的命令为 smbpasswd,格式如下:

smbpasswd - a 用户名

【例 3.9】 Samba 服务器添加 Samba 账号 test。

建立 Samba 账户必须先添加对应的系统账号,使用 useradd 命令建立账号 test,然后执行 passwd 命令为 test 设置密码,最后添加 test 用户的 Samba 账号,如图 3-13 所示。

图 3-13　创建 test 用户并添加 Samba 账号

经过上述设置,再次访问 Samba 共享文件的时候就可以使用 test 用户访问了。所有的 Samba 用户和密码都保存在 smbpasswd 文件里。

4. share 服务器配置实例

【例 3.10】 某单位现有一个工作组 gztzy,需要建立一个 Samba 服务器作为文件服务器,并发布共享目录"/share",共享名为 public,共享目录允许所有员工访问。

分析:允许所有员工访问,则需要为每个用户建立一个 Samba 账号,如果企业拥有大量用户,操作会非常复杂,可以通过配置 security=share,让所有用户登录时,采用匿名账户 nobody 访问,实现起来非常简单。

(1) 修改 Samba 服务器主配置文件。

用 vim 编辑器,打开 smb. conf 文件,命令如下所示。

[root@localhost~]# vim /etc/samba/smb.conf

根据前面所讲的内容,修改字段并保存结果。

```
[global]
  Workgroup = gztzy              #设置服务器的工作组为 gztzy
  Server string = file server    #Samba 服务器注释内容为"file server"
  Security = share               #设置安全级别为 share,允许用户匿名访问
  Log file = /var/log/samba/%m.log
  Max log size = 50
[public]                         #设置共享目录共享名为 public
  comment = share
  path = /share                  #设置共享目录的原始目录为/share
```

　　public = yes　　　　　　　　　　　♯设置允许匿名访问

（2）重新加载配置。

　　为了配置生效，要重新加载配置，可以使用 restart 命令重新服务，或者用 reload 命令重新加载配置。格式如图 3-14 和图 3-15 所示。

图 3-14　重启 SMB 服务器

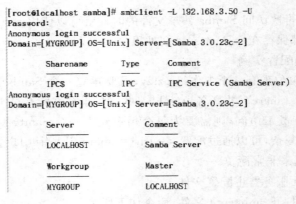

图 3-15　重新加载 SMB 配置

（3）在 Linux 端测试。

　　使用 smbclient 命令进行测试。配置完服务器，可以在 Linux 下进行测试，执行 smbclient 命令进一步测试服务器端的配置。如果 Samba 服务器正常，并且输入了正确的账号和密码，那么执行 smbclient 命令就可以获得共享列表，如图 3-16 所示。

```
[root@localhost samba]# smbclient -L 192.168.3.50 -U
Password:
Anonymous login successful
Domain=[MYGROUP] OS=[Unix] Server=[Samba 3.0.23c-2]

        Sharename       Type        Comment

        IPC$            IPC         IPC Service (Samba Server)
Anonymous login successful
Domain=[MYGROUP] OS=[Unix] Server=[Samba 3.0.23c-2]

        Server                      Comment

        LOCALHOST                   Samba Server

        Workgroup                   Master

        MYGROUP                     LOCALHOST
```

图 3-16　使用 smbclient 命令得到共享列表

（4）在 Windows 端访问服务器。

　　通过以下对 Samba 服务器的简单操作，用户不需要输入用户名和密码，就可以直接登录 Samba 服务器，并访问共享目录了。操作如图 3-17 和图 3-18 所示。

　　提示：重启 Samba 服务，虽然可以让配置生效，但是 restart 是先关闭 Samba 服务，再开启服务，这样会对客户端的访问产生影响。建议使用 reload，这样不需要中断服务，就要可以重新加载配置。

5. user 服务器配置实例

　　如果 Samba 服务器存在重要目录，为了保证系统安全，就必须对用户进行筛选，允许或禁止用户访问指定目录。这时若安全级别为 share，则无法满足需求。实现用户身份验证的

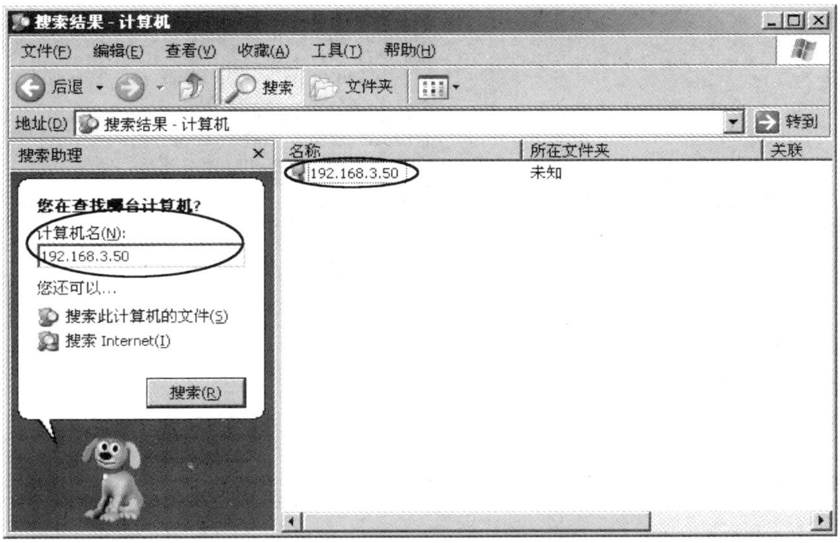

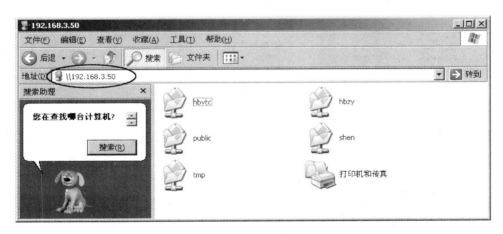

图 3-17　找到服务器

图 3-18　访问 public 共享目录

方法很多,可以用 user、server、domain 和 ads 的安全级别,但最常用的还是 user 级别。

【例 3.11】　学校有多个部门,因工作需要,将招生办的资料存放在 Samba 服务的 "/stu"目录中,集中管理,以便招生老师浏览,并且该目录只允许招生老师访问。

分析:"/stu"存放学校招生信息的重要数据,为了保证其他部门无法查看内容,需要将全局配置中,security 参数设置为 user,这样就启动了 Samba 服务器的身份验证机制,然后在共享目录"/stu"下设置 valid users 字段,配置只允许招生办的老师能够访问这个共享目录。

(1) 添加招生办用户和组。

使用 groupadd 命令添加 stu 组,然后执行 useradd 命令添加招生办的账号,如图 3-19 和图 3-20 所示。

```
[root@localhost www]# groupadd stu
[root@localhost www]# useradd -g stu s1
[root@localhost www]# useradd -g stu s2
[root@localhost www]# passwd s1
```

图 3-19　创建账户

```
[root@localhost www]# passwd s1
Changing password for user s1.
New UNIX password:
BAD PASSWORD: it is too simplistic/systematic
Retype new UNIX password:
passwd: all authentication tokens updated successfully.
[root@localhost www]# passwd s2
Changing password for user s2.
New UNIX password:
BAD PASSWORD: it is too simplistic/systematic
Retype new UNIX password:
passwd: all authentication tokens updated successfully.
[root@localhost www]#
```

图 3-20　设置密码

（2）修改主配置文件 smb. conf。

用 vim 编辑器打开 smb. conf 文件，修改相应的字段，如下所示。

```
[root@localhost ~]# vim /etc/samba/smb.conf
[global]
    Workgroup = school
    Server string = file server
    Security = user                # 设置安全级别为 user
    Log file = /var/log/samba/ % m.log
    Max log size = 50
[stu]                              # 设置招生办共享目录共享名为 stu
    comment = stu
    path = /stu                    # 指定共享目录的真实路径为/stu
    valid users = @ stu            # 设置可以访问的用户为 stu 组
```

（3）重新加载配置。

为了配置生效，要重新加载配置，可以使用 restart 命令重新服务，或者用 reload 命令重新加载配置。格式如图 3-21 所示。

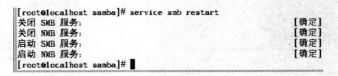

图 3-21　重启服务器

（4）在 Windows 端访问服务器。

① 通过以上对 Samba 服务器的简单操作，这时用户需要输入用户名和密码，如图 3-22 所示。

② 如果要用用户名 s1 或者 s2 进入 stu 目录，还要创建相应的 Samba 账号才可以进入 SMB 服务器。如图 3-23 和图 3-24 所示。

【例 3.12】　基于 guest 访问方式的 Samba 服务器的配置

任务描述：设置一个 Samba 服务器，允许用户以客人身份登录。Samba 服务器的共享目录为“/tmp”，共享目录名称为 homes，共享目录的权限是只读。实现步骤如下所述。

（1）用 vim 编辑器编辑主配置文件“/etc/samba/smb. conf”，如图 3-25 所示。

图 3-22　登录到 Samba 服务器

```
[root@localhost ~]# smbpasswd -a s1
New SMB password:
Retype new SMB password:
Added user s1.
[root@localhost ~]# smbpasswd -a s2
New SMB password:
Retype new SMB password:
Added user s2.
[root@localhost ~]#
```

图 3-23　将用户添加到 Samba 服务器

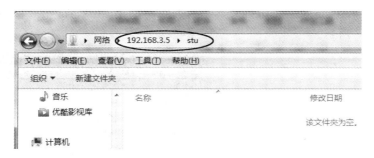

图 3-24　使用用户名 s1 进入到 stu 目录

```
                    root@localhost:/etc/samba
文件(F)  编辑(E)  查看(V)  终端(T)  标签(B)  帮助(H)
[root@localhost samba]# cd /etc/samba
[root@localhost samba]# ll
总计 84
-rw-r--r-- 1 root root    20 2006-09-02 lmhosts
-rw------- 1 root root  8192 07-04 17:47 secrets.tdb
-rw-r--r-- 1 root root 10141 07-04 18:23 smb.conf
-rw-r--r-- 1 root root  9765 2006-09-02 smb.conf~
-rw-r--r-- 1 root root  9765 07-04 17:48 smb.conf.bak
-rw-r--r-- 1 root root   310 07-04 17:47 smbpasswd
-rw-r--r-- 1 root root    97 2006-09-02 smbusers
[root@localhost samba]# vim smb.conf
```

图 3-25　编辑主配置文件

第 3 章

Samba 服务器的安装与配置

（2）将[global]单元中的参数 security 设置成 share，如图 3-26 所示。即共享级验证方式。在此方式下，客户端连接时会发送一个口令，而不需要用户信息。

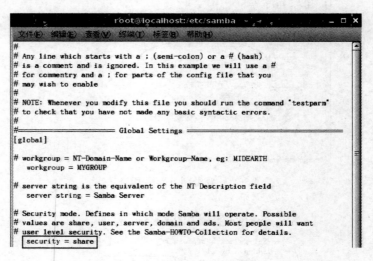

图 3-26　修改 sercurity 参数

（3）对[homes]单元加入 guest ok、path 和 read only 参数，[homes]单元表示设定共享目录的名称为 homes，guest ok＝yes 用于指定允许以客人身份登录，path＝/tmp 则说明共享目录的位置，read only＝yes 用于设定共享目录的权限是只读。配置如图 3-27 所示。

（4）设置好"/etc/samba/smb. conf"参数之后，可以用 testparm 指令检查该文件中是否有错误，如图 3-28 所示。

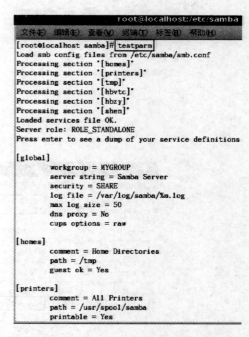

图 3-27　配置[homes]单元　　　　图 3-28　使用 testparm 命令查看是否有错误

（5）用 testparm 指令检查配置文件正确无误后，就可以重新启动 Samba 服务器了，如图 3-29 所示。

```
[root@localhost samba]# service smb restart
关闭 SMB 服务：                                    [确定]
关闭 NMB 服务：                                    [确定]
启动 SMB 服务：                                    [确定]
启动 NMB 服务：                                    [确定]
[root@localhost samba]#
```

图 3-29　重启 SMB 服务器

（6）找一台联网的 Windows 操作系统的主机作为测试机，打开"我的电脑"窗口，在地址栏输入"\\192.168.3.50"稍等片刻，会弹出"连接到 192.168.3.50"的内容，无须输入账户名及密码就能成功登录，登录成功后可以看到在 Samba 服务器上设置的共享目录 homes。打开共享目录 homes 后就会看到目录中的内容，共享目录 homes 下的内容就是 Samba 服务器发布的"/tmp"下的内容。如图 3-30 所示。如果想在 homes 目录下进行创建文件夹或创建文件这样的写操作是不被允许的，因为在配置 Samba 服务器时已明确指定客人身份的只读权限了。

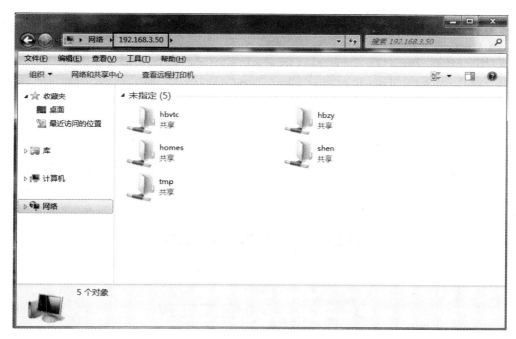

图 3-30　基于 guest 方法登录

【例 3.13】　基于指定账户访问方式的 Samba 服务器的配置。

任务描述：设置一个 Samba 服务器，允许以账号 qqq 和 www 的身份登录。Samba 服务器的共享目录为"/home/pcbjut1"，共享目录名称为 pcbjut，共享目录的权限是只读。实现步骤如下所述。

（1）先创建共享目录"/home/pcbjut1"，并在共享目录"/home/pcbjut1"中创建文本文件 hello.txt（内容随意），如图 3-31 所示。

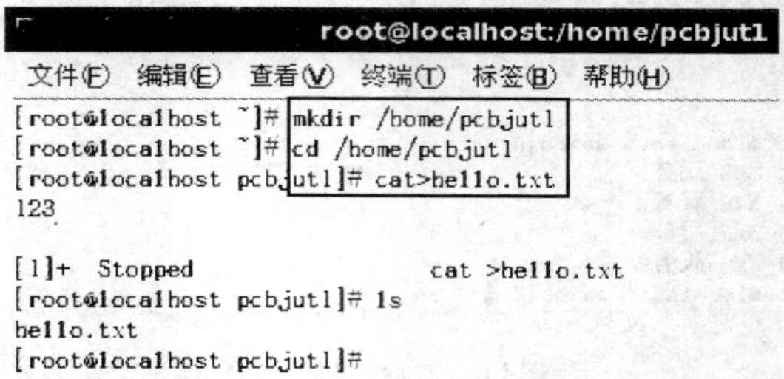

图 3-31 创建"/home/pcbjut1"目录

（2）添加系统用户 qqq 和 www，并为它们创建相应的密码，如图 3-32 所示。

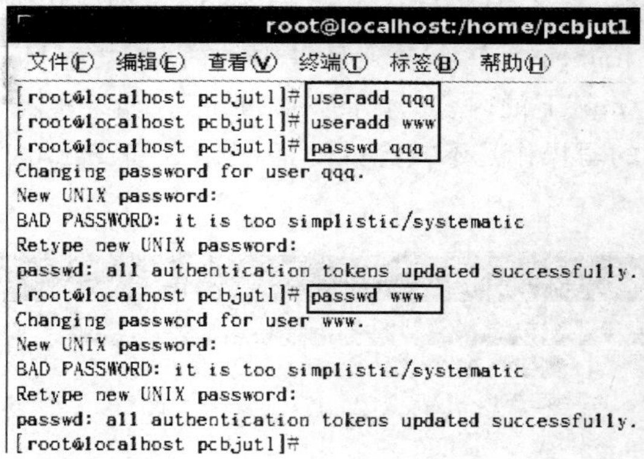

图 3-32 创建用户

（3）将系统账户 qqq 和 www 加入到 Samba 账户中，这里需要使用 smbpasswd 命令。该命令用于向"/etc/samba/smbpasswd"文件中添加 Samba 账户以及管理 Samba 账户，包括修改 Samba 账户口令、禁用或启用账户等。此处在终端输入"smbpasswd -a qqq"和"smbpasswd -a www"命令，并分别输入各自的 Samba 口令，如图 3-33 所示。

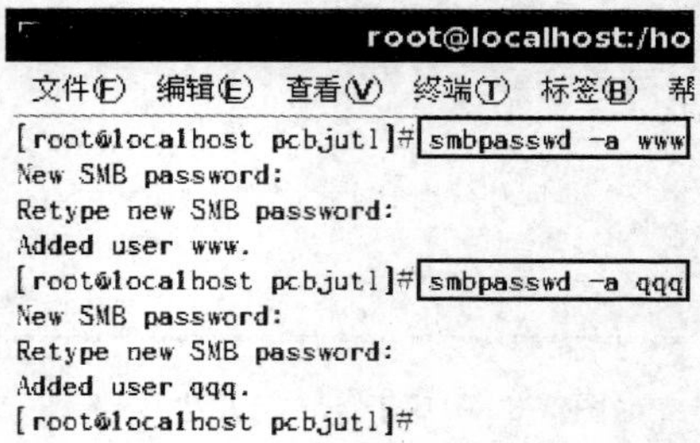

图 3-33 将用户加入到 SMB 认证用户

注意：将系统账户添加为 Samba 账户时，口令可以设置得不同，只是使用时要注意不要混淆。

使用 smbpasswd 命令的格式为：

```
smbpasswd [-a] [-x] [-d] [-e] 系统用户名
```

各选项的作用如下：

① -a：添加用户到"/etc/samba/smbpasswd"文件中。

② -x：从"/etc/samba/smbpasswd"文件中删除用户。

③ -d：禁用某个 Samba 用户。

④ -e：启用某个 Samba 用户。

（4）用 vim 编辑器编辑主配置文件"/etc/samba/smb.conf"，如图 3-34 所示。先将参数 security 设置成 user，即用户安全级别。在该安全等级下，Samba 接收到用户的访问请求后，会进行密码检查工作，不过前提条件是用户名和密码必须在文件"/etc/Samba/smbpasswd"中已定义。

[root@localhost ～]vim /etc/samba/smb.conf

```
[global]

# workgroup = NT-Domain-Name or
    workgroup = MYGROUP

# server string is the equivale
    server string = Samba Server

# Security mode. Defines in whi
# values are share, user, serve
# user level security. See the
    security = user
```

图 3-34   改变用户安全级别

（5）再将［homes］单元的内容全部注释掉，即取消设置的匿名登录方式，如图 3-35 所示。

```
[homes]
   ; comment = Home Directories
   ; guest ok=yes
   ; path=/tmp
   ;read only=yes
   ;browseable = no
   ;writable = yes
```

图 3-35   注释掉［homes］单元全部内容

（6）最后到文件末尾找到［public］单元，将其改为［pcbjut］单元，各参数配置如图 3-36 所示。

```
[pcbjut]
comment= this is pcbjut directory
path=/home/pcbjut1
valid user=www qqq
public=no
writable=yes
printable=no
```

图 3-36   编写［pcbjut］单元

其中，comment 为注释信息；path 参数指定了发布的 Samba 服务器的共享目录；valid users 参数指定了能访问该共享目录的账户名；writable＝yes 说明允许进行写操作。

Samba 服务器的安装与配置

（7）用 testparm 命令测试，如图 3-37 所示，重启 Samba 服务器，如图 3-38 所示。

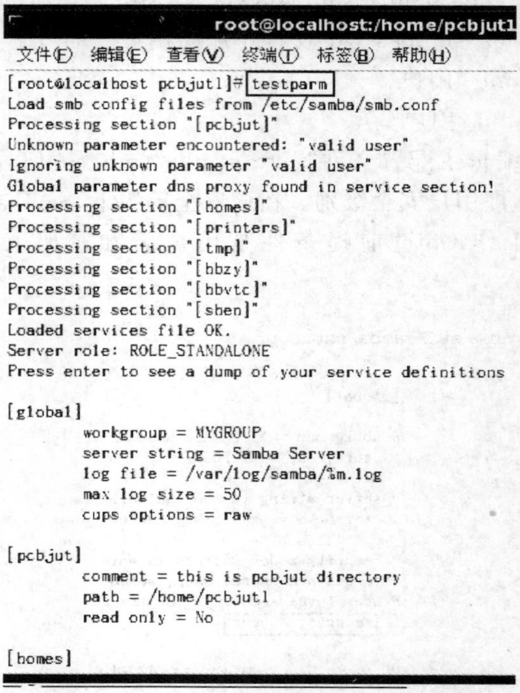

```
                              root@localhost:/home/pcbjut1
文件(F)  编辑(E)  查看(V)  终端(T)  标签(B)  帮助(H)
[root@localhost pcbjut1]# testparm
Load smb config files from /etc/samba/smb.conf
Processing section "[pcbjut]"
Unknown parameter encountered: "valid user"
Ignoring unknown parameter "valid user"
Global parameter dns proxy found in service section!
Processing section "[homes]"
Processing section "[printers]"
Processing section "[tmp]"
Processing section "[hbzy]"
Processing section "[hbvtc]"
Processing section "[shen]"
Loaded services file OK.
Server role: ROLE_STANDALONE
Press enter to see a dump of your service definitions

[global]
        workgroup = MYGROUP
        server string = Samba Server
        log file = /var/log/samba/%m.log
        max log size = 50
        cups options = raw

[pcbjut]
        comment = this is pcbjut directory
        path = /home/pcbjut1
        read only = No

[homes]
```

图 3-37　使用 testparm 检查文件编写是否正确

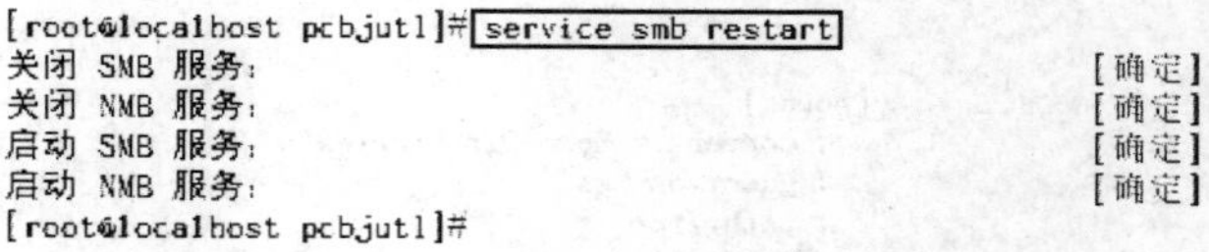

```
[root@localhost pcbjut1]# service smb restart
关闭 SMB 服务：                                              [确定]
关闭 NMB 服务：                                              [确定]
启动 SMB 服务：                                              [确定]
启动 NMB 服务：                                              [确定]
[root@localhost pcbjut1]#
```

图 3-38　重启 SMB 服务器

（8）在 Windows 客户机上访问此 Samba 服务器，在弹出的输入账户名和密码对话框中，输入刚刚创建的账户 www 及其密码。效果如图 3-39 所示。

（9）当账户名和密码均正确无误后，就会成功登录到 Samba 服务器的共享目录中。下载 Samba 服务器的共享目录下的文本文件 123.txt 到本地客户机。由于之前设置共享目录的 writable 参数值为 yes，即允许进行写操作，所以可以在这里建立一个文件夹测试一下，从图 3-40 的效果可以看到，当前是不允许用户进行写操作的。原因是 Samba 服务器端共享目录及共享文件的权限不够。

【例 3.14】　在例 3.13 的基础上把任务改成允许账号 www 和 qqq 登录到 Samba 服务器上，且拥有写权限即 Samba 服务器写权限的设置。

（1）在 Samba 服务器端执行"chmod"命令修改共享目录"/home/pcbjut1"的权限为 777，如图 3-41 所示。

（2）再次通过 Windows 客户机测试 Samba 服务器，这时可以对共享目录进行写操作，并创建文件 123.txt 了，如图 3-42 所示。

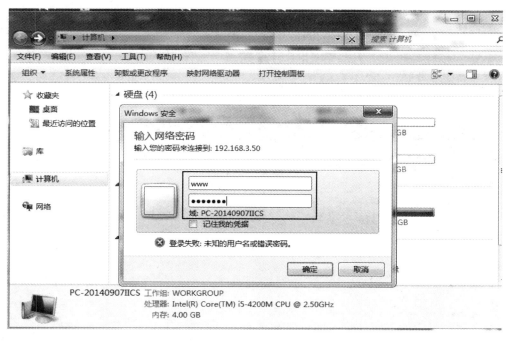

图 3-39　使用 www 登录 samba 服务器

图 3-40　创建文件夹失败

注意：一台客户机一旦以某用户的身份成功登录 Samba 服务器后，当再次登录时，就会直接登录成功而无须输入账户名和密码，所以在同一台客户机至多只能用一个用户名登

第 3 章

Samba 服务器的安装与配置

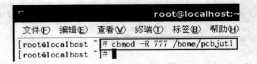

图 3-41　修改/home/pcbjut1 文件权限

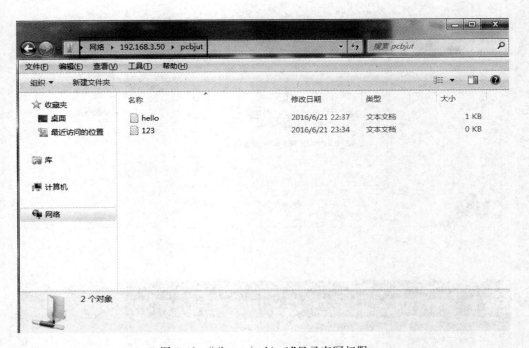

图 3-42　"/home/pcbjut1"目录有写权限

录 Samba 服务器,如果想测试另外的账户名,需要再找一台客户机测试。

【例 3.15】　在例 3.14 的基础上,通过 Linux 客户端测试 Samba 服务器。在 Linux 客户端通过 smbclient 指令登录 Samba 服务器,进行文件的上传与下载。

找一台 Linux 客户机,在用 smbclient 指令登录 Samba 服务器之前,先在当前目录下创建一个文本文件 qqq.txt,便于后面的文件上传,如图 3-43 所示。

```
[root@localhost ~]# mkdir /111
[root@localhost ~]# cd /111
[root@localhost 111]# mkdir qqq.txt
[root@localhost 111]# ls
qqq.txt
[root@localhost 111]#
```

图 3-43　创建文件 qqq.txt

用 smbclient 指令登录 Samba 服务器,smbclient 指令的格式为"smbclient //IP 地址/共享目录 - U 用户名",当以账户 qqq 的身份成功登录后,可以用 put 命令上传文件,用 get 命令下载文件,操作同 FTP 客户端指令。效果如图 3-44 和图 3-45 所示。

用"quit"指令返回到 Linux 客户端,再使用"ls"命令查看当前目录"/111"下的文件,发现刚刚从 Samba 服务器端下载的文件 123.txt,如图 3-46 所示。同理,当以账户 qqq 的身份

```
[root@localhost 111]#  smbclient //192.168.3.50/pcbjut -U qqq
Password:
Domain=[LOCALHOST] OS=[Unix] Server=[Samba 3.0.23c-2]
smb: \> ls
  .                                   D        0  Tue Jun 21 23:34:34 2016
  ..                                  D        0  Wed Jun 22 14:24:33 2016
  hello.txt                           A        4  Tue Jun 21 22:37:56 2016
  123.txt                             A        0  Tue Jun 21 23:34:32 2016

                62001 blocks of size 32768. 57672 blocks available
smb: \>  put qqq.txt
putting file qqq.txt as \qqq.txt (0.1 kb/s) (average 0.1 kb/s)
```

图 3-44   上传 qqq.txt 文件

```
smb: \>  get 123.txt
getting file \123.txt of size 0 as 123.txt (0.0 kb/s) (average 0.0 kb/s)
smb: \>
```

图 3-45   下载 123.txt 文件

再次成功登录后也能查看到上次上传的文件 qqq.txt，如图 3-47 所示。

```
[root@localhost 111]# ls
123.txt  qqq.txt
[root@localhost 111]#
```

图 3-46   查看下载文件

```
[root@localhost 111]# smbclient //192.168.3.50/pcbjut -U qqq
Password:
Domain=[LOCALHOST] OS=[Unix] Server=[Samba 3.0.23c-2]
smb: \> ls
  .                                   D        0  Wed Jun 22 17:28:22 2016
  ..                                  D        0  Wed Jun 22 14:24:33 2016
  hello.txt                           A        4  Tue Jun 21 22:37:56 2016
  123.txt                             A        0  Tue Jun 21 23:34:32 2016
  qqq.txt                             A        4  Wed Jun 22 17:28:22 2016

                62001 blocks of size 32768. 57672 blocks available
smb: \>
```

图 3-47   查看上传文件

3.2.4   Samba 服务器的高级配置实例

1. 用户账号映射

Samba 用户账号保存于 smbpasswd 文件中，而且用于访问 Samba 服务器的账号必须对应一个同名的系统账号。因此只要知道 Samba 服务器的 Samba 账号，就等于知道了服务器的系统账号，只要破解其密码，就可加以利用。这一点增加了服务器的安全隐患，因而需要采用用户账号映射的功能来解决这个问题。

解决用户账号映射的方法是授予客户端用户的 Samba 账号不是本地系统的账号，而又可以访问 Samba 服务器。因此，需要建立一个账号映射关系表，里面记录着 Samba 账号和虚拟账号的对应关系。客户端访问 Samba 服务器时使用虚拟账号登录。

具体操作为以下 4 个步骤：

（1）用 vim 编辑器修改主配置文件"/etc/samba/smb.conf"，在[global]单元下面添加

Samba 服务器的安装与配置

一行字段。

```
[root@localhost ~]# vim /etc/samba/smb.conf
[global]
username map = /etc/samba/smbusers
```

添加的这行字段是为了开启用户账号映射功能。

（2）编辑 smbusers。

smbusers 文件保存账号映射关系，其设置有固定的格式，格式如下所示：

samba 账号 = 虚拟账号（映射账号）

使用 vim 编辑器打开"/etc/samba/smbusers"文件，如图 3-48 所示。

```
[root@localhost ~]# vim /etc/samba/smbusers
```

图 3-48　映射账号

hbvtc 为前面创建的 Samba 账号（也是本地系统账号），liduo 和 yuli 为映射账号名（虚拟账号）。hbvtc 账号访问共享目录时，只要输入账号名 liduo 或 yuli 就可以成功访问。但是，实际上访问 Samba 服务器所使用的账号还是 hbvtc 账号。这样就可以很好地避免上述所讲的安全问题了。

（3）重新启动 Samba 服务，如图 3-49 所示。

图 3-49　重启服务器

（4）测试验证。

使用 Windows 客户端进行访问测试。打开"网上邻居"或者利用"搜索计算机"的功能，然后访问 Samba 服务器。效果如图 3-50 所示。

显示登录窗口，提示输入用户名和密码信息。这时为了验证虚拟账号，选用 liduo 账号进行登录。由于 liduo 和 hbvtc 是映射关系，因此其密码也是一样的。确定后即可看到共享目录，如图 3-51 所示。

当然也可以使用 yuli 账号进行登录。无论使用 yuli 还是 liduo 访问服务器，实际上都

图 3-50　访问 Samba 服务器

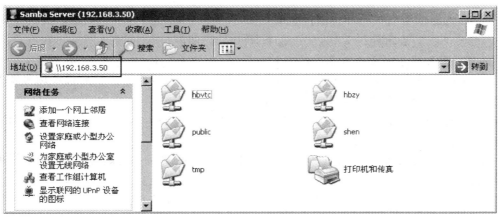

图 3-51　用虚拟账号登录 Samba 服务器

是使用 hbvtc 账号。只有管理员才知道 hbvtc 在登录 Samba 服务器,而其他普通用户根本就不知道。想用 yuli 或 liduo 来直接攻击 Samba 服务器,几乎是不可能的,因为 Samba 服务器根本就没有这两个账号,它们只是映射出来的假象,这样处理可以减少安全隐患。

2. 客户端访问控制

Samb 服务器可以用 valid users 字段来控制用户访问,如果大型企业存在大量用户,这种方法就不适合了。例如,要进入某个 IP 子网或某个域的客户端访问该资源时,使用 valid users 字段将无法实现客户端的访问控制。可以使用 hosts allows 和 hosts deny 两个字段来实现此功能。

(1) hosts allows 和 hosts deny 字段的使用方法。

① hosts allows 和 hosts deny 字段的作用。

hosts allows 字段定义可以访问的客户端。hosts deny 字段定义禁止访问的客户端。

② 使用 IP 地址进行限制。

【例 3.16】 学校内部 Samba 服务器上共享了一个目录 liduo,该目录文件为招生办的共享目录,学校规定"10.0.0.0/8"网段的 IP 地址不能访问该共享目录,但是 10.0.0.3 这个 IP 地址可以访问该共享目录。

编辑 smb. conf 文件:

```
[root@localhost~]# vim /etc/samba/smb.conf
```

把 security ＝ user 改为 security ＝ share,如下所示:

```
security = share
```

并添加 hosts deny 和 hosts allow 字段:

```
# ============= Share Definitions ==================
[liduo]
    path = /liduo
    writable = yes
    hosts deny = 10.
    hosts allow = 10.0.0.3
```

其中,"hosts deny＝10."表示拒绝所有来自"10.0.0.0/8"网段的 IP 地址访问。"hosts allow＝10.0.0.3"表示允许 10.0.0.3 这个 IP 地址访问。

注意:两条信息定义的内容是冲突的。"hosts allow＝10.0.0.3"表示允许 10.0.0.3 这个 IP 地址访问,而"hosts deny＝10."则表示禁止 10.0.0.0 这个网段的设备访问服务器。那么,10.0.0.3 的客户端能否访问 liduo 目录?

因为当这两个字段同时出现并且发生矛盾的时候,hosts allow 字段优先,所以 IP 地址 10.0.0.3 是可以访问服务器的。

如果同时拒绝多个网段的 IP 地址(网段 IP 地址之间要用空行隔开)访问这个服务器,则指令如下所示:

```
# ============= Share Definitions ==================
[liduo]
    path = /liduo
    writable = yes
    hosts deny = 172.21. 192.168.2.
    hosts allow = 10.
```

其中"hosts deny＝172.21. 192.168.2."表示拒绝所有 172.21.0.0 和 192.168.2.0 网段的 IP 地址访问共享目录 liduo。

"hosts allow＝10."表示允许 10.0.0.0 这个网段的 IP 地址访问 liduo 这个共享目录。

③ 使用域名进行限制。

【例 3.17】 单位的 Samba 服务器上共享了一个目录 public,学校规定 .computer.com 域和 .net 域的客户端不能访问该目录,同时,主机名为 localhost 的客户端也不能访问该目录。

如果使用 IP 地址进行设置,则较烦琐。利用域名和主机名限制可以事半功倍地完成要求。如下所示:

```
# ============ Share Definitions ================
[public]
  path = /public
  public = yes
  writable = yes
  hosts deny = .computer.com .net localhost
```

其中"hosts deny=.computer.com .net localhost"表示拒绝所有来自.computer.com 域和.net 域以及主机名为 localhost 的客户端访问该目录。

④ 使用通配符进行访问控制。

【例 3.18】 Samba 服务器共享了一个目录 security,规定所有人不能访问该目录,只有主机名为 liduo 的客户端才可访问该目录。

可以使用通配符的方式来简化配置,如下所示:

```
# ============ Share Definitions ================
[security]
    path = /security
    writable = yes
    hosts deny = all
    hosts allow = liduo
```

其中"hosts deny=all"表示所有的客户端。而不是表示允许主机名为 all 的客户端访问。常用的通配符还有"*"、"?"、"LOCAL"等。

还有一种配置如下,规定所有人不能访问 security 目录,只允许 197.168.1.0 网段的 IP 地址访问,但 197.168.1.222 除外。

```
# ============ Share Definitions ================
[security]
    path = /security
    writable = yes
    hosts deny = all
    hosts allow = 197.168.1 EXCEPT 197.168.1.222
```

可以使用 hosts deny 禁止所有用户访问,再设置 hosts allow 允许 197.168.1.0 网段的主机访问。但当 hosts deny 和 hosts allow 同时出现而且发生冲突的时候,hosts allow 生效。这样,允许 197.168.1.0 网段访问的时候,拒绝 197.168.1.222 地址就无法生效了。可以使用 EXCEPT 进行设置。其中:"hosts allow=197.168.1 EXCEPT 197.168.1.222"表示允许 197.168.1.0 网段的 IP 地址访问,但不允许 197.168.1.222 访问地址。

(2) hosts allows 和 hosts deny 的作用范围。

把这两个字段放在不同的位置上,它们的作用范围是不一样的。设置在[global]单元里,表示对 Samba 服务器生效。如果设置在目录下,则表示只对单一目录生效。

```
# ============ Share Definitions ================
[global]
    hosts deny = ALL
    hosts allow = 197.168.1.100
```

表示只有 197.168.1.100 可以地址访问 Samba 服务器。

```
# ============= Share Definitions ==================
[public]
    path = /public
    public = yes
    writable = yes
    hosts deny = ALL
    hosts allow = 197.168.1.100
```

表示只有 197.168.1.100 地址能访问 public 共享目录。

【例 3.19】 设置 Samba 的权限。学校 samba 服务器上有一个共享目录 samba，规定只有 hbzy 用户和 samba 组可以完全控制，其他人只有只读权限。

分析：可以对用户的访问行为进行有效的控制，对于允许访问的用户如何设置权限，如只读、读写等。例如，账户 test 对某个目录有完全的控制权限，其他账号只有只读权限。对于这种情况，可以使用 write list 字段进行设置。可见本例中如果只用 writable 字段则无法满足实例要求。因为当"writable＝yes"时，表示所有人都可以写入。而当"writable＝no"时则表示所有人都不可以写入。这时我们需要用到 write list 字段，如图 3-52 所示。

```
[samba]
comment=samba
path=/samba
write list=@samba.hbzy
browseable=yes
```

图 3-52　配置 write list

【例 3.20】 隐藏 Samba 的共享目录。要把 Samba 服务器上的 samba 共享目录设置为隐藏。这里 Samba 服务器地址是 192.68.1.3。

出于安全考虑，有时会让客户端无法看到某个共享目录，这样只有管理员或者一些重要人士知道 Samba 服务器上有这样一个目录，而其他人员并不知道这个目录。通过 browseable 字段可以实现该功能。而要把 Samba 服务器上的 samba 共享目录设置为隐藏，实现方法如下所示：

```
[samba]
    path = /samba
    write list = @samba,hbzy
    browseable = no
```

其中：browseable＝no 表示隐藏该目录。但在有些情况下，browseable 无法满足设置要求。

【例 3.21】 Samba 服务器上的 security 共享目录，要求只有 test 用户可以浏览并访问，其他人都不可以浏览和访问该目录。其配置如图 3-53 所示。

分析：要求 security 这个目录只有 test 用户可以浏览并访问，其他人都不可以浏览，这就要好好思考一下，因为 Samba 的主配置文件只有一个，所有账号访问要遵守一个规则，那就是：如果隐藏了该目录，那么所有人都看不到该目录。

```
[security]
path=/security
writable =yes
browseable=no
```

图 3-53　配置 security

下面来验证一下，从 Windows 客户端打开，查找 Samba 服务器，并使用 test 账号访问，如图 3-54 所示。现在看不到 securtiy 这个目录，原因就是被隐藏了。如果修改"browseable＝yes"，则所有人都可以看到 security 这个目录。这样就达不到题目的要求。由于是 smb.conf 不提供字段允许部分人浏览目录的功能，所以如果要实现上面的要求，就要通过其他方式进行操作。

图 3-54　隐藏 security 目录

可以根据不同需求的用户或组,分别建立配置文件并单独配置,实现隐藏目录的功能,这里,为 test 账户建立一个配置文件,并且让其访问时能够读取这个单独的配置文件。

① 创建独立配置文件。

用 cp 命令复制主配置文件,为 test 用户建立独立的配置文件。

```
[root@localhost~] # cp /etc/samba/smb.conf /etc/samba/smb.conf.bak
[root@localhost~] # ls / etc/samba
smb.conf smb.conf.bak smb.conf.test
```

② 编辑 smb.conf 主配置文件。

```
[root@localhost~] # vim /etc/samba/smb.conf
# ========================= Global Settings =========================
[global]
Config file = /etc/samba/smb.conf. % U
```

其中:"/etc/samba/smb.conf.%U"文件中的%U 代表当前登录用户,命令规范与独立配置文件匹配。

③ 配置独立配置文件。

```
[root@localhost~] # vim /etc/samba/smb.conf.test
# ========================= Share Definitions =========================
[security]
    path = /security
    writable = yes
    browseable = yes
```

④ 重新启动。

[root@localhost~]# service smb restart

⑤ 验证测试。

再次用 test 从 Windows 客户端登录,则可以浏览到 security 目录,如图 3-55 所示。
注意,此时其实用户是不能见到 security 目录的。

注意:目录隐藏了并不代表不共享,只要知道共享名并且具有相应的权限,还是可以访问的。

图 3-55　显示 security 目录

3.2.5　Samba 客户端的配置

设置好 Samba 服务器和共享资源后,客户端的访问方式因系统是 Windows 或者 Linux 而不同。

1. Windows 客户端访问 Samba 服务器共享目录

从 Windows 客户端访问 Samba 服务器共享目录,不需要安装其他软件。找一台联网的 Windows 操作系统的计算机作为测试客户机,激活“网上邻居”,在“搜索计算机”对应的文本框中输入已经完成配置的 Samba 服务器的 IP 地址,即可在 Windows 中访问 Linux 系统的共享目录了。或者,在“开始”菜单中选择“运行”命令,在弹出的“运行”对话框中使用 UNC 路径直接访问,如图 3-56 所示。

2. Linux 客户端访问 Samba 服务器

在 Linux 的 shell 环境中用命令“smbclient //IP 地址/共享目录 - U 用户名”来登录 Samba 服务器。

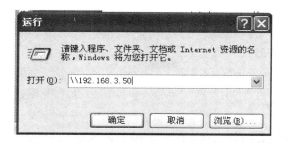

图 3-56　Windows 客户端访问 Samba 服务器

登录成功后,在"smb:\>"提示符下,可以输入各种指令,如 ls(列表)、pwd(查看当前目录)、put(文件上传)、get(文件下载)等,和通过 FTP 的命令行方式访问相同。

也可使用 smbclient 命令列出目标共享目录列表,语法格式如下:

smbclient‑L 目标 IP 地址或主机名‑U 登录用户名％密码

当查看 192.168.3.50 的共享目录列表时,提示输入密码。若不输入密码直接按 Enter 键,则表示匿名登录。然后,就可以显示出共享目录列表。

如果想使用 Samba 账号去查看服务器共享了什么目录,可以加-U 参数,后面跟用户名％密码。

3.3　Samba 服务器配置综合案例

3.3.1　任务描述

为解决公司中 Windows 计算机与 Linux 计算机之间的资源共享及打印机共享,公司陈工程师提出建立并配置一台 Samba 服务器的方案,具体描述如下:

Linux 系统的计算机名为 localhost,IP 地址为 192.168.3.50,提供的共享目录为"/etc/hbzy"、"/etc/hbvtc"、"/tmp"。其中能完全访问"/etc/hbzy"目录的 Samba 用户只有 hbzy,密码为 123456;能够完全访问"/etc/hbvtc"目录的用户只有 hbvtc,能够完全访问"/etc/shen"目录的用户只有 shen,密码为 123456;能够让所有人完全访问的目录为"/tmp"。

3.3.2　任务准备

任务开始前的准备工作如下:

① 一台安装 RHEL 5 操作系统的计算机,且配备有光驱、音箱或耳机。

② 一台安装 Windows XP 操作系统的计算机。

③ 两台计算机均接入网络,且网络畅通。

④ 一张 RHEL 5 安装光盘(DVD)。

⑤ Linux 系统的 IP 地址为 192.168.3.50。

⑥ 以超级用户 root 登录 RHEL 5 计算机。

3.3.3 任务实施

1. 安装 samba 服务器

（1）命令行方式安装 Samba 服务器。在使用 shell 命令安装的方法下，首先查看计算机中是否装有 Samba 软件包，使用"rpm -qa｜grep samba"命令查询，如图 3-57 所示，显示系统中已安装 Samba 软件包。

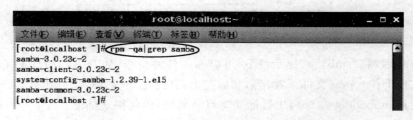

图 3-57　查询系统是否安装 Samba 软件包

（2）查看 Samba 软件包之后，如未安装，则加载光盘进行安装。首先要查看是否存在"/mnt/cdrom"目录，没有这个目录需要用"mkdir/mnt/cdrom"命令创建。在有"/mnt/cdrom"目录情况下，需要查看是否存在光盘，在屏幕右下角有一个光盘的图标，双击光盘图标，出现一个编辑虚拟机设置，在使用光盘下的使用 ISO 镜像文件中选择 rhel.5.0 的镜像文件，输入"mount /dev/cdrom /mnt/cdrom"挂载光盘，显示…read-only 即成功挂载，如图 3-58 所示。

图 3-58　挂载镜像文件

（3）安装 Samba 软件包，用"rpm -qa｜grep samba"命令查询时一共有四个软件包，其中 samba-client-3.0.23c-2.rpm 和 samba-common-3.0.23c-2.rpm 是默认安装的，所以只需要安装剩下的两个，需要输入"rpm -ivh/mnt/cdrom/Server/samba-3.0.23c-2.i386.rpm"和"rpm -ivh/mnt/cdrom/Server/system-config-samba-1.2.39-1.el5.noarch.rpm"命令，注意，在输入软件包名时一定不要逐字输入，按 Tab 键的自动补全功能。如图 3-59 所示。

2. 配置 Samba 服务器

（1）添加 Samba 用户。

安装 Samba 软件包之后，就开始配置 Samba 服务器。首先，添加用户，使用"useradd 用户名"命令创建用户 hbzy、hbvtc 和 shen，并设置密码，如图 3-60 所示。在终端的命令提示符后输入 smbpasswd 命令，把 Linux 用户 shen、hbzy、hbvtc 添加为 Samba 用户，并设置密码，如图 3-61 所示。

注意：架设用户级别的 Samba 服务器时，必须创建 Samba 用户列表，并为每一个 Samba 用户设置口令。此时即使不创建共享目录的用户，安装 Samba 服务器的默认设置，

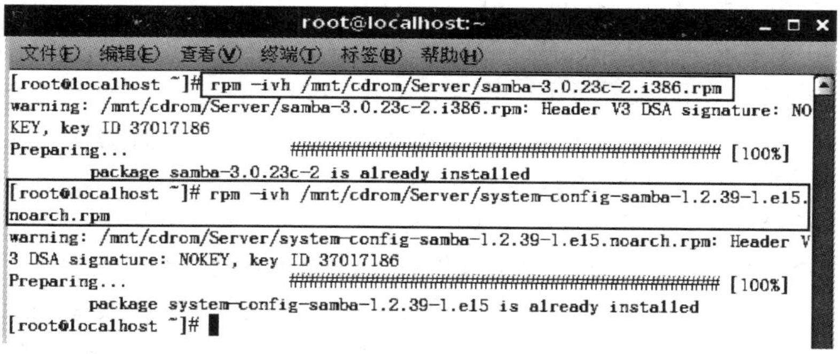

图 3-59　安装 Smaba 服务器软件包

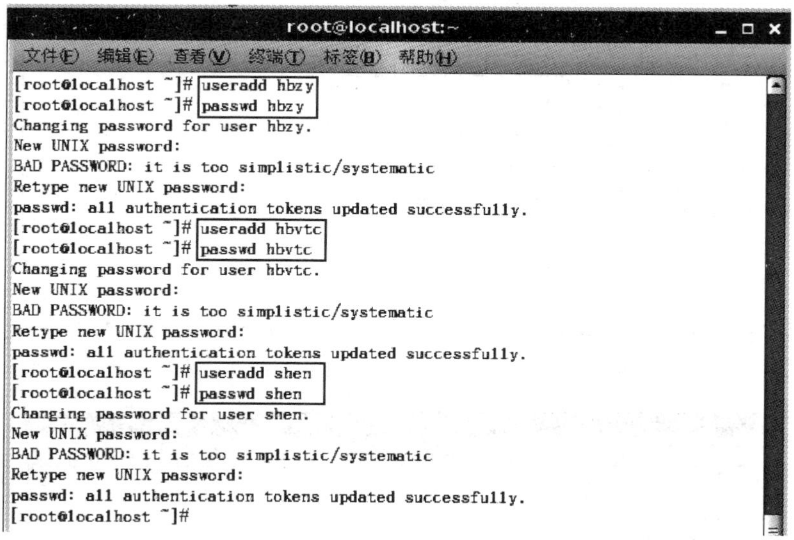

图 3-60　创建用户并设置密码

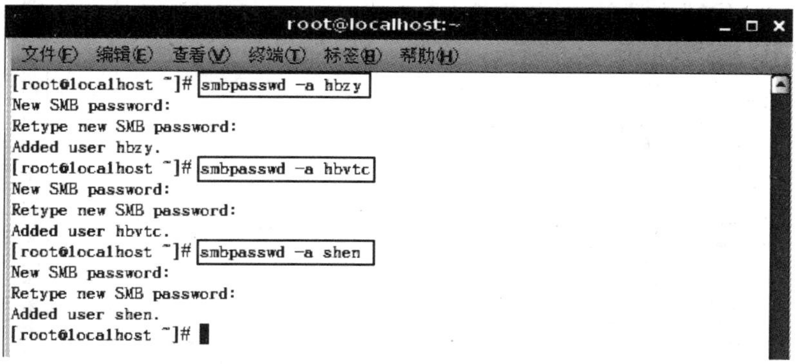

图 3-61　将用户加入到 Samba

用户也能访问其主目录中的所有文件。而架设共享级别的 Samba 服务器时，不需要创建 Samba 用户，只需要创建共享的目录，并允许所有用户访问即可。

Samba 服务器的安装与配置

（2）编辑配置文件"/etc/samba/smb.conf"。

在编辑"/etc/samba/smb.conf"的配置文件之前，一定要备份文件，备份文件前要先进入"/etc/samba"的目录下，查看目录下是否有smb.conf文件。使用cp命令备份，命令行是"cp smb.conf smb.conf.bak"，如果不是在当前目录下，一定写文件的绝对路径。

注意：在编辑smb.conf配置文件之前，要确保"/etc/hbzy"、"/etc/hbvtc"和"/etc/shen"目录存在，如果没有，则需先用mkdir创建目录。

因为设置Samba服务器为用户级；设置"/tmp"为所有用户均可读写的共享目录，而设置"/etc/hbzy"目录是只能被hbzy用户通过验证后才能访问的共享目录；设置"/etc/hbvtc"目录是只能被hbvtc用户通过验证后才能访问的共享目录，如图3-62所示。

图3-62　复制主配置文件并创建目录

接下来在终端的命令提示符后输入"vim /etc/samba/smb.conf"，并按Enter键，之后会弹出vim文本编辑器的窗口，开始编辑"/etc/samba/smb.conf"文件，如图3-63所示。

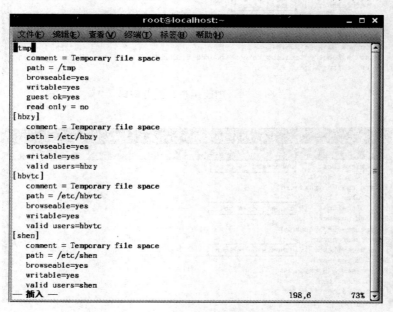

图3-63　编辑smb.conf文件

注意：① 如果目录"/etc/hbzy"和目录"/etc/hbvtc"不存在，则先用mkdir命令创建。

② 此配置文件表明：设置Samba服务器为用户级；设置"/tmp"目录是所有用户均可

读写的共享目录；设置"/etc/hbzy"目录为只能被 hbzy 用户通过验证后才能访问的共享目录；设置"/etc/hbvtc"目录为只能被 hbvtc 用户通过验证后才能访问的共享目录；设置"/etc/shen"目录为只能被 shen 用户通过验证后才能访问的共享目录。

（3）测试配置文件"/etc/samba/smb.conf"是否正确。

在编辑完"/etc/samba/smb.conf"配置文件后，输入 testparm 命令，测试配置文件是否正确，如果显示"Loaded services file OK"信息，如图 3-64 所示，则表明 Samba 服务器的配置文件完全正确。如果错误再次修改，直到出现 OK 字符。根据提示按 Enter 键，即可查看 Samba 服务器定义。

图 3-64　检测 smb.conf 文件配置是否正确

3. 重启 SMB 服务

（1）在终端的命令提示符后输入" service smb restart "命令，重启 SMB 服务，如图 3-65 所示。重启服务后，只有 hbzy、hbvtc、shen 账户通过验证才能访问其用户主目录，且对其用户主目录具有完全的控制权，而"/tmp"目录能被所有用户访问。

图 3-65　重启 Samba 服务

（2）输入"chkconfig--list smb"命令，检查 SMB 进程是否开机即运行，如果显示 7 个运行都为 off，则输入"chkconfig smb on"命令设置开机即启动，再次输入"chkconfig--list smb"检查，如图 3-66 所示。

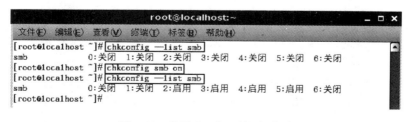

图 3-66　设置 Samba 开机启动项

注意：SMB 服务的运行级别有 7 种：0,1,2,3,4,5,6。其中,3 是字符模式,5 是图型模式。3 和 5 都是开机自动运行。

4. 设置防火墙和 SELinux

在终端的命令提示符后输入"setup"命令,如图 3-67 所示,启动系统设置程序,使用方向键将光标移动到"防火墙配置"选项,按 Enter 键,出现"防火墙配置"界面,如图 3-68 所示。选中"防火墙"安全级别为"启用"选项,在 SELinux 选项选择"禁用"选项,移动光标到"定制"选项按 Enter 键,如图 3-69 所示。进入到"定制"页面,在"信任的设备"选项选择 eth0,光标移动到"允许进入"区域选中"其他端口"以外的所有选项,按 Space 键选择相应选项。移动光标到"确定"选项按下 Enter 键,如图 3-70 所示,返回再次单击"确定"按钮然后退出。

图 3-67 启动系统设置程序

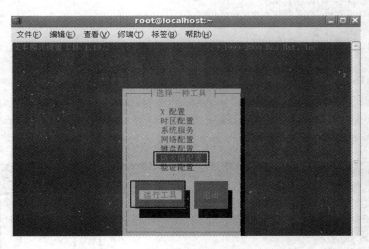

图 3-68 进入防火墙配置

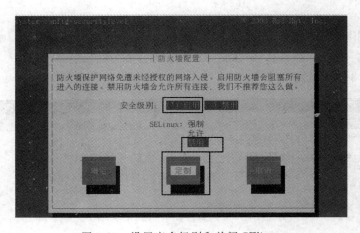

图 3-69 设置安全级别和关闭 SELinux

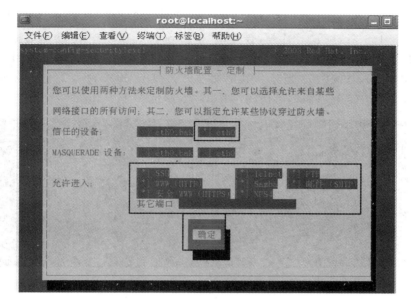

图 3-70　防火墙配置——定制

3.3.4　任务检测

Windows 计算机访问 Samba 共享资源的操作如下。

确保 Windows 计算机已安装 NetBIOS 和 TCP/IP 协议，右击"网上邻居"，出现快捷菜单，选择"属性"选项，右击"本地连接"出现属性，修改 IP 地址为 192.168.3.100，如图 3-71 所示。确保虚拟机和计算机的 IP 地址在相同网段，单击"开始"菜单，在"运行"栏目下输入

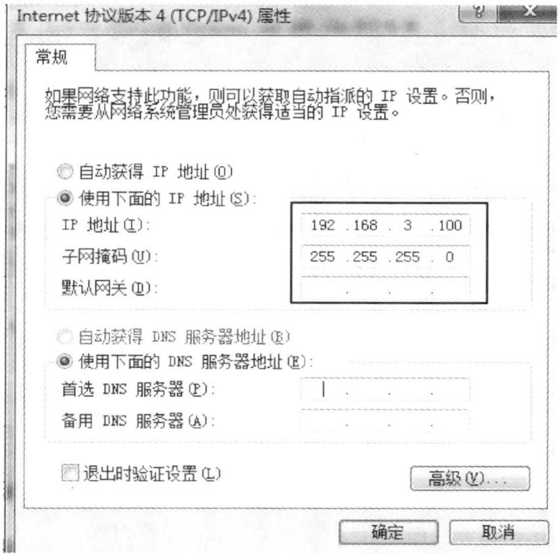

图 3-71　修改 Windows 计算机的 IP 地址

Samba 服务器的安装与配置

cmd，出现窗口显示"ping 192.168.3.50"是通的，如图 3-72 所示。打开"我的电脑"，在地址栏输入"\\192.168.3.50"稍等片刻，会弹出"连接到 192.168.3.50"的对话框，输入用户名和密码登录，如图 3-73 所示。能打开"/tmp"和自身的文件夹（例如用户为 shen，所以能打开 shen 的文件夹），如图 3-74 所示。其他文件夹会弹出"连接到 192.168.3.50"的登录窗口，输入对应的用户名和密码即可访问，如图 3-75 所示。

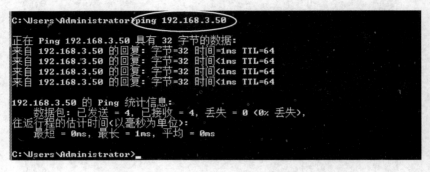

图 3-72　检测 Windows 和 Linux 的连通性

图 3-73　登录 Samba 服务器

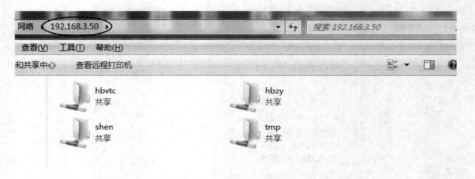

图 3-74　Samba 共享目录窗口

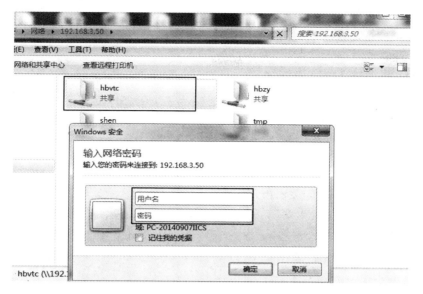

图 3-75　需登录才能打开指定用户的文件夹

知 识 拓 展

Samba 服务相关的 Shell 命令

（1）smbpasswd 命令。

功能：将 Linux 用户设置为 Samba 用户。

格式：smbpasswd［选项］［用户名］。

主要选项说明如下：

-a 用户名　　　增加 Samba 用户。

-d 用户名　　　暂时锁定指定的 Samba 用户。

-e 用户名　　　解锁指定的 Samba 用户。

-n 用户名　　　设置指定的 Samba 用户无密码。

-x 用户名　　　删除 Samba 用户。

有用户名而无选项时，可修改已有 Samba 用户的口令。

（2）smbclient 命令。

功能：查看或访问 Samba 共享资源。

格式：smbclient［-L NetBIOS 名｜IP 地址］［共享资源路径］［-U 用户名］。

本 章 小 结

本章详细介绍了 Samba 服务器的协议、服务器的安装、配置和使用。通过本章的学习，应该掌握以下内容：

- Samba 协议、Samba 服务器安全级别和配置要求。

- Samba 服务器的主要配置文件 smb. conf(重点)。
- Samba 服务器的软件包和安装方法(重点)。
- Samba 服务器的配置参数(重点)。
- Samba 资源的访问方法(重点)。
- Samba 服务器客户端的配置。

操作与练习

一、选择题

1. 要使 Samba 服务器发挥作用,必须做(　　)工作。

    A. 正确配置 Samba 服务器　　　　　　　B. 正确设置防火墙

    C. 禁用 SELinux　　　　　　　　　　　　D. 上述 3 项

2. Samba 服务器的配置文件"/etc/samba/smb. conf"由(　　)组成。

    A. [Global]、[Homes]

    B. [Printers]、[自定义目录名]

    C. [Global]

    D. [Global]、[Homes]、[Printers]、[自定义目录名]

3. 在 Samba 服务器的 5 种安全级别中,(　　)是默认的。

    A. 共享(Share)　　　B. 用户(User)　　　C. 服务器(Server)　　D. 域(Domain)

4. 在 Linux 环境下访问 Windows 资源,需要做(　　)工作。

    A. 选中"Microsoft 网络的文件和打印机共享"复选框

    B. 设置 Windows 系统中的共享目录

    C. 确保 Windows 计算机中已安装 NetBIOS 和 TCP/IP 协议

    D. 以上 3 项都对

5. Samba 服务器的核心是(　　)守护进程。

    A. named 和 httpd　　　　　　　　　　　B. vsftpd 和 network

    C. atd 和 crond　　　　　　　　　　　　D. smbd 和 nmbd

6. 在 Linux 中 Samba 共享目录的权限是(　　)。

    A. 在 smb. conf 文件中设定的权限

    B. 文件系统权限

    C. 文件系统权限与 smb. conf 设定的权限中最严格的那一种

    D. 以上 3 项都不对

7. 通过设置(　　)来控制可以访问 Samba 共享服务的合法 IP 地址。

    A. hosts valid　　　B. hosts allow　　　C. allowed　　　　　D. public

8. 在 Samba 配置文件中设置 Admin 组群允许访问时用(　　)表示。

    A. valid users＝Admin　　　　　　　　B. valid users＝group Admin

    C. valid users＝@Admin　　　　　　　D. valid users＝％Admin

9. (　　)命令可测试 smb. conf 文件的正确性。

    A. smbpasswd　　　B. smbclient　　　C. smbstatus　　　　D. testparm

10. Samba 服务器的配置文件是(　　　　)。

    A. rc. samba　　　　B. smb. conf　　　　C. inetd. conf　　　　D. httpd. conf

11. 在 Samba 服务器的共享安全模式中,(　　　)模式的身份验证是由 Samba 服务器自己完成的。

    A. user　　　　　　B. share　　　　　　C. server　　　　　D. domain

12. 要在系统引导时启动 Samba 服务器,可使用(　　　)命令。

    A. chkconfig　　　　B. ntsysv　　　　C. 服务配置工具　　　D. 以上都是

二、操作题

(一) 配置服务器

1. 配置 Samba 服务器的要求。

(1) 共享目录"/data",共享名为 shares。

(2) 只有 share 组的用户可以读写此目录。

2. 步骤。

(1) 打开配置文件:"vim /etc/samba/smb. conf"。

(2) 修改配置文件:把光标移到文件的最后,添加如下一段:

```
[shares]
comment = shares
path = /data
write list = @share
```

(3) 保存退出。

(4) 启动服务器:service smb start。

(二) 学校现有三个系,要搭建一台 Samba 服务器,其目录如下:

- 公共目录/share;
- 信息工程系/Information Engineering;
- 建环系/Architecture;
- 机电系/Mechatronics。

职工信息情况如下:

- 主管:院长 master;
- 信息工程系:系主任 fanqingwu、教师 wanglili、教师 zhaohui;
- 建环系:系主任 zhangshang、教师 wangli、教师 lihui;
- 机电系:系主任 guoruilian、教师 fengling、教师 lili。

要求:建立公共共享目录,允许所有教师访问,权限为只读。为三个系分别建立单独目录,只允许院长和相应系的教师访问,并且学校教师无法在"网上邻居"中查看到非本系共享目录。

第 4 章　DNS 服务器的安装与配置

4.1　DNS 服务器简介

DNS 是一种组织成为域层次的计算机和网络服务命名系统。DNS 命名用于 TCP/IP 网络(如 Internet),里面包含了从 DNS 域名到各种数据类型(如 IP 地址)的映射。

4.1.1　DNS 服务器原理简介

DNS(Domian Name System,域名系统)是互联网的一项核心服务,可以作为将域名和 IP 地址互相映射的一个分布式数据库,能够使用户很方便地访问互联网,而不用去记住能够被计算机直接读取的数字 IP 地址。

DNS 作为一种组织域层次结构和网络服务的命名系统,主要用于命名 TCP/IP 网络(如 Internet)中含有 DNS 域名到各种数据类型(如 IP 地址)的映射。通过 DNS,用户可以使用友好的名称查找计算机和服务在网络上的位置。当用户在应用程序中输入 DNS 域名时,DNS 服务可以将此名称解析为与该名称相关的其他信息。例如,在 TCP/IP 网络中,计算机只以数字形式的 IP 地址在网络上与其他计算机通信,但是数字形式的 IP 地址却不方便用户记忆,DNS 的出现提供了一种方法,将用户计算机或服务名称映射为数字地址,使用户能够使用简单好记的名称(如 www. pcbjut. cn),来定位诸如网络上的 Web 服务器或邮件服务器。

4.1.2　选择使用 DNS

在一个 TCP/IP 架构的网络环境中,DNS 是一个非常重要且使用频繁的系统。其主要功能就是易于记忆的域名(如 www. pcbut. cn)与不容易记忆的 IP 地址(如 192.168.3.100)进行转换。而上面执行 DNS 服务的这台网络主机,就是称之为 DNS 服务器。一般情况下,人们都认为 DNS 只是将域名转换成 IP 地址,然后再用查到的 IP 地址去连接(即"正向解析")所请求的服务。事实上,将 IP 地址转换成域名的功能也是经常使用到的,当登录到一台 Linux 工作站时,工作站就会去做反向查询,找到你是从哪个地方连接进来的(即"反向解析")。

4.1.3　DNS 域名空间的分层结构

在域名系统中,每台计算机的域名是由一系列用点分开的字母和数字组成。FQDN(Full Qualified Domain Name,全部有资格的域名)在因特网的 DNS 域名空间中,是其层次结构的基本单位,任何一个域最多属于一个上级域,但可以有多个或没有下级域。在同一个域下不能有相同的域名或主机名,但在不同的域下则可以有相同的域名或主机名。

1. 根域(Root Domain)

在 DNS 域名空间中,根域只有一个,它没有上级域,以原点"."表示。全世界的 IP 地址和 DNS 域名空间都是由位于美国的 InterNIC(Internet Nerwork Information Center,因特网信息管理中心)负责管理或授权管理的。目前全世界有 13 台根域服务器,这些根域服务器也位于美国,并由 InterNIC 管理。在根域服务器中并没有保存全世界的因特网网址,其中只保存着顶级域的"DNS 服务器—IP 地址"的对应数据。

2. 顶级域(Top-Level Domain,TLD)

在根域之下的第一级域便是顶级域,它以根域为上级域,其数目有限而不能轻易变动。顶级域是由 InterNIC 统一管理的。在 FQDN 中,各级域之间要都以原点"."分隔,顶级域位于最右边。

常用的地理域和机构域有:

机构域

. com 商业组织	. edu 教育组织
. net 网络支持组织	. mil 美国军事机构
. gov 美国政府机构	. int 国际组织

地理域

. AU 澳大利亚	. RU 俄联邦	. FR 法国	. DE 德国	. JP 日本
. KR 韩国	. TW 中国台湾	. CN 中国	. CA 加拿大	. IT 意大利
. CH 瑞士	. SG 新加坡	. UK 英国	. US 美国	

3. 各级子域(Sub Domain)

在 DNS 域名空间中,除了根域和顶级域之外,其他域都称为子域。

4. 反向域(in-addr. arpa)

为了完成反向域解析过程,需要使用另外一个概念,即反向域。

4.1.4 DNS 域名服务器的类型

一般情况下,DNS 服务器有如下三种类型:

(1) 主域名服务器。

每个区域有唯一的主服务器,其中包含了授权提供服务指定区域的数据库文件的主拷贝,还包含了所有子域和主机名的资源记录。

(2) 辅助域名服务器。

辅助域名服务器为它的区域从该区域所属的主 DNS 服务器上获取数据。

(3) 缓存域名(Caching-only)服务器。

与主域名服务器不同的是,Caching-only 服务器不与任何 DNS 区域相关联,而且不包含任何活跃的数据库文件。一个 Caching-only 服务器开始时没有任何关于 DNS 域结构的信息,它必须依赖于其他 DNS 服务器来得到这方面的信息。每次 Caching-only 服务器就将该信息储存到它的名字缓存(Name Cache)中,当另外的请求需要得到这方面的信息时,该Caching-only 服务器就直接从高速缓冲中取出答案并予返回。一段时间之后,该 Caching-only 服务器就包含了大部分常见的请求信息。为使服务器得到实现,必须存在一个主 DNS

服务器,而附加的辅助服务器则不是必须的。

4.1.5 DNS 域名解析过程

计算机在网络上进行通信时只能识别如"192.168.3.50"之类的 IP 地址,而不能认识域名。但是,当打开浏览器,在地址栏中输入域名后,就能看到所需要的页面,这是因为 DNS 服务器自动把域名"翻译"成了相应的 IP 地址,然后调出 IP 地址所对应的网页。

DNS 是典型的客户机/服务器(C/S)模式结构,其查询过程如下:首先请求程序通过客户端解释器(Client-Resolver)向服务器端(Server)发出查询请求,等待由服务器端数据库(Server-Database)给出应答,并解释 Server。

下面使用一个范例,来说明 DNS 域名解析的完整流程,任务是假设客户端利用浏览器尝试连接 dns.pcbjut.cn,以启动该网页。

(1)本机解读器发送递归查询的请求到本地的域名服务器,以请求解析主机名称 dns.pcbjut.cn 的 IP 地址信息。

(2)本地域名服务器如果无法由本身的数据库解析此域名,那么它将会对此主机名进行解析,也就是将原本的主机名分解为"dns"、"pcbjut"、"cn"3 个部分并且以自右向左的顺序逐步解析。本地的域名服务器会从本身的缓存文件中找出根域网"."的域名服务器地址,然后请求根域网的域名服务器代为解析"dns.pcbjut.cn"的主机名称。

(3)根域网"."的域名服务器无法解析"dns.pcbjut.cn"的主机名称但它可以解析"cn"部分,因此它会响应本地域名服务器的一份列表。在此列表中包含许多负责管理"cn"域名区的服务器 IP 地址。

(4)本地域名服务器发送一个重复查询的请求到负责管理"cn"域名区的服务器,并请求代为解析"dns.pcbjut.cn"的主机名称。

(5)负责管理"cn"域名区的域名服务器无法解析"dns.pcbju.cn"的主机名称。但可以解析"cn"的部分。因此它会响应本地域名服务器的一本列表,在此列表中包含许多负责管理"cn"域名区的服务器 IP 地址。

(6)本地域名服务器发送一个重复查询请求到负责管理"cn"域名区的服务器,并将请求代为解析"dns.pcbjut.cn"的主机名称。

(7)"cn"域名区的服务器可以解析"pcbjut.cn"部分。因此它会响应本地域名服务器的一份列表,在此列表中包含许多负责管理"pcbjut.cn"域名区的服务器,并请求代为解析"dns.pcbjut.cn"的主机名称。

(8)本地域名服务器发送一个重复查询的请求到负责管理"pcbjut.cn"域名区的服务器,并请求代为解析"dns.pcbjut.cn"的主机名称。

(9)"pcbjut.cn"域名区的服务器可以解析"dns.pcbjut.cn"的主机名称,并会将解析后的主机 IP 地址传回本地的域名服务器。

(10)最后本地的域名服务器可以满足来自客户端的重复查询,并将解析出的 IP 地址传回客户端。

4.1.6 bind 域名服务器的软件包

在 Linux 中,域名服务器是由 BIND 软件实现的。BIND 是一个 C/S 系统,其客户端称为转换程序,它负责产生域名信息的查询,将这类信息发送给服务器端。BIND 的服务器端是一个称为 named 的守护进程,它负责回答转换程序的查询。BIND 是目前最为流行的名称服务器软件,其市场占有率非常高。

RHEL 5 Server 默认不安装 BIND 服务器,在终端的命令提示符后输入"rpm -qa|grep bind"命令检查系统是否已安装 BIND。如果未安装,则需要进行安装。

RHEL 5 Server 中与 DNS 服务器密切相关的软件包有如下几个:

① bind-9.3.3-7.el5.i386.rpm:DNS 服务器软件。

② bind-libs-9.3.3-7.el5.i386.rpm:DNS 服务器的类库文件,默认安装。

③ bind-utils-9.3.3-7.el5.i386.rpm:DNS 服务器的查询工具,默认安装。

④ bind-chroot-9.3.3-7.el5.i386.rpm:Chroot 软件。

⑤ caching-namesever-9.3.3-7.el5.i386.rpm:缓存 DNS 服务器的基本配置文件,包括样本。

4.1.7 安装 DNS 服务器的软件包

Linux 默认是不安装 DNS 服务器的,可以通过命令"rpm -qa|grep bind"检查系统是否安装了软件包。如果显示如图 4-1 所示的内容,说明 BIND 软件包已经安装;否则可在 Red Hat Enterprise Linux 5 安装盘的 Server 目录下找到 DNS 服务的 RPM 安装包(包括多个文件),使用"rpm -ivh"命令进行安装。用"rpm -qa|grep bind"命令查询时一共有四个软件包,其中 bind-utils-9.3.3-7.el5.rpm 和 bind-libs-9.3.3-7.el5.rpm 是默认安装的,所以只需要安装剩下的两个,需要在终端输入"rpm -ivh/mnt/Server/bind-9.3.3-7.el5.i386.rpm"和"rpm -ivh/mnt/Server/bind-chroot-9.3.3-7.el5.i386.rpm"命令,在输入软件包名时一定不要逐字输入,用 Tab 键的自动补全功能(rpm -ivh 安装软件包),如图 4-2 所示。接下来安装 DNS 服务器的模板文件软件包,以获取配置文件"/etc/named.conf"和"/var/named/localhost.zone"的模板文件。首先要安装软件包,在终端输入"rpm -ivh/mnt/cdrom/Server/caching-nameserver-9.3.3-7.el5.i386.rpm"命令,效果如图 4-3 所示。

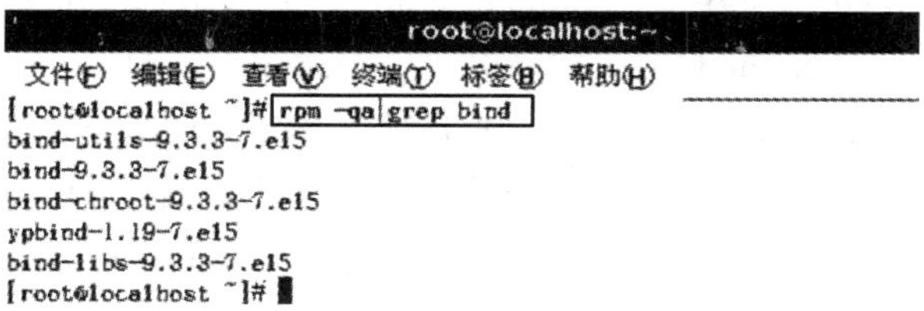

图 4-1 查询 BIND 软件包

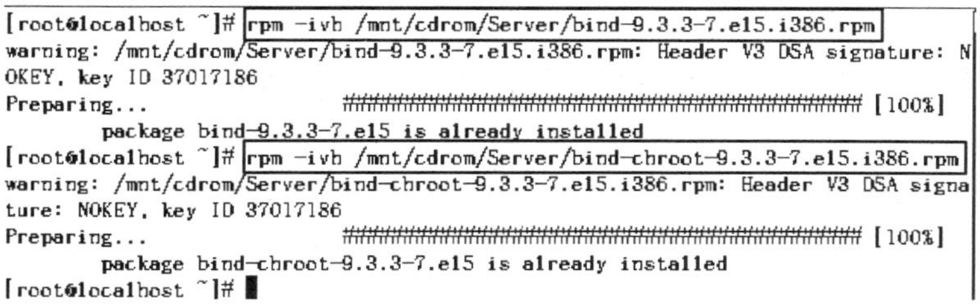

图 4-2 安装软件包

DNS 服务器的安装与配置

图 4-3　安装模板文件软件包

4.2　DNS 服务器基本配置

4.2.1　DNS 服务器的相关配置文件

配置 DNS 域名服务器时需要使用一组文件，相关配置文件如表 4-1 所示。其中最重要的主配置文件为 named.conf。named 守护进程运行时首先从 named.conf 文件获取其他配置文件的信息，然后才按照各区域文件的设置内容提供域名解析服务。

表 4-1　域名服务器的相关文件

文件选项	文件名	说明
主配置文件	/etc/named.conf	用于设置 DNS 服务器的全局参数，并指定区域文件名及其保存路径
根服务器信息文件	/var/named/named.ca	是缓存服务器的配置文件，通常不需要手工修改
正向区域文件	由 named.conf 文件指定	用于实现区域内主机名到 IP 地址的正向解析
反向区域文件	由 named.conf 文件指定	用于实现区域内 IP 地址到主机名的反向解析

使用 chroot 后，Bind 程序的根目录为"/var/named/chroot"。所有与 DNS 服务相关的配置文件、区域文件等都是相对此虚拟根目录的。在表 4-1 中，"/etc/named.conf"文件的真正路径是"/var/named/chroot/etc/named.conf"；而"/var/named"目录的真正路径是"/var/named/chroot/var/named"。

下面创建 named.conf 文件。注意：如果没有安装 caching-nameserver-9.3.3-7.el5.i386.rpm 包，则需要手动建立 named.conf 文件，为了方便管理，通常把该文件建立在"/etc"目录下。用"vim /etc/named.conf"命令创建好 named.conf 文件后，该文件是空文件。现用命令"cp -p named.caching-nameserver.conf named.conf"由模板文件"named.caching-nameserver.conf"生成"named.conf"文件，再用 vim 编辑器打开 named.conf，内容如图 4-4 所示。

下面介绍配置文件 named.conf 的框架。由 options、logging、view 等单元组成。

```
options
{    字段    字段值;
};
logging
{    字段    字段值;
};
```

```
// named.caching-nameserver.conf
//
// Provided by Red Hat caching-nameserver package to configure the
// ISC BIND named(8) DNS server as a caching only nameserver
// (as a localhost DNS resolver only).
//
// See /usr/share/doc/bind*/sample/ for example named configuration files.
//
// DO NOT EDIT THIS FILE - use system-config-bind or an editor
// to create named.conf - edits to this file will be lost on
// caching-nameserver package upgrade.
//
options {
        listen-on port 53 { any; };
        listen-on-v6 port 53 { ::1; };
        directory       "/var/named";
        dump-file       "/var/named/data/cache_dump.db";
        statistics-file "/var/named/data/named_stats.txt";
        memstatistics-file "/var/named/data/named_mem_stats.txt";
        query-source    port 53;
        query-source-v6 port 53;
        allow-query     { any; };
};
logging {
        channel default_debug {
                file "data/named.run";
                severity dynamic;
        };
```

图 4-4　查看 named.conf 配置文件

```
view
zone    "区域名"    {
    type    区域类型;
    file    "区域文件名";
};
```

为了使 DNS 服务器定位区域文件的位置,首先需要设置 DNS 服务器工作目录。指定工作目录相当于指定 DNS 服务器根目录,后续配置文件中所出现的路径均是相对工作目录而言的,通常用于存放所有的区域文件。设置工作目录语句语法格式如下:

```
options
{   字段    字段值;
};
```

例如:设置 DNS 服务器的工作目录为"/var/named",如下所示。

```
options
{   directory "/var/named";
};
```

Directory 设置存储区域文件的路径,默认路径为"/var/named"。

4.2.2　配置正向解析区域

根据前面的流程分析,在设置 DNS 的工作目录后,需要设置可管理的区域。区域信息添加完成后,DNS 服务器就能够建立与这些区域的关联。

定义一个区域可以使用 zone 语句,其语法格式如下:

DNS 服务器的安装与配置

```
zone "区域名"{
    type 区域类型;
    file "区域文件名";
};
```

各参数含义的说明如下。

(1) 区域名：是服务器要管理的区域的名称，例如 example.com。如果添加了 example.com 区域，并且该区域存在相应的资源记录，那么 DNS 服务器就可以解析该区域的 DNS 信息了。

(2) type：指定区域的类型，对于区域的管理至关重要，一共分为 6 种，分别是 Master、Slave、Stub、Forward、Hint 和 Delegation-only。就搭建一般服务而言，主要用到 Master 和 Hint 类型。

- Master(主 DNS 服务器)：拥有区域数据文件，并对此区域提供管理数据。
- Hint：根域名服务器的初始化组指定使用的线索区域 hint zone。当服务器启动时，它使用线索来查找根域名服务器，并找到最近的根域名服务器列表。如果没有指定 class IN 的线索，服务器就使用编译时默认的根服务器线索。不过 IN 的类别没有内置默认线索服务器。

(3) file：指定区域文件的名称，该文件路径为相对路径，相对于目录"/var/named"而言。

例如：授权一个 DNS 服务器能够管理 pcbjut.cn 区域，并把该区域的区域文件命名为 pcbjut.cn，其创建全过程及代码如下：

(1) 添加正向解析区域。

使用 vim 编辑器打开由模板文件生的 named.conf 文件，添加正向解析区域并注释 view 视图模块，如图 4-5 所示。

```
[root@localhost~]# vim /var/named/chroot/etc/named.conf
```

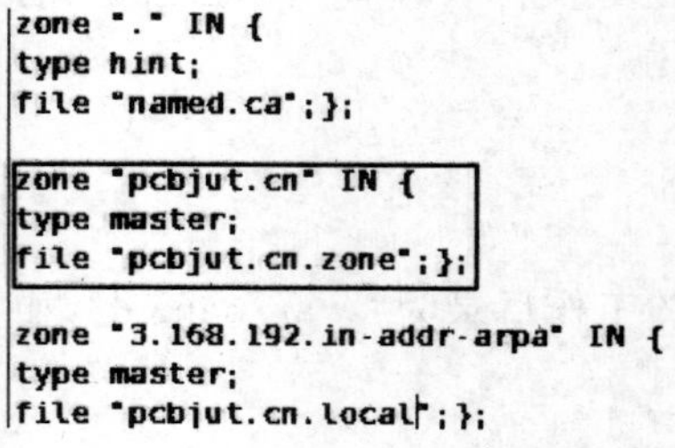

```
zone "." IN {
type hint;
file "named.ca";};

zone "pcbjut.cn" IN {
type master;
file "pcbjut.cn.zone";};

zone "3.168.192.in-addr-arpa" IN {
type master;
file "pcbjut.cn.local";};
```

图 4-5　添加正向解析区域

其中：

- 第一个"pcbjut.cn"表示服务器可以管理的区域名。
- type master 表示服务器为主 DNS 服务器。
- file "pcbjut.cn.zone"表示区域文件名称。该文件路径属于相对路径，实际路径为"/var/named/chroot/var/named/pcbjut.cn.zone"。

（2）建立正向区域文件。

正向区域文件模板所在的目录为"/var/named/chroot/var/named/"，如图 4-6 所示。

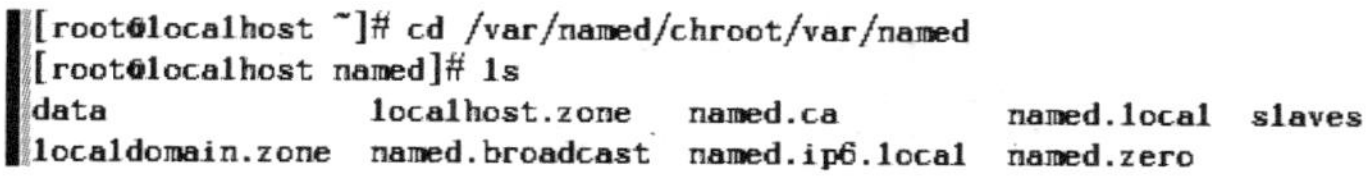

```
[root@localhost ~]# cd /var/named/chroot/var/named
[root@localhost named]# ls
data            localhost.zone    named.ca                  named.local  slaves
localdomain.zone  named.broadcast  named.ip6.local        named.zero
```

图 4-6　正向区域文件模板所在的目录

在正向区域文件模板所在的目录中复制 localdomain. zone 模板文件，生成正向区域文件 pcbjut. cn. zone 文件，命令如下所示。

[root@localhost named]#cp － p localdomain. zone pcbjut. cn. zone

使用 vim 编辑器打开并按照任务要求修改正向区域文件 pcbjut. cn. zone 文件，命令如图 4-7 所示，修改后保存退出即可。

[root@localhost named]# vim pcbjut. cn. zone

或者用下面文件的绝对路径打开。

[root@locahost～]# vim /var/named/chroot/var/named/pcbjut. cn. zone

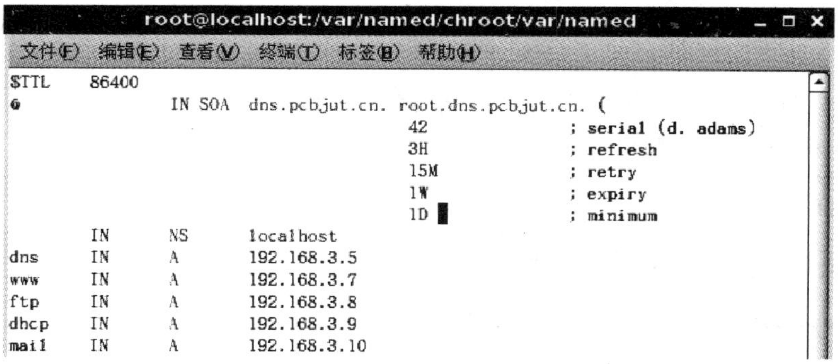

```
root@localhost:/var/named/chroot/var/named              _ □ ×
文件(F)  编辑(E)  查看(V)  终端(T)  标签(B)  帮助(H)
$TTL    86400
@               IN SOA  dns.pcbjut.cn. root.dns.pcbjut.cn. (
                                42              ; serial (d. adams)
                                3H              ; refresh
                                15M             ; retry
                                1W              ; expiry
                                1D              ; minimum

        IN      NS      localhost
dns     IN      A       192.168.3.5
www     IN      A       192.168.3.7
ftp     IN      A       192.168.3.8
dhcp    IN      A       192.168.3.9
mail    IN      A       192.168.3.10
```

图 4-7　建立正向区域文件

4.2.3　配置反向解析区域

为了保证 pcbjut. cn 区域服务器通信正常，必须为 pcbjut. cn 区域设置一个反向区域，用于解析 IP 地址和域名之间的对应关系。

1. 添加反向解析区域

使用 vim 编辑器打开 named. conf 文件。

[root@localhost～]# vim /var/named/chroot/etc/named.conf

设置 pcbjut. cn 中的服务器属于 192.168.3.0/24 网段，添加以下字段，如图 4-8 所示。
说明：设置反向区域时应注意 zone 字段的格式，要反写 IP. in-addr. arpa。
File "pcbjut. cn. local"命令配置区域文件位置。

```
zone "." IN {
type hint;
file "named.ca";};

zone "pcbjut.cn" IN {
type master;
file "pcbjut.cn.zone";};

zone "3.168.192.in-addr-arpa" IN {
type master;
file "pcbjut.cn.local";};
```

图 4-8   添加反向解析区

2. 建立反向区域文件

反向区域文件模板所在的目录"/var/named/chroot/var/named/",如图 4-9 所示。

```
[root@localhost ~]# cd /var/named/chroot/var/named
[root@localhost named]# ls
data              localhost.zone   named.ca       named.local  slaves
localdomain.zone  named.broadcast  named.ip6.local  named.zero
```

图 4-9   反向区域文件模板所在的目录

在反向区域文件模板所在的目录中复制 named.local 模板文件,生成反向区域文件 pcbjut.cn.local 文件,命令如下所示。

[root@localhost named]# cp -p named.local pcbjut.cn.local

使用 vim 编辑器打开并按照任务要求修改正向区域文件 pcbjut.cn.local 文件,如图 4-10 所示,修改后保存退出即可。

[root@localhost named]# vim pcbjut.cn.local

或者用下面文件的绝对路径打开文件。

[root@locahost~]# vim /var/named/chroot/var/named/pcbjut.cn.local

```
root@localhost:/var/named/chroot/var/named
文件(F) 编辑(E) 查看(V) 终端(T) 标签(B) 帮助(H)
$TTL    86400
@       IN      SOA     dns.pcbjut.cn. root.dns.pcbjut.cn. (
                                1997022700 ; Serial
                                28800      ; Refresh
                                14400      ; Retry
                                3600000    ; Expire
                                86400      ; Minimum
        IN      NS      dns.pcbjut.cn.
5       IN      PTR     dns.pcbjut.cn.
7       IN      PTR     www.pcbjut.cn.
8       IN      PTR     ftp.pcbjut.cn.
9       IN      PTR     dhcp.pcbju.cn.
10      IN      PTR     mail.pcbjut.cn.
~
```

图 4-10   建立反向区域文件

说明:

@:定义@变量的值,通常定义为本区域即为 pcbjut.cn。

TTL:定义资源记录在缓存的存放时间。

4.2.4 区域文件与资源记录

在 DNS 服务器中储存了一个区域中包含的所有数据,保存这些数据的文件被称为区域文件,包括主机名对应的 IP 地址、刷新间隔和过期时间等。区域文件实际上是 DNS 的数据库,而资源记录就是数据库中的数据,其中包括多种记录类型,如 SOA、NS、A 记录等,这些记录称为资源记录。如果没有资源记录,那么 DNS 服务器将无法为客户端提供域名解析服务。

一般每个区域都需要两个域文件,即正向解析文件和反向解析文件。这两种文件的结构和格式非常相似,区别是:反向解析区域文件主要建立 IP 地址映射到 DNS 域名的 PTR 资源记录,这点与正向区域文件恰恰相反。

如果想修改区域文件中的资源记录,可以使用 vim 命令直接编辑需要修改的区域文件,通常区域文件的内容需要手动制定。创建区域之后,需要向该区域添加其他的资源记录。下面简要介绍几个常用的重要记录的作用。

正向区域文件的文件名由主配置文件 named.conf 指定。一台 DNS 服务器内可以有多个区域文件,同一区域文件也可以存放在多台 DNS 服务器内。正向区域文件实现从域名到 IP 地址的解析,主要由若干个资源记录组成,其标准的格式如下:

```
域名        IN    SOA     主机名        管理员       电子邮件地址(
                                     序列号
                                     刷新时间
                                     重试时间
                                     过期时间
                                     最小时间 )

           IN    NS      域名服务器
区域名      IN    NS      域名服务器
主机名      IN    A       IP 地址
别名        IN    CNAME   主机名
区域名      IN    MX      优先级       邮件服务器
```

例如图 4-11 所示是一个正向区域文件。

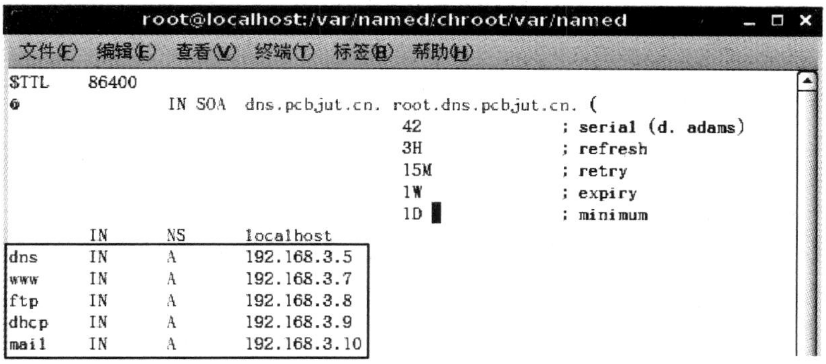

图 4-11　正向区域文件

(1) SOA 记录。

SOA(Start of Authority,授权起始)记录是主域名服务器的区域文件中必不可少的记录,并总是处于文件中所有记录的最前面,它定义域名数据的基本信息和属性。

首先需要指定域名,通常使用"@"符号表示使用 named.conf 文件中 zone 语句定义的域名。然后指定主机名,如 www.pcbjut.cn,注意此时以"."结尾。这是因为区域文件中规定凡是以"."结束的名称都是完整的主机名,而没有以"."结束的名称都是本区域的相对域名。接着指定管理员的电子邮件地址。由于"@"符号在区域文件中的特殊含义,因此管理员的电子邮件地址中不能使用"@"符号,而使用"."符号代替。其他参数含义如下。

序列号:表示区域文件的内容是否已更新。当辅助域名服务器需要与主域名服务器同步数据时,将比较这个数值。如果此数值比上次的更新值大,则进行数据同步。序列号可以是任何数字,只要它随着区域中记录的修改不断增加即可。但为了方便管理,常见的序列号格式为年、月、日当天修改次数,如 2009050401,表示此区域文件是 2009 年 5 月 4 日第 1 次修改的版本。

刷新时间:指定辅助域名服务器更新区域文件的时间周期。

重试时间:辅助域名服务器如果在更新区域文件时出现通信故障,则指定多长时间后重试。

过期时间:当辅助域名服务器无法更新区域文件时,指定多长时间后所有资源记录无效。

最小时间:指定资源记录信息存放在缓存中的时间。

以上时间的表示方式有以下两种:

- 数字式:用数字表示,默认单位为秒,如 21600,即 6 小时。
- 时间式:以数字与时间单位结合方式表示,如 6H。

(2) NS 记录。

NS(Name Server,名称服务器)记录指明区域中 DNS 服务器的主机名,也是区域文件中不可缺少的资源记录。格式如下:

```
          IN      NS      域名
区域名    IN      NS      域名
```

(3) A 记录。

A(Address,地址)记录指明域名与 IP 地址的相互关系,仅用于正向区域文件。通常仅写出完整域名中最左端的主机名,格式如下:

```
主机名    IN      A       IP 地址
```

(4) CNAME 记录。

CNAME 记录用于为区域内的主机建立别名,仅用于正向区域文件。别名通常用于一个 IP 地址对应多个不同类型服务器的情况。其格式如下:

```
别名      IN      CNAME   域名(主机名)
```

当然,利用 A 记录也可以实现别名功能,可以让多个主机名对应相同的 IP 地址,假设主机名 A 是主机名 B 的别名,则也可表示为如下形式:

```
主机名 A  IN      A       IP 地址
```

```
主机名B    IN        A          IP地址
```

(5) MX 记录。

MX 记录用于指定区域内邮件服务器的域名与 IP 地址的相互关系,仅用于正向区域文件。MX 记录中也可指定邮件服务器的优先级别,当区域内有多个邮件服务器时,根据其优先级别决定其执行的先后顺序,数字越小越早执行。其格式如下:

```
区域名     IN        MX         优先级邮件服务器名
```

反向区域文件的结构和格式与正向区域文件类似,它主要实现从 IP 地址到域名的反向解析。其标准的格式如下:

```
域名       IN        SOA        主机名        管理员电子邮件地址(
                                            序列号
                                            刷新时间
                                            重试时间
                                            过期时间
                                            最小时间)
           IN        NS         域名服务器名称
IP         IN        PTR        主机名(域名)
```

例如图 4-12 所示就是一个反向区域文件。

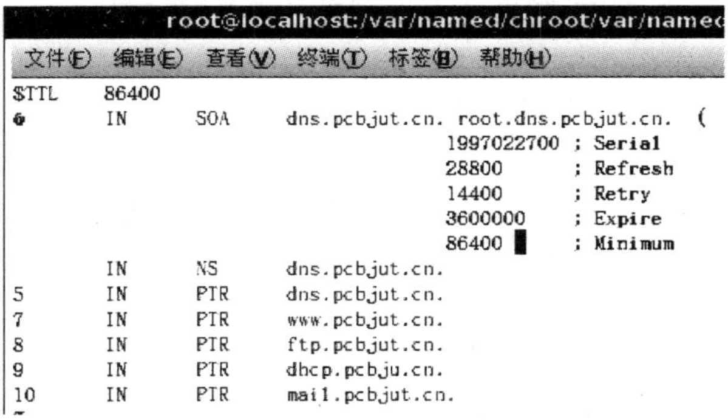
root@localhost:/var/named/chroot/var/namec
文件(F) 编辑(E) 查看(V) 终端(T) 标签(B) 帮助(H)

```
$TTL    86400
@       IN      SOA     dns.pcbjut.cn.  root.dns.pcbjut.cn.  (
                                1997022700 ; Serial
                                28800      ; Refresh
                                14400      ; Retry
                                3600000    ; Expire
                                86400      ; Minimum
        IN      NS      dns.pcbjut.cn.
5       IN      PTR     dns.pcbjut.cn.
7       IN      PTR     www.pcbjut.cn.
8       IN      PTR     ftp.pcbjut.cn.
9       IN      PTR     dhcp.pcbju.cn.
10      IN      PTR     mail.pcbjut.cn.
```

图 4-12 反向区域文件

反向区域文件中可出现如下类型的资源记录。

① SOA 记录和 NS 记录。

反向区域文件同样必须包括 SOA 记录和 NS 记录,其结构和形式与正向区域文件的完全相同。

② PTR 记录。

PTR 记录用于实现 IP 地址与域名的逆向映射,仅用于反向区域文件,通常仅写出完整的 IP 地址的最后一部分。

4.2.5 DNS 客户端配置

1. Linux 客户端配置

在 Linux 中设置 DNS 客户端时方法很简单,可以直接用 vim 命令打开并编辑

"/etc/resolv.conf"文件,然后使用 nameserver 参数来指定 DNS 服务器的 IP 地址。效果如图 4-13 所示。

2. Windows 客户端配置

在 Windows 客户端配置 DNS 服务器地址时,首先打开"网上邻居"窗口,选择指定的网卡,右击,在弹出的快捷菜单中选择"属性"命令,打开"本地连接 属性"对话框,如图 4-14 所示。

图 4-13 编辑"/etc/resolv.conf"文件   图 4-14 "本地连接 属性"对话框

选择"Internet 协议(TCP/IP)"选项,然后手动设置 DNS 服务器地址或者自动选择获得 DNS 服务器地址,如图 4-15 所示。

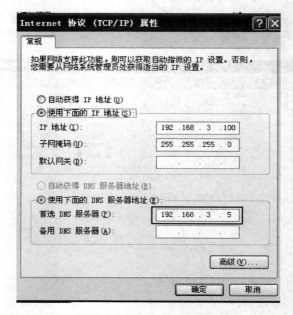

图 4-15 配置 DNS 服务器地址

4.3 DNS 服务器配置综合案例 1

4.3.1 任务描述

为保证总公司网络中心的 FTP、WWW、DHCP、SMTP 服务器正常访问,以及公司各网站能有相应的域名,拟建立一台 DNS 服务器,解析网络中心诸多服务器,具体描述如下:

(1)建立 DNS 服务器,主域名服务器域名注册为 pcbjut.cn,网段地址 192.168.3.0,一台主域名服务器的域名为 dns. pcbjut. cn,IP 地址为 192.168.3.5。

（2）WWW 服务器的域名为 www. Pcbjut. cn,IP 地址为 192.168.3.7。

FTP 服务器的域名为 ftp. pcbjut. cn,IP 地址为 192.168.3.8。

DHCP 服务器的域名为 dhcp. pcbjut. cn,IP 地址为 192.168.3.9。

Mail 服务器的域名为 stmp. pcbjut. cn,IP 地址为 192.168.3.10。

（3）Linux 主机名为 localhost,IP 地址为 192.168.3.50。

4.3.2　任务准备

任务的准备工作如下。

（1）一台安装 RHEL 5 Server 操作系统的计算机,且配备有光驱、音箱或耳机。

（2）一台安装 Windows XP 操作系统的计算机。

（3）两台计算机均接入网络,且网络畅通。

（4）一张 RHEL 5 Server 安装光盘(DVD)。

（5）一台具有多个设备别名的服务器,其中域名及 IP 地址分别如下:

WWW 服务器的域名为 www. pcbjut. cn,IP 地址为 192.168.3.7。

FTP 服务器的域名为 ftp. pcbjut. cn,IP 地址为 192.168.3.8。

DHCP 服务器的域名为 dhcp. pcbjut. cn,IP 地址为 192.168.3.9。

Mail 服务器的域名为 stmp. pcbjut. cn,IP 地址为 192.168.3.10。

（6）以超级用户 root(密码 123456)登录 RHEL 5 Server 计算机。

4.3.3　任务实施

1. 安装 DNS 服务器软件包

（1）安装 DNS 服务器。首先要检查网络是否已经能 ping 通,然后在终端输入命令"ifconfig"查看配置网络设备的情况,如图 4-16 所示。并且在网络配置中查看静态主机名到 IP 地址的映射,如图 4-17 所示(ifconfig 是 Linux 中用于显示或配置网络设备(网络接口卡)的命令)。

（2）在使用 shell 命令安装的方法下,首先查看是否装有 BIND 软件包。使用"rpm -qa| grep bind"查询,如图 4-18 所示(rpm -qa 查询软件包)。

（3）查看好 BIND 软件包之后,在有"/mnt"目录后,需要查看是否存在光盘,在右下角有一个光盘的图标,双击该图标,出现一个编辑虚拟机设置,在使用光盘下的使用 ISO 镜像文件中选择 rhel.5.0 的镜像文件。挂载光盘,在终端下输入"mount /dev/cdrom /mnt/cdrom"命令,如图 4-19 所示显示的 read-only 就挂载好了(mount 挂载文件:mount 是 Linux 下的一个命令,它可以将 Windows 分区作为 Linux 的一个"文件"挂接到 Linux 的一个空文件夹下,从而将 Windows 的分区和"/mnt"这个目录联系起来,因此我们只要访问这个文件夹,就相当于访问该分区了)。

（4）安装 BIND 软件包,用"rpm -qa|grep bind"命令查询时一共有四个软件包,其中"bind-utils-9.3.3-7. el5. rpm"和"bind-libs-9.3.3-7. el5. rpm"是默认安装的,所以只需要安装剩下的两个,需要在终端输入"rpm -ivh/mnt/cdrom/Server/bind-9.3.3-7. el5. i386. rpm"和"rpm -ivh/mnt/cdrom/Server/bind-chroot-9.3.3-7. el5. i386. rpm"命令进行软件包

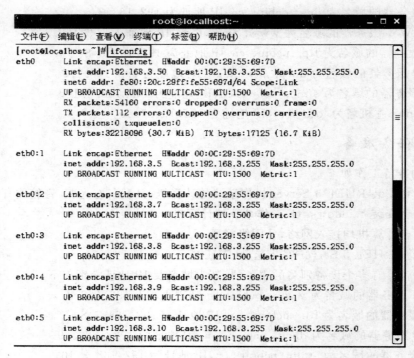

图 4-16　查看网络设备的网络

图 4-17　网络主机

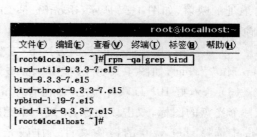

图 4-18　查询 BIND 软件包

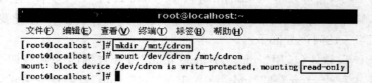

图 4-19　挂载光盘

安装,如图 4-20 所示。在输入软件包名时一定不要逐字输入,按 Tab 键的自动补全功能(rpm -ivh 安装软件包)。

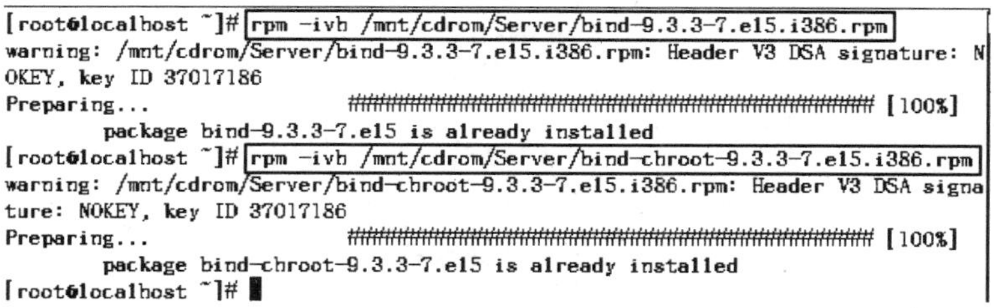

图 4-20　安装 BIND 软件包

(5) 安装高速缓存 DNS 服务器基本配置文件,以获取配置文件"/etc/named.conf"和"/var/named/localhost.zone"的模板文件。首先要安装软件包,在终端输入"rpm -ivh/mnt/Server/caching-nameserver-9.3.3-7.el5.i386.rpm"命令进行安装,如图 4-21 所示。

图 4-21　安装模板文件软件包

(6) 要进入"/var/named/chroot/etc"目录,在终端下输入"cd /var/named/chroot/etc"命令。用"ls"命令查看是否存在"named.caching-nameserver.conf"文件,然后复制"named.caching-nameserver.conf"文件,并给复制的文件命名为"named.conf"。其命令行是"cp -p named.caching-nameserver.conf named.conf"。并用"ls"命令查看文件是否存在,在终端输入"ls"命令,如图 4-22 所示(cd 命令设置某一进程的当前工作目录。"cp -p"复制文件并保留源文件或目录的属性。ls 命令是查看当前或者指定目录下的全部文件)。

图 4-22　查看是否有文件并复制

2. 配置域名服务器

(1) 编辑主配置文件 named.conf。

修改配置文件。用 vim 命令打开文件并修改,如果修改错误用 rm 命令删除,然后再次复制"named.caching-nameserver.conf"文件。在终端输入"vim named.conf"命令打开

named. conf 文件,修改 options 全局模块中相关的参数配置。注释掉 view 视图模块,添加正向区域"pcbjut. cn"和反向区域"3. 168. 192. in-addr. arpa",如图 4-23、图 4-24 和图 4-25 所示。

```
options {
    listen-on port 53 { any; };
    listen-on-v6 port 53 { ::1; };
    directory        "/var/named";
    dump-file        "/var/named/data/cache_dump.db";
    statistics-file "/var/named/data/named_stats.txt";
    memstatistics-file "/var/named/data/named_mem_stats.txt";
    query-source      port 53;
    query-source-v6 port 53;
    allow-query      { any; };
};
```

图 4-23　修改配置文件

```
//view localhost_resolver {
//     match-clients    { localhost; };
//     match-destinations { localhost; };
//     recursion yes;
//     include "/etc/named.rfc1912.zones";
//};
```

图 4-24　配置文件

```
zone "." IN {
type hint;
file "named.ca";};

zone "pcbjut.cn" IN {
type master;
file "pcbjut.cn.zone";};

zone "3.168.192.in-addr.arpa" IN·
type master;
file "pcbjut.cn.local";};
```

图 4-25　添加正向和反向区域

（2）创建正向区域文件 pcbjut. cn. zone。

首先进入正向区域文件模板所在的目录"/var/named/chroot/var/named",就是在终端上输入"cd /var/named/chroot/var/named"进入到这个目录后,用"ls"命令查看是否有"localdomain. zone"文件,如图 4-26 所示。然后用"cat"命令查看文件内容（用 cat 打开文件只能浏览不能修改）,如图 4-27 所示。复制"localdomain. zone"模板文件生成"pcbjut. cn . zone"文件,在终端上输入"cp -p localdomain. zone pcbjut. cn. zone"命令,如图 4-28 所示（cat 接普通文件名,会把文件内容打印到屏幕）。

```
        root@localhost:/var/named/chroot/var/named
文件(F)  编辑(E)  查看(V)  终端(T)  标签(B)  帮助(H)
[root@localhost etc]# cd /var/named/chroot/var/named
[root@localhost named]# ls
data            localhost.zone   named.ca         named.local   slaves
localdomain.zone named.broadcast  named.ip6.local  named.zero
[root@localhost named]#
```

图 4-26　查看是否有 localdomain. zone 文件

接下来用 vim 编辑器打开文件"pcbjut. cn. zone"。在终端上输入命令"vim pcbjut. cn. zone",如图 4-29 所示。按照任务要求设置 DNS,WWW,FTP,DHCP 和 SMTP 5 个服务器的 IP 地址,修改后保存退出,如图 4-30 所示（每个间隔是一个 Tab 键）。

（3）创建反向区域文件 pcbjut. cn. local。

首先进入反向区域文件模板所在的目录"/var/named/chroot/var/named",在终端输入命令"cd /var/named/chroot/var/named",用"ls"命令查看是否存在"named. local"文件,如

```
[root@localhost named]# cat localdomain.zone
$TTL    86400
@               IN SOA  localhost root (
                                        42              ; serial (d. adams)
                                        3H              ; refresh
                                        15M             ; retry
                                        1W              ; expiry
                                        1D )            ; minimum
                IN NS           localhost
localhost       IN A            127.0.0.1

[root@localhost named]#
```

图 4-27　查看 localdomain. zone 文件内容

```
[root@localhost named]# cp -p localdomain.zone pcbjut.cn.zone
[root@localhost named]# vim pcbjut.cn.zone
```

图 4-28　复制 localdomain. zone 文件

```
[root@localhost named]# cp -p localdomain.zone pcbjut.cn.zone
[root@localhost named]# vim pcbjut.cn.zone
```

图 4-29　打开 pcbjut. cn 文件

```
root@localhost:/var/named/chroot/var/named
文件(F)  编辑(E)  查看(V)  终端(T)  标签(B)  帮助(H)
$TTL    86400
@               IN SOA  dns.pcbjut.cn.  root.dns.pcbjut.cn. (
                                        42              ; serial (d. adams)
                                        3H              ; refresh
                                        15M             ; retry
                                        1W              ; expiry
                                        1D              ; minimum
        IN      NS      localhost
dns     IN      A       192.168.3.5
www     IN      A       192.168.3.7
ftp     IN      A       192.168.3.8
dhcp    IN      A       192.168.3.9
mail    IN      A       192.168.3.10
```

图 4-30　配置 pcbjut. cn. zone 文件

有则复制“named. local”模板文件生成“pcbjut. cn. local”文件，在终端输入“cp -p named. local pcbjut. cn. local”命令，如图 4-31 所示。

[root@localhost～]cd /var/named/chroot/var/named

```
[root@localhost named]# cp -p named.local pcbjut.cn.local
[root@localhost named]# ls
data                named.broadcast   named.local       pcbjut.cn.zone
localdomain.zone    named.ca          named.zero        slaves
localhost.zone      named.ip6.local   pcbjut.cn.local
[root@localhost named]#
```

图 4-31　复制 named. local 文件

接下来用 vim 编辑器打开文件“pcbjut. cn. local”，在终端上输入命令“vim pcbjut. cn. local”。按照任务要求设置 DNS，WWW，FTP，DHCP 和 SMTP 5 个服务器的 IP 地址，对反向区域文件进行修改，修改后保存退出，如图 4-32 所示（每个间隔是一个 Tab 键）。

[root@localhost named]# vim pcbjut.cn.local

图 4-32　配置 pcbjut.cn.local 文件

（4）重启域名服务（named 守护进程）。

输入命令"service named restart"重启"named"守护进程。再在终端上输入"chkconfig named on"命令设置开机自动启动，如图 4-33 所示。至此域名服务器配置完成。

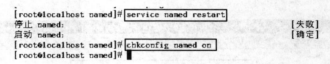

图 4-33　启动 DNS 服务

4.3.4　任务检测

在 Linux 和 Windows 环境下进行测试的步骤如下所述。

（1）在 Linux 环境下检测域名服务器 DNS 值，查看域名所对应 IP 地址，IP 地址所对应的域名。

① 查看域名所对应的 IP 地址，IP 地址所对应的域名。常用 dig 命令、host 命令和 nslookup 命令。Host 命令查询 DNS 服务器，返回给定域名对应的 IP 地址，或者返回给定 IP 地址对应的域名，如图 4-34 和图 4-35 所示。

```
[root@localhost named]# host 192.168.3.5
5.3.168.192.in-addr.arpa domain name pointer dns.pcbjut.cn.
[root@localhost named]# host 192.168.3.7
7.3.168.192.in-addr.arpa domain name pointer www.pcbjut.cn.
[root@localhost named]# host 192.168.3.8
8.3.168.192.in-addr.arpa domain name pointer ftp.pcbjut.cn.
[root@localhost named]# host 192.168.3.9
9.3.168.192.in-addr.arpa domain name pointer dhcp.pcbju.cn.
[root@localhost named]# host 192.168.3.10
10.3.168.192.in-addr.arpa domain name pointer mail.pcbjut.cn.
[root@localhost named]#
```

```
[root@localhost named]# host dns.pcbjut.cn
dns.pcbjut.cn has address 192.168.3.5
[root@localhost named]# host www.pcbjut.cn
www.pcbjut.cn has address 192.168.3.7
[root@localhost named]# host ftp.pcbjut.cn
ftp.pcbjut.cn has address 192.168.3.8
[root@localhost named]# host dhcp.pcbjut.cn
dhcp.pcbjut.cn has address 192.168.3.9
[root@localhost named]# host mail.pcbjut.cn
mail.pcbjut.cn has address 192.168.3.10
```

图 4-34　使用 IP 地址检测 DNS 服务器　　　　图 4-35　使用域名检测 DNS 服务器

提示：使用 host 命令，如果提示"Host ********** not found:2(SERVFALL)"，这可能是区域文件的权限设置问题，用 chmod 命令将区域文件的权限设置成 644，并重启 named

服务即可解决。

② 用 nslookup 命令查询 DNS 服务器，和 dig 命令类似。输入"nslookup"命令后，nslookup 命令进入交互模式，可以输入域名或者 IP 地址，从服务器返回查询结果，nslookup 命令的提示符是">"。输入"exit"命令退出 nslookup。效果如图 4-36 和图 4-37 所示。

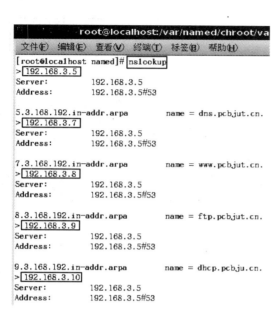

图 4-36　使用 IP 地址检测

图 4-37　使用域名检测

（2）在 Windows XP 平台下检测域名服务器即计算机 ping 虚拟机。

① 修改计算机的 IP 地址和首选 DNS。选择"网上邻居"右键菜单中的"属性"选项，如图 4-38 所示。找到"Internet 协议（TCP/IP）"选项，单击"属性"按钮，如图 4-39 和图 4-40 所示。修改 IP 地址，在"首选 DNS 服务器"下填写"192.168.3.5"，单击"确定"按钮，然后关闭，如图 4-41 所示。

图 4-38　"网上邻居"右键菜单中的"属性"选项

图 4-39　中心交换链接

137

第 4 章

DNS 服务器的安装与配置

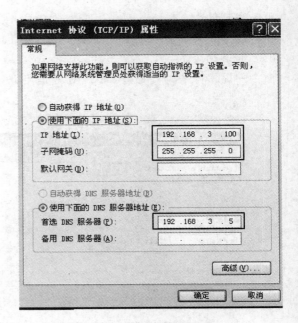

图 4-40　找到"Internet 协议（TCP/IP）"选项，
　　　　单击"属性"按钮

图 4-41　修改 IP 地址

　　② 在"开始"菜单中找到"运行"选项，输入"cmd"命令，如图 4-42 所示。打开"DOS 操作系统"输入"ping 192.168.3.50"，如图 4-43 所示。再输入"ping dns.pcbjut.cn"，如图 4-44 所示。测试成功。

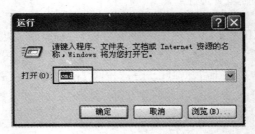

图 4-42　打开 DOS 命令

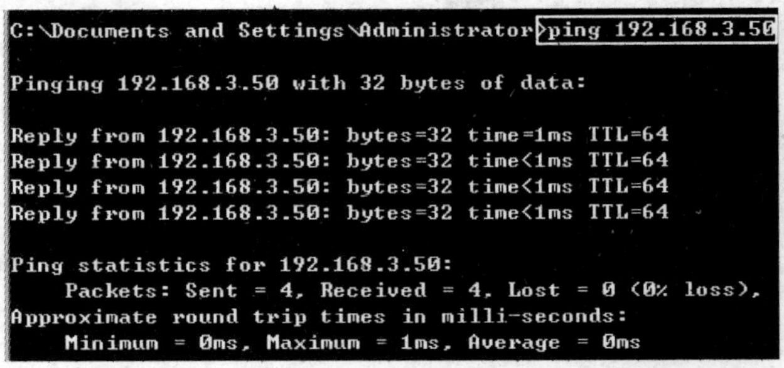

图 4-43　ping Linux 的 IP 地址

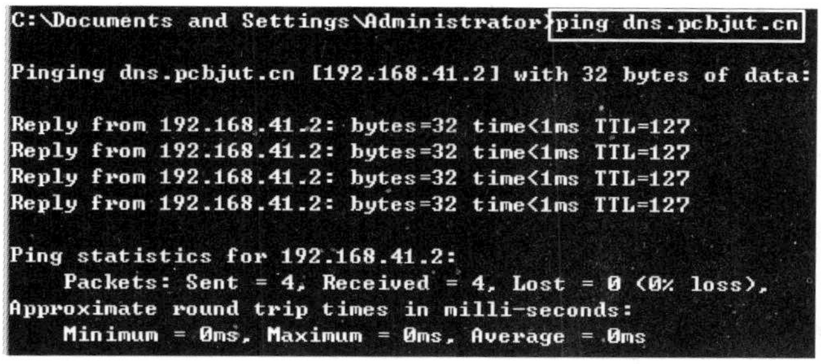

图 4-44　ping Linux DNS 服务器的域名

4.4　DNS 服务器配置综合案例 2

4.4.1　任务描述

某企业采用多个区域管理各部门的网络,产品研发部属于"development. com"域,产品销售部属于"sales. com"域,其他人员属于"free. com"域。产品研发部共有 150 人,采用的 IP 地址为:192.168.1.1~192.168.1.150。产品销售部共有 100 人,采用的 IP 地址为:192.168.2.1~192.168.2.100。现采用一台主机配置 DNS 服务器,其 IP 地址为 192.168.1.254。要求这台 DNS 服务器可以完成内网所有区域的正、反向解析,并且所有员工均可以访问外网地址。

4.4.2　任务准备

(1) 确认并配置 DNS 服务器 IP 地址为 192.168.1.254。

(2) 建立主配置文件 named. conf。

4.4.3　任务实施

该任务的具体步骤如下所述。

(1) 打开配置文件 named. conf,编辑文件,如图 4-45 所示。

(2) 将模板文件复制并重命名,如图 4-46 所示。

(3) 编写 development. com. zone 文件,如图 4-47 所示。

(4) 编写 development. com. local 文件,如图 4-48 所示。

(5) 编写 free. com. zone 文件,如图 4-49 所示。

(6) 编写 free. com. zone 文件,如图 4-50 所示。

(7) 重启 named 服务器,如图 4-51 所示。

4.4.4　任务检测

对任务进行测试的方法如下所述。

(1) 使用 host 命令在终端下进行测试,效果如图 4-52 所示。

(2) 使用 nslookup 命令在终端下进行测试,效果如图 4-53 所示。

DNS 服务器的安装与配置

```
zone "." IN {
type hint;
file "named.ca";};

zone "pcbjut.cn" IN {
type master;
file "pcbjut.cn.zone";};

zone "3.168.192.in-addr.arpa" IN{
type master;
file "pcbjut.cn.local";};

zone "development.com" IN {
type master;
file "development.com.zone";};

zone "2.168.192.in-addr.arpa" IN{
type master;
file "development.com.local";};
zone "free.com" IN {
type master;
file "free.com.zone";};

zone "1.168.192.in-addr.arpa" IN{
type master;
file "free.com.local";};
```

图 4-45　编辑 named.conf 文件

```
[root@localhost etc]# cd /var/named/chroot/var/named
[root@localhost named]# cp -p localdomain.zone development.com.zone
[root@localhost named]# cp -p localdomain.zone free.com.zone
[root@localhost named]# cp -p named.local development.com.local
[root@localhost named]# cp -p named.local free.com.local
```

图 4-46　将模板文件复制并重命名

```
root@localhost:/var/named/chroot/var/named
文件(F) 编辑(E) 查看(V) 终端(T) 标签(B) 帮助(H)
$TTL    86400
@               IN SOA  dns.development.com. root.dns.development.com. (
                                42              ; serial (d. adams)
                                3H              ; refresh
                                15M             ; retry
                                1W              ; expiry
                                1D )            ; minimum
        IN      NS      localhost
254     IN      A       192.168.1.254
2       IN      A       192.168.1.2
```

图 4-47　编写 development.com.zone 文件

```
root@localhost:/var/named/chroot/var/named
文件(F) 编辑(E) 查看(V) 终端(T) 标签(B) 帮助(H)
$TTL    86400
@       IN      SOA     dns.development.com. root.dns.development.com.  (
                                1997022700 ; Serial
                                28800      ; Refresh
                                14400      ; Retry
                                3600000    ; Expire
                                86400 )    ; Minimum
        IN      NS      localhost.
254     IN      PTR     deve.development.com.
2       IN      PTR     d.development.com.
```

图 4-48　编写 development.com.local 文件

```
root@localhost:/var/named/chroot/var/named
文件(F) 编辑(E) 查看(V) 终端(T) 标签(B) 帮助(H)
$TTL    86400
@               IN SOA  dns.free.com. root.dns.free.com. (
                                42              ; serial (d. adams)
                                3H              ; refresh
                                15M             ; retry
                                1W              ; expiry
                                1D )            ; minimum
                IN      NS      localhost
254     IN      A       192.168.1.254
2       IN      A       192.168.2.2
```

图 4-49　编写 free.com.zone 文件

```
root@localhost:/var/named/chroot/var/nam
文件(F) 编辑(E) 查看(V) 终端(T) 标签(B) 帮助(H)
$TTL    86400
@       IN      SOA     dns.free.com.  root.dns.free.com.  (
                                       1997022700  ; Serial
                                       28800       ; Refresh
                                       14400       ; Retry
                                       3600000     ; Expire
                                       86400 )     ; Minimum
        IN      NS      localhost.
254     IN      PTR     dns.free.com.
2       IN      PTR     f.free.com.
```

图 4-50　编写 free. com. zone 文件

```
[root@localhost named]# service named restart
停止 named:                                                [确定]
启动 named:                                                [确定]
[root@localhost named]#
```

图 4-51　重启服务器

```
[root@localhost etc]# host 192.168.2.2
2.2.168.192.in-addr.arpa domain name pointer d.development.com.
[root@localhost etc]# host 192.168.1.254
254.1.168.192.in-addr.arpa domain name pointer dns.free.com.
[root@localhost etc]# host 192.168.2.254
254.2.168.192.in-addr.arpa domain name pointer deve.development.com.
[root@localhost etc]# host 192.168.1.2
2.1.168.192.in-addr.arpa domain name pointer f.free.com.
```

图 4-52　使用 host 命令在终端下测试

```
[root@localhost etc]# nslookup
> 192.168.2.254
Server:         192.168.3.5
Address:        192.168.3.5#53

254.2.168.192.in-addr.arpa      name = deve.development.com.
> 192.168.2.2
Server:         192.168.3.5
Address:        192.168.3.5#53

2.2.168.192.in-addr.arpa        name = d.development.com.
> 192.168.1.254
Server:         192.168.3.5
Address:        192.168.3.5#53

254.1.168.192.in-addr.arpa      name = dns.free.com.
> 192.168.1.2
Server:         192.168.3.5
Address:        192.168.3.5#53

2.1.168.192.in-addr.arpa        name = f.free.com.
>
```

图 4-53　基于 IP 地址使用 nslookup 命令在终端下测试

知 识 拓 展

1. 主配置文件 named.conf

此文件保存在"/var/named/chroot/etc"目录,它只包括 DNS 服务器的基本配置,用于说明 DNS 服务器的全局参数,可由多个配置语句组成。各配置子句也包含相应的参数,并以分号结束。RHEL 5 Server 默认不提供该文件。最常用的配置语句有两个:options 语句和 zone 语句。

(1) options 语句。

options 语句定义服务器的全局配置选项,其基本格式为:

```
options{
        配置子句; };
```

其中最常用的配置子句如下:

directory "目录名":定义区域文件的保存路径,默认为"/var/named",通常不需要修改。

forwaders IP 地址:定义将域名请求转发给其他 DNS 服务器。

(2) zone 语句。

zone 语句用于定义区域,其中必须说明域名、DNS 服务器的类型和区域文件名等信息,其基本格式如下:

```
zone "域名" {
    type 服务器类型;
    file "区域文件名称";
    其他配置子句; };
```

2. 根服务器信息文件 named.ca 和 named.root

DNS 服务器总是采用递归查询,当本地区域文件无法进行域名解析时,将转向根 DNS 服务器查询。因此,必须在主配置文件 named.conf 中定义根区域,并指定根服务器信息文件,如下所示:

```
zone "." {
    type hint;
    file "named.ca" ; };
```

虽然根服务器信息文件名可由用户自定义,但为了管理文件,通常取名为 named.ca。RHEL 默认不提供 named.ca 文件,因此最好从国际互联网信息中心(InterNIC)下载最新版本,地址为 ftp://ftp.rs.internic.net/domain/named.root,复制该网页的内容,并保存到"/var/named/chroot/var/named"目录的 named.ca 文件中。

本 章 小 结

本章详细介绍了 DNS 服务器的协议、服务器的安装、配置和使用。通过本章的学习,应该掌握以下内容:

- DNS 服务器的基本软件包的要求。
- DNS 服务器的基本概念及域名解析过程。
- DNS 服务器的相关配置文件 named.conf(重点)。
- DNS 服务器的架设方法(重点)。
- DNS 服务器的应用。

操作与练习

一、选择题

1. 在域名服务中(　　)DNS 服务器是必需的。

　　A. 主域名服务器　　　　　　　　　B. 辅助域名服务器

　　C. 缓存域名服务器　　　　　　　　D. 以上三种都是必需的

2. 一台主机的域名是 www.xghypro.com.cn,对应的 IP 地址是 192,168.0.30,那么此域的反向解析域的名称是(　　)。

　　A. 192.168.0.in-addr.arpa　　　　B. 30.0.168.192

　　C. 0.168.192-addr.arpa　　　　　D. 30.0.168.192.in-addr.arpa

3. 使用 chroot 后,DNS 服务器的主配置文件是(　　)。

　　A. /etc/named.conf　　　　　　　B. /etc/chroot/named.conf

　　C. /var/named/chroot/etc/named.conf　　D. /var/chroot/etc/named.conf

4. 在 DNS 配置文件中,用于表示某主机别名的是(　　)关键字。

　　A. CN　　　　　　B. NS　　　　　　C. NAME　　　　　D. CNAME

5. 配置 DNS 服务器的反向解析时,设置 SOA 和 NS 记录后,还需要添加(　　)记录。

　　A. SOA　　　　　B. CNAME　　　　C. A　　　　　　D. PTR

6. DNS 别名记录的标志是(　　)。

　　A. A　　　　　　B. PTR　　　　　C. CNAME　　　　D. MZ

7. 下列选项中,对 DNS NS 的描述正确的是(　　)。

　　A. NS 记录是定义该域的主机

　　B. 对 NS 的解析是针对接收邮件主机的

　　C. 指定负责此 DNS 区域的权威名称服务器

　　D. NS 记录是一个必备的条件

8. 下列选项中,属于 DNS 记录类型的是(　　)。

　　A. SRV　　　　　B. A　　　　　　C. URL　　　　　D. HINFO

9. 下列目录中,包含 DNS 的区域文件的是(　　)。

　　A. /etc/bind/　　B. /etc/named/　　C. /etc/bind.d　　D. /var/named

10. 配置 DNS 客户端,需要修改(　　)配置文件。

　　A. /etc/service

　　B. /etc/hosts

　　C. /etc/sysconfig/network-scripts/ifcfg-eth0

　　D. /etc/resolv.conf

二、操作题

在 Red Hat Enterprise Linux 5 操作系统上搭建 DNS 服务器。某学院有三个系部,信息工程系属于 Information Engineering.org 域,建环系属于 Architecture.org 域,机电系属于 Mechatronics.org 域。信息工程系共有 20 位老师,采用的 IP 地址为 192.168.2.1~192.168.2.10。建环系共有 10 位老师,采用的 IP 地址为 192.168.1.1~192.168.1.20。机电系共有 5 位老师,采用的 IP 地址为 192.168.3.1~192.168.3.5。

现采用一台主机配置 DNS 服务器,其 IP 地址为 192.168.1.254。要求这台 DNS 服务器可以完成内网所有区域的正、反向解析,并且所有员工均可以访问外网地址。

第 5 章 | WWW 服务器的安装与配置

5.1 Apache 和 Web 服务器简介

5.1.1 Apache 服务器简介

Apache 源于美国国家计算机安全协会(NCSA)的 HTTP 服务器,本来它只用于小型或试验的因特网网络,后来逐步扩充到各种 UNIX 系统中,尤其对 Linux 的支持相当完美。

在所有的 Web 服务器中,Apache 占有绝对的优势,远远领先 Microsoft 的 IIS。Apache 以其强大的功能、优秀的性能一直成为建设网站首选的 Web 服务器。目前绝大多数的高科技实验室、大学以及众多的公司都采用 Apache 服务器。

Apache 的特点是简单、速度快、性能稳定,并可做代理服务器来使用,可以支持 SSL 技术,支持多个虚拟主机。经过多次修改,已成为世界上最流行的 Web 服务器软件之一,它可以运行在几乎所有的广泛使用的计算机平台上。

Apache 服务器有以下特性:

- 支持基于 IP 和基于域名的虚拟主机。
- 拥有简单而强有力的基于文件的配置过程。
- 支持通用网关接口。
- 支持实时监视服务器状态和定制服务器日志。
- 支持多种方式的 HTTP 认证。
- 支持服务器端口包含指令(SSI)及安全 Socket 层(SSL)。
- 支持最新的 HTTP/1.1 通信协议。

5.1.2 Web 服务器简介

Web 服务是因特网最主要的服务之一,即人们平常说的 WWW 服务。Web 服务器是在网络中为实现信息发布、资料查询、数据处理、视频欣赏等多项应用而搭建的服务平台,它使得成千上万的用户通过简单的图形界面就可以访问各个大学、组织、公司的站点,获得最新的信息和各种服务。

Web 的核心技术是超文本标记语言 HTML 和超文本传输协议 HTTP。Web 浏览器和服务器通过 HTTP 协议来建立链接、传输信息和终止链接。Web 浏览器将请求发送到 Web 服务器,服务器响应这种请求,将其所请求的页面或文档传给 Web 浏览器,浏览器获得 Web 页面并显示出来。

在最初的因特网上,网页是静止的,所谓静止就是指 Web 服务器只是简单地把存储的 HTML 文本文件及其引用的图形文件发送给浏览器。只有在网页编辑人员使用文件处理器和图形编辑器对它们进行修改后,它们才会发生改变。直到出现 CGI、ISAPI、ASP、JSP 和 .NET 等动态网站技术,Web 服务器才可向浏览器发送动态变化的内容。常见的 Web 数据库查询、用户登记等都要用到动态网站技术。

5.1.3　HTTP 协议

超文本传输协议(Hypertext Transfer protocol,HTTP)是 Internet 上最常使用的协议,它是用于传输超文本标记语言(Hypertext Markup Language,HTML)编写的文件,即网页。通过使用该协议,可以在浏览器浏览网上各种丰富多彩的文字与图片信息。HTTP 协议是基于客户机/服务器(C/S)模式的。当一个客户端与服务器建立连接后,客户端向服务器发送一个请求,其一般格式为:统一源标识符(URL)、协议版本号以及 MIME 信息(包括请求修饰符、客户端信息)等内容。服务器接收到客户端发出一个相应的响应信息,其格式为一个状态行(包括信息的协议版本号、一个成功或错误的代码)和 MIME 信息(包括服务器信息、实体信息等内容)。在 Internet 上,HTTP 通信发生在 TCP/IP 连接之上。使用 TCP 协议,其默认端口号为 80,当然也可以使用其他可用端口。

5.2　Apache 服务器相关配置简介

5.2.1　安装 Apache 服务器软件包

对 Apache 服务器的安装,可以采用 RPM 软件包安装和源代码安装两种方式,另外也可以在 Linux 的图形界面,利用软件包管理器来自动安装。

RPM 软件包将配置文件和实用程序安装在固定位置,不需要编译;源代码安装需要先配置、编译,然后再安装,但可选择要安装的模块和安装路径。这里选用了 RPM 软件包的安装方式。

配置 Apache 服务器要安装与 Apache 服务器密切相关的软件包,在终端输入"rpm -qa apr"命令或者输入"rpm -qa ｜grep apr"命令就可以检查是否已经安装了 Apache 软件包。检查完之后若未安装就可以安装了。

RHEL 5 默认已安装 Apache 服务器。RHEL 5 与 Apache 服务器密切相关的软件包如下:

- postgresql-libs-8.1.4-1.1.i386.rpm:postgresql 类库软件包。
- apr-1.2.7-11.i386.rpm:Apache 运行环境类库。
- apr-util-1.2.7-6.i386.rpm:Apache 运行环境工具类库。
- httpd-2.2.3-6.el5.i386.rpm:Apache 服务器软件。
- httpd-manual-2.2.3-6.el5.i386.rpm:Apache 手册文档。

软件包安装步骤如下。

(1) 查看系统中是否安装了 Apache 软件包的命令为:"rpm -qa ｜grep httpd",如图 5-1 所示。

图 5-1　查询 httpd 软件包

（2）如果没有显示任何信息，说明系统中并未安装相关软件包，则需手动安装。方法如下：

① 将光盘挂载到"/mnt/cdrom"目录上，如图 5-2 所示。

```
                        root@localhost:~
文件(F)  编辑(E)  查看(V)  终端(T)  标签(B)  帮助(H)
[root@localhost ~]# mkdir /mnt/cdrom
[root@localhost ~]# mount /dev/cdrom /mnt/cdrom
mount: block device /dev/cdrom is write-protected, mounting read-only
[root@localhost ~]#
```

图 5-2　挂载光盘

② 将目录切换到"/mnt/cdrom/Server"下，所有安装的软件包名称为"postgresql-libs-8.1.4-1.1.i386.rpm"、"apr-1.2.7-11.i386.rpm"、"apr-util-1.2.7-6.i386.rpm"、"httpd-2.2.3-6.el5.i386.rpm"、"httpd-manual-2.2.3-6.el5.i386"。确定好安装的软件包，就在终端上输入"rpm -ivh postgresql-libs-8.1.4-1.1.i386.rpm"等命令，安装相关软件包。效果如图 5-3、图 5-4 和图 5-5 所示。

```
[root@rhe15hbyz Server]# rpm -ivh postgresql-libs-8.1.4-1.1.i386.rpm
warning: postgresql-libs-8.1.4-1.1.i386.rpm: Header V3 DSA signature: NOKEY, key
 ID 37017186
error: failed to stat /mnt/cdrom: 没有那个文件或目录
Preparing...              ########################################### [100%]
        package postgresql-libs-8.1.4-1.1 is already installed
[root@rhe15hbyz Server]# rpm -ivh apr-1.2.7-11.i386.rpm
warning: apr-1.2.7-11.i386.rpm: Header V3 DSA signature: NOKEY, key ID 37017186
error: failed to stat /mnt/cdrom: 没有那个文件或目录
Preparing...              ########################################### [100%]
        package apr-1.2.7-11 is already installed
[root@rhe15hbyz Server]# rpm -ivh apr-util-1.2.7-6.i386.rpm
warning: apr-util-1.2.7-6.i386.rpm: Header V3 DSA signature: NOKEY, key ID 37017
186
error: failed to stat /mnt/cdrom: 没有那个文件或目录
Preparing...              ########################################### [100%]
        package apr-util-1.2.7-6 is already installed
```

图 5-3　安装相关软件包-1

```
[root@rhe15hbyz Server]# rpm -ivh httpd-2.2.3-6.el5.i386.rpm
warning: httpd-2.2.3-6.el5.i386.rpm: Header V3 DSA signature: NOKEY, key ID 3701
7186
error: failed to stat /mnt/cdrom: 没有那个文件或目录
Preparing...              ########################################### [100%]
        package httpd-2.2.3-6.el5 is already installed
[root@rhe15hbyz Server]#
```

图 5-4　安装相关软件包-2

WWW 服务器的安装与配置

```
[root@rhe15hbyz Server]# rpm -ivh httpd-manual-2.2.3-6.e15.i386.rpm
warning: httpd-manual-2.2.3-6.e15.i386.rpm: Header V3 DSA signature: NOKEY, key
ID 37017186
error: failed to stat /mnt/cdrom: 没有那个文件或目录
Preparing...          ################################################# [100%]
        package httpd-manual-2.2.3-6.e15 is already installed
[root@rhe15hbyz Server]#
```

图 5-5　安装相关软件包-3

直接采用 RPM 软件包来安装 Apache 服务器,软件包会将 Apache 服务器的配置文件、日志文件和应用程序安装在固定的目录下。

- /etc/httpd/conf/httpd.conf:Apache 服务器的配置文件。
- service httpd start:Apache 服务器的启动脚本文件。
- /var/www/html:Apache 服务器默认的 Web 站点根目录。
- /usr/bin:Apache 软件包提供的可执行程序安装在该目录下。
- /etc/httpd/logs:Apache 服务器的日志文件(access_log 和 error_log)。

5.2.2　启动和关闭 Apache 服务器

Apache RPM 软件包安装后会自动在"/etc/rc.d/init.d/"目录下创建 Apache 服务器的启动脚本 httpd,可使用以下方法来对 Apache 服务进行管理。

(1) 启动 Apache 服务器命令:service httpd start,如图 5-6 所示。

```
[root@localhost ~]# service httpd start
启动 httpd:                                            [确定]
```

图 5-6　启动服务器

(2) 重启 Apache 服务器命令:service httpd restart,如图 5-7 所示。

```
[root@localhost ~]# service httpd restart
停止 httpd:                                            [确定]
启动 httpd:                                            [确定]
```

图 5-7　重启服务器

(3) 停止 Apache 服务器命令:service httpd stop,如图 5-8 所示。

```
[root@localhost ~]# service httpd stop
停止 httpd:                                            [确定]
```

图 5-8　停止服务器

(4) 重新装载 httpd.conf 配置文件的内容,让其在不重启服务器进程的情况下立即生效,命令为:service httpd reload,如图 5-9 所示。

```
[root@localhost ~]# service httpd reload
重新载入 httpd:                                        [确定]
[root@localhost ~]#
```

图 5-9　重新装载服务器

(5) 要在系统引导时启动 Apache 服务器,使用以下命令,如图 5-10 所示。

```
[root@localhost ~]# chkconfig —level 35 httpd on
```

图 5-10　设置开机自启动项

（6）还可以使用 chkconfig、ntsysv 或服务配置工具来配置要在引导时启动的服务，如图 5-11 和图 5-12 所示。

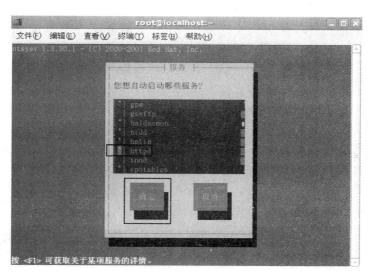

```
[root@localhost ~]# ntsysv
```

图 5-11　进入自启动项　　　　　　　图 5-12　选择 WWW 服务为自启动项

5.2.3　测试 Apache 服务器

Apache Web 服务器启动成功后，在 Red Hat Enterprise Linux 5 的 Mozilla Firefox 浏览器中，输入网址 http://127.0.0.1（或 http://localhost）或者是本机 IP 地址，即可以看到 Apache 默认站点的内容了，如图 5-13 所示。

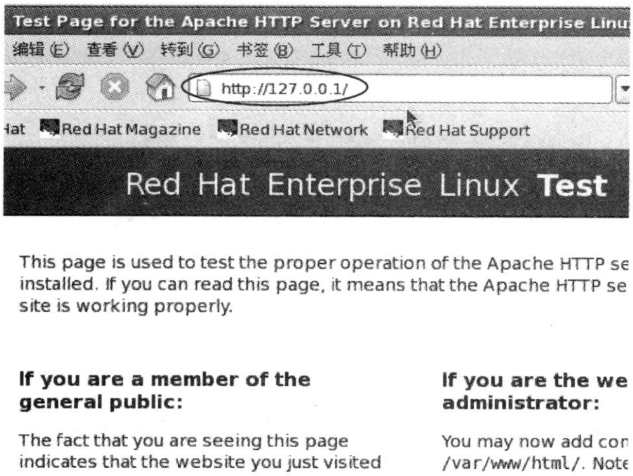

图 5-13　测试 Apache 服务器

5.3 配置 Apache 服务器

5.3.1 主配置文件 http.conf

由于 Apache 在安装时就采用了一系列默认值,所以不对它进行配置也可以让 WWW 服务器运行起业。只需将装上 Apache 服务器的主机接入 Internet,然后将主页存放在"/var/www/html/"目录下即可。但是这样可能导致 Apache 服务器不能很好地发挥其性能。为了使其能够更好地运行,还必须根据具体的运行环境,对它进行配置。

Apache 的主配置文件"/etc/httpd/conf/httpd.conf"是包含了若干指令的纯文本文件,在 Apache 启动时,会自动读取配置文件中的内容,并根据配置指令影响 Apache 服务器的运行。配置文件改变后,只有在下次启动或重新启动后才会生效,几乎大部分的设置都需要通过修改该配置文件来完成。"/etc/httpd/conf/httpd.conf"文件的内容非常多,但大部分是注释内容。整个配置文件分为 3 个部分:全局环境配置(Global Environment)、主服务配置("Main" Server Configuration)和虚拟主机配置(Virtual Hosts)。用 vim 编辑器打开该文件后的效果,如图 5-14 所示。

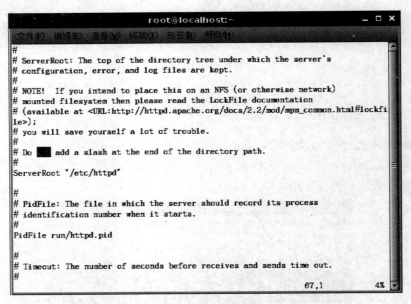

图 5-14 查看主配置文件

其中常规参数含义如下。

- ServerRoot:用来设置 Apache 的配置文件、错误文件和日志文件的存放目录,并且该目录是整个目录树的根节点。如果下面的字段设置中出现相对路径,那么就是相对这个路径,默认情况下根路径为"/etc/httpd",可根据需要进行修改。

  注意: ServerRoot 后面设置的路径不能以反斜杠分隔。

- Timeout:用于设置接收和发送数据时的超时设置。默认时间单位是秒(s)。如果超过限定的时间,客户端仍然无法连接上服务器,则以断线处理。默认时间为 120s,

可根据需要修改。

- MaxClients：包含在< IfModule prefork. c >< IfModule >容器当中的"MaxClients"字段用于设置同一时刻内最大的客户端访问数量，默认为 256，对于小型的网站来说已经够用了，如果是大型的网站，可以根据需要修改。

- ServerAdmin：设置 WWW 服务器的管理员的电子邮件地址，如果客户端在访问服务器时出现错误，就把错误信息返回给客户端的浏览器，为了让 Web 使用者和管理员取得联系所以在这个网页中通常包含有管理员的 E-mail 地址。

- ServerName：可以设置服务器的主机名称，默认情况下是不需要指定这个参数的，为了方便 Apache 服务器可以识别自身的信息，就需要设置此参数了。服务器将自动通过名字解析过程来获得自己的名字，但如果服务器的名字解析有问题，或者没有正式的 DNS 名字，也可以在这里指定 IP 地址，必须注意的是，如果 ServerName 设置不正确，服务器是不能正常启动的。

- DocumentRoot：设置服务器对外发布的超文本文档存放的路径，默认情况下，所有的请求由该目录的文件进行应答。虽然客户端程序请求的 URL 会映射为这个目录下的网页文件，但是也可以利用符号链接和别名来指向到其他位置。

- DirectoryIndex：打开网站时所显示的页面是该网站的首页或叫主页。本字段用来设置默认文档类型。当用户使用浏览器访问服务器时，一般在 URL 中只给出一个目录名，却没有指定文档的名字，所以需要设置 Apache 服务器自动返回的文档类型。文档类型可以设置多个，它是按顺序进行搜索的，当然也可以指定多个文件名，同样是在这个目录下按顺序搜索。如果所有指定的文件都找不到，Apache 默认的首页名称为 index. html。

- AddDefaultCharset：设置服务器的编码。默认情况下服务器编码采用 UTF-8 格式。而汉字的编码一般是 GB 2312，国家强制标准是 GB 18030。把本字段注释掉表示不使用任何编码，浏览器会自动检测当前网页所采用的编码，然后自动进行调整。对于多语言网站来说最好注释掉本字段。

下面就主配置文件中的三部分内容给出具体介绍。

1. 根目录设置 ServerRoot

配置文件中的 ServerRoot 字段用来设置 Apache 的配置文件、错误文件和日志文件的存放目录。该目录是整个目录树的根节点，如果下面的字段设置中出现相对路径，那么就是相对这个路径。默认情况下根路径为"/etc/httpd"。

【例 5.1】 设置根目录为"/usr/local/httpd"。

设置的命令如下：

```
ServerRoot "/usr/local/httpd"
```

说明：ServerRoot 后面设置的路径已经不能以反斜杠结尾。

2. 超时设置

Timeout 字段用于设置接收和发送数据时的超时设置。默认时间单位是 s(秒)。如果超过限定的时间，客户端仍然无法连接上服务器，则以断线处理。默认时间为 120s，可以修改设置。

【例 5.2】 设置超时间为 400s。

设置的命令为：

```
Timeout 400
```

3. 客户端连接数限制

在某一时刻内，WWW 服务器允许客户机同时进行访问的最大数值就是客户端连接限制。作为服务器的硬件资源总是有限的，如果遇到大规模的分布式拒绝服务攻击（DDOS），则可能导致服务器过载而瘫痪。作为企业单位内部的网络管理者应该尽量避免类似情况发生，所以限制客户连接数非常有必要的。

在配置文件中，MaxClients 字段用于设置同一时刻内最大的客户端访问数量，默认值为 256。对于小型网站来说已经够用了。如果是大型网站，可以根据实际情况进行修改。

【例 5.3】 设置客户端连接数为 700，如图 5-15 所示。

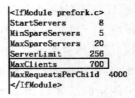

```
<IfModule prefork.c>
StartServers         8
MinSpareServers      5
MaxSpareServers     20
ServerLimit        256
MaxClients         700
MaxRequestsPerChild 4000
</IfModule>
```

图 5-15　设置客户端连接数为 700

提示：MaxClients 字段可能还在其他地方出现。请注意这里的 MaxClients 字段是包含在< IfModeul prefork. c >< IfModeul >容器中。

4. 设置管理员邮件地址

ServerAdmin 设置 WWW 服务器管理员的电子邮件地址。客户端服务器出现错误时，就把错误返回给客户端的浏览器。为了让 Web 使用者和管理者取得联系，在这个网页中通常包含管理员的 E-mail 地址。

【例 5.4】 设置管理员 E-mail 地址为 root@computer. org。

设置的命令如下：

```
ServerAdmin root@computer.org
```

5. 设置主机名称

ServerName 设置服务器的主机名称，默认情况下是不需要指定这个参数的。为了方便 Apache 服务器识别自身的信息，就需要设置此参数了。服务器自动通过名字的解析过程来获得自己的名字。如果服务器的解析有问题，或者没有正式的 DNS 名字，也可以在这里指定 IP 地址。必须注意的是，如果 ServerName 设置不正确，服务器则不能正常启动。

【例 5.5】 设置主机名称

设置的命令如下：

```
ServerName www.computer.org:80   或者   ServerName 192.168.1.2:80
```

6. 设置文件目录

DocumentRoot 设置服务器对外发布的超文本存放的路径。默认情况下，所有请求由该目录的文件进行应答。虽然客户程序的 URL 被映射为这个目录下的网页文件,但是也可以使用符合链接和别名来指向到其他位置。

【例 5.6】 设置文档目录为"/usr/local/html"。

设置的命令如下:

```
DocumentRoot "/usr/local/html"
```

7. 设置首页

打开网站时所显示的页面即该网页的首页或者叫主页。DirectoryIndex 设置主页默认文件类型。用户使用浏览器访问服务器时,一般在 URL 中只给出了一个目录名,却没有指定文件的名字,所以需要设置 Apache 服务器自动返回的文件类型。可以设置多个文件类型,它是按顺序进行搜索的,当然也可以指定多个文件名字,同样是在这个目录下顺序搜索。当所有指定文件都找不到时,Apache 默认首页名称为 index.html。

【例 5.7】 设置首页名称为 index.html。

设置的命令如下:

```
DirectoryIndex index.html
```

如果要设置多个首页,把多个首页依次放在后面,空格间隔,如果第一个首页不存在,则按先后顺序进行查找。

设置的命令如下:

```
DirectoryIndex index.html index.asp
```

8. 网页编码设置

由于所处地域不同,网页编码可能不相同。比如说亚洲和欧美地区所采用的网页编码就不相同。如果服务器端的网页和客户机端的网页编码不一样,就会导致我们看到的是乱码,因此必须设置正确的编码。

在 http.conf 文件中,使用 AddDefaultCharset 字段来设置服务器的默认编码。默认情况下服务器采用 UTF-8,汉字编码一般采用 GB 2312,国家强制标准是 GB 18030,具体使用哪种编码要根据网页的编码类型确定,只要保持和这些文件所采用的编码一致就可以正常显示。

【例 5.8】 设置服务器默认编码为 GB 2312。

设置的命令如下:

```
AddDefaultCharset GB2312
```

说明:如果把 AddDefaultCharset 字段注释掉,则表示不使用任何编码,让浏览器自动检测当前网页采用的编码是什么,然后自动进行调整。对应多语言的网站的组建,最好采用注释掉 AddDefaultCharset 字段的方法。

【例 5.9】 Web 应用案例:学院内校园网要搭建一台 Web 服务器,采用的 IP 地址和端口为 192.168.3.7:8010,首页采用 index.html 文件。管理员 E-mail 地址为 root@pcbjut.cn,网页的编码类型采用 GB 2312。所有的网站资源都放在"/var/www/html"目录下。将 Apache 的根目录设置为"/etc/httpd"目录。

说明：此时运用的 DNS 的 IP 地址为 192.168.3.5，对应的域为 pcbjut.cn。确定 DNS 是否正常工作。

分析：因为在单位内部使用，所以不用考虑太多的安全因素，只需修改和编辑主配置文件，之后将编制好的网站内容放在文档目录中即可。具体操作如下所示。

（1）修改主配置文件 httpd.conf。

```
[root@localhost~]# vim /etc/httpd/conf/httpd.conf
ServerRoot "/etc/httpd"
Timeout 200
Listen 80
ServerAdmin root@pcbjut.cn
ServerName 192.168.3.5:8010
DocumentRoot "/var/www/html"
DirectoryIndex index.html
AddDefaultCharset GB2312
```

说明：

ServerRoot "/etc/httpd"：设置 Apache 的根目录为"/etc/httpd"。

Timeout 200：设置客户访问的超时时间为 200s。

Listen 80：设置 httpd 监听 80 端口。

ServerAdmin root@pcbjut.cn：设置管理员 E-mail 地址为 root@pcbjut.cn。

ServerName 192.168.3.5：8010：设置服务器的主机名和监听端口为 192.168.3.5：8010。

DocumentRoot "/var/www/html"：设置 Apache 的文档目录为"/var/www/html"。

DirectoryIndex index.html：设置主页文件为 index.html。

AddDefaultCharset GB2312：服务器的默认编码为 GB 2312。

（2）重新启动服务器，如图 5-16 所示。

```
[root@localhost ~]# service httpd restart
停止 httpd：                                              [确定]
启动 httpd：                                              [确定]
```

图 5-16　重启服务器

（3）将制作好的网页以及相关资料放在文档目录"/var/www/html"中。

（4）测试，如图 5-17 所示。

图 5-17　测试 Web 服务器

打开浏览器,这里以火狐浏览器为例。在地址栏中输入 http://192.168.3.7:8010 即可找到放在"/var/www/html"目录中的首页。

注意：主页的文件名称一定要是 index.html。

9. 日志文件

对于像 WWW 网站等大型的服务,建立日志文件是一项必不可少的工作。通过分析日志文件不仅可以监控 Apache 的运行情况,而且还能分析出错原因和找出安全隐患。请读者查找相关资料。

(1) 错误日志。

错误日志记录 Apache 在运行过程中及启动时发生的错误。错误日志通过 ErrorLog 字段进行设置。这里的路径是相对路径,相对于 ServerRoot 字段设置的"/etc/httpd"目录。

(2) 访问日志。

CustmLog 参数可以设置日志存储的位置,通过分析访问日志可以知道哪些客户端什么时候访问了网站的哪些文件。Conbined 参数是一种格式,Apache 最常用的就是 Combined 和 Common。Common 是一种通用的日志格式,可以被很多日志分析软件所识别。Combined 是一种组合类型的日志。这种格式与通用日志格式类似,但是多了"引用页"和"浏览器识别"两项内容。

访问日志的格式是高度灵活的,很像 C 风格的 printf() 函数的格式字符串。LogFormat 参数可以指定日志的格式和类型。

10. 目录设置

目录设置就是为了服务器上的某个目录设置权限。通常在访问某个网站的时候,真正所访问的仅是那台 Web 服务器里某个目录下的某个网页文件,而整个网站由这些网页和网页文件组成。作为网站管理人员,可能经常只需要对某个目录进行设置,而不是对整个网站进行设置。如对 192.168.3.6 的客户访问某个目录内的文件。这时,可以使用如下方法：

```
<Directory 目录>

控制语句

</Directory>
```

(1) 根目录默认设置。

```
<Directory />
Options FollowSymLinks
AllowOverride None
</Directory>
```

说明：Options 用于定义目录使用的特性,后面的 FollowSymLinks 指令表示可以在该目录中使用符号链接。

Options 可以设置很多功能,常用设置如表 5-1 所示。

AllowOverride None：设置.htaccess 文件中的指令类型。None 表示禁止使用.htaccess。

表 5-1　Options 常用设置

指令	说　　明
FollowSymLinks	允许在目录中使用符号链接
Indexes	允许目录浏览,当客户端没有指定访问目录下的具体哪个文件,而且该目录下也没有首页文件时,则显示该目录的结构,包括该目录下的子目录和文件
MultiViews	允许内容协商的多重视图
ExecCGI	允许在该目录下执行 CGI 脚本
Includes	允许服务器端包含功能
IncludesNoexec	允许服务器端包含功能,但不能执行 CGI 脚本
ALL	包含了除 MultiViews 之外的所有特性(如果没有 options 字段,默认 ALL)

(2) 文档目录默认设置。

```
< Directory "/var/www/html">
Options Indexes FollowSymLinks
AllowOverride None
Order allow,deny
Allow from all
</Directory >
```

说明:"Order allow,deny"用于设置默认的访问权限与 Allow 和 Deny 字段处理顺序。Allow 设置哪些客户端可以访问服务器。与之对应的 deny 用来限制哪些客户端不能访问服务器。

常用的访问控制有两种形式。

① Order allow,deny。

表示默认情况下禁止所有客户端访问,且 allow 字段在 deny 字段之前被匹配。如果既匹配 allow 字段又匹配 deny 字段,则 deny 字段最终生效。也就是说 deny 会覆盖 allow。

② Order deny,allow。

表示默认情况下允许所有客户端访问,且字段 deny 在 allow 字段之前被匹配。如果既匹配 allow 字段又匹配 deny 字段,则 allow 字段最终生效。也就是说 allow 会覆盖 deny。

【例 5.10】　允许所有客户端访问。

设置命令如下:

```
Order allow,deny
Allow from all
```

【例 5.11】　拒绝 IP 地址为 10.10.10.10 和来自.chen.net 域的客户端访问,其他客户端都可以正常访问。

设置的命令如下:

```
Order deny,allow
Deny from 10.10.10.10
Deny from .chen.net
```

【例 5.12】　仅允许 192.168.3.0/24 网段的客户端访问,但其中 192.168.3.200 不能访问。

设置的命令如下：

```
Order allow, deny
Allow from 192.168.3.0/24
Deny from 192.168.3.200
```

说明：对某个文件设置权限，可以使用"< File 文件名></File >"容器来实现，方法和
< Directory >容器</ Directory >一样。如：

```
< File "/var/www/html/test.txt">
Options Indexes FollowSymLinks
Order allow,deny
Allow from all
</File >
```

11. 虚拟目录

在通常情况下，网站资源需要放在 Apache 的文档目录中才可以发布在网页中，默认的
路径是"/var/www/html"。如果想要发布文档目录以外的其他目录，就需要用到虚拟目录
这个功能。

虚拟目录实际上是给实际目录起一个别名。尽管这个目录中的内容不在 Apache 的文
档目录中，但是用户通过浏览器访问此别名依旧可以访问到该目录中的资源。此外，虚拟目
录还有以下优点：

（1）方便快捷。虚拟目录的名称和路径不受真实目录名称和路径的限制，因此在使用
虚拟目录的时候可以让设置更加方便快捷，而且在客户看来，完全感觉不到在访问虚拟
目录。

（2）灵活性强。虚拟目录可以提供的磁盘空间几乎是无限大的，这对于做视频点播的
网站和需要大磁盘空间的网站而言，是一项非常实用而灵活的功能。

（3）便于移动。如果文档目录中的目录移动了，那么相应的 URL 路径也会发生改变；
而只有虚拟目录的名称不变，则实际路径不论发生任何种改变都不会影响用户访问。

（4）良好的安全性。

虚拟目录设置格式如下：

```
Alias 虚拟目录 实际路径
```

【例 5.13】 建立名为"/chen/"的虚拟目录，实际目录为"/home/"。

其设置的命令如下：

```
Alias /chen/ "/home/"
```

12. Apache 的用户和组

为了提高安全性，可以为 Apache 建立专门的用户和组，以供运行 Apache 的子进程使
用。如果以 root 身份运行 Apache，那么非法者利用 Apache 漏洞是可以得到 root 权限的。
如果降低运行 Apache 用户的权限，以非 root 用户或组的身份来运行 Apache，则可以大大
增强安全性，因为即使黑客获取了这些账号和密码，也不能对服务器做出过大的破坏。

配置文件中的 User 和 Group 字段可以分别设置请求提供服务的 Apache 子进程运行
时的用户和组。

【例 5.14】 设置运行 Apache 子进程的用户和组为 nopart。

其设置的命令如下：

```
User nopart
Group nopart
```

5.3.2　配置 Apache 虚拟主机

网站的飞速发展，使得传统的一台服务器对应一个网站的方式已经不能适应其需求了，从而出现了虚拟机技术。虚拟机技术是指将一台物理主机虚拟成多个主机，实现多个用户可以共享硬件资源、网络资源，从而降低用户建站的成本。虚拟主机在一台 Web 服务器上，可以为多个单独域名提供 Web 服务，并且每个域名都完全独立，包括具有完全独立的文档目录结构及设置。不但通过每个域名访问的内容完全独立，并且使用另一个域名无法访问其他域名提供的网页内容。

在 Apache 服务器配置虚拟主机有两种方式：一种是基于 IP 地址的虚拟主机，另一种是基于域名的虚拟主机。

1. 基于 IP 地址的虚拟主机

基于 IP 地址的虚拟主机需要一个服务器具备有多个 IP 地址，也就是通过 IP 地址识别虚拟主机，这里必须为服务器网卡绑定多个 IP 地址。

【例 5.15】 学院 Web 服务器域名为 www. pcbjut. cn，IP 地址为 192.168.3.7，现在准备为学院添加一个站点 ftp. pcbjut. cn，IP 地址为 192.168.3.8，通过虚拟主机实现该功能。此例请先确认 DNS 能否正常运行。

（1）修改配置文件 httpd. conf，添加虚拟主机相关字段，如图 5-18 所示。

```
[root@localhost~]# vim /etc/httpd/conf/httpd.conf
```

（2）测试。

测试虚拟主机 192.168.3.7，如图 5-19 所示。

```
<VirtualHost 192.168.3.7>
DocumentRoot /var/www/vhost-ip1
ServerName www.pcbjut.com
DirectoryIndex index.html
</VirtualHost>
<VirtualHost 192.168.3.8>
DocumentRoot /var/www/vhost-ip2
ServerName ftp.pcbjut.com
DirectoryIndex index.html
</VirtualHost>
```

图 5-18　编辑配置文件　　　　　　　图 5-19　使用 IP 地址检测结果

测试主机 192.168.3.8，如图 5-20 所示。

2. 基于域名的虚拟主机

基于域名的虚拟主机服务器只需要一个 IP 地址就可以创建多台虚拟主机。也就是说，所有的虚拟主机共同使用一个 IP 地址，通过域名进行区分。访问网站时，HTTP 协议访问请求包含了 DNS 域名信息。当 Apache 服务器收到该信息后，会根据不同的域名访问不同的网站。这种方式不需要额外的 IP 地址，只需要新版本的浏览器支持，因此它已经成为了

图 5-20　使用 IP 地址检测结果

建立虚拟主机的标准方式。

配置基于域名的虚拟主机时先用 NameVirtalHost 参数指定一个 IP 地址来负责响应对应虚拟主机的请求,然后使用< VirtualHost 虚拟主机的域>设置哪台虚拟主机对应哪个域名。如果没有特殊要求,则不必对每个虚拟主机都进行所有的配置,因为它会使用服务器主配置文件的配置。下面对配置基于域名的虚拟主机举例说明。

修改配置文件 httpd.conf,添加虚拟主机相关字段。如下所示。

```
[root@localhost~]#vim /etc/httpd/conf/httpd.conf
NameVirtualHost * : 80
< VirtualHost * : 80 >
ServerName www.pcbjut.cn
DocumentRoot /var/www/www1
</VirtualHost >


< VirtualHost * : 80 >
ServerName www2.pcbjut.cn
DocumentRoot /var/www/www2
</VirtualHost >
```

其中:"NameVirtualHost * ：80"的作用是,在本机任何网络接口的 80 端口,开启基于域名的虚拟主机功能。

说明:修改主配置文件时,重点是添加 NameVitualHost 字段。添加多个虚拟主机时,只需要配置一次,就可以开启基于域名的虚拟主机功能。

然后建立相应的站点目录,设置网页文件。将 DNS 服务器中的 www.pcbjut.cn 等多个域名,指向服务器的 IP 地址 192.168.3.7,便可以完成虚拟主机的配置,即重新配置修改DNS。配置成功后进行测试,如图 5-21 所示。

图 5-21　测试网站

WWW 服务器的安装与配置

5.3.3 Apache 服务器配置实例

下面通过两个典型实例来学习 Apache 服务器在实际应用中的具体配置过程。

【例 5.16】 基于单站点的自定义主页文件的配置与发布

任务描述：假设当前用作 Apache 服务器的 Red Hat Enterprise Linux 5 系统的 IP 地址是 192.168.3.5，并且已经在 DNS 服务器中给此 IP 成功注册域名 www.pcbjut.cn，下面要为该 Apache 服务器创建一个的主页文件 index.html，然后在 Mozilla Firefox 浏览器中分别用 IP 和域名进行测试。

其配置方法如下所述。

（1）创建主页文件 index.html。

将目录切换到 Web 服务器的站点根目录"/var/www/html"下，用"cat"命令创建主页文件 index.html，如图 5-22 所示。页面文件创建好后，保存退出。

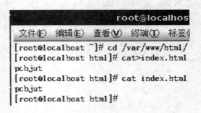

图 5-22 创建主页文件

（2）修改配置文件"/etc/httpd/conf/httpd.conf"。

配置文件中的参数按照默认值即可，无须修改。

（3）重启 Apache 服务器。

在终端窗口中输入"service httpd restart"命令重新启动 Apache 服务器，如图 5-23 所示。

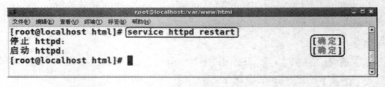

图 5-23 重启 Apache 服务器

（4）测试 Apache 服务器。

打开 Mozilla Firefox 浏览器并在地址栏中输入 Apache 服务器的 IP 地址 192.168.3.7，可以看到自己创建的网页已成功发布，如图 5-24 所示。

图 5-24 通过 IP 地址测试 Apache 服务器

由于已将 Apache 服务器的 IP 地址 192.168.3.5 映射为域名 www.pcbjut.cn，所以同样可以通过域名来测试 Apache 服务器，如图 5-25 所示。

图 5-25　通过域名测试 Apache 服务器

上面的测试均是在服务器端进行的，但作为一个应用在互联网上的服务器，必须通过客户端的测试才能证明其工作正常。在这里选择用宿主计算机 Windows XP 系统作为客户端对 Apache 服务器进行测试。

在宿主计算机 Windows XP 系统中单击"开始"菜单下的"运行"选项，然后输入命令"cmd"进入命令行方式，通过"ping 192.168.3.7"和"ping www.pcbjut.cn"命令分别测试 Apache 服务器（即 VMware 虚拟机下的 Red Hat Enterprise Linux 5）的 IP 和域名是否畅通，如果畅通则可以作为客户端进行测试，否则说明 Windows XP 系统的 DNS 服务器设置错误，需要重新将其指定为有效的 DNS 服务器（即能为 Apache 服务器提供域名 www.pcbjut.cn）。效果如图 5-26 所示。

```
C:\Users\Administrator>ping 192.168.3.7

正在 Ping 192.168.3.7 具有 32 字节的数据:
来自 192.168.3.7 的回复: 字节=32 时间<1ms TTL=64
来自 192.168.3.7 的回复: 字节=32 时间<1ms TTL=64
来自 192.168.3.7 的回复: 字节=32 时间<1ms TTL=64
来自 192.168.3.7 的回复: 字节=32 时间<1ms TTL=64

192.168.3.7 的 Ping 统计信息:
    数据包: 已发送 = 4, 已接收 = 4, 丢失 = 0 <0% 丢失>,
往返行程的估计时间<以毫秒为单位>:
    最短 = 0ms, 最长 = 0ms, 平均 = 0ms

C:\Users\Administrator>ping www.pcbjut.cn

正在 Ping www.pcbjut.cn [192.168.3.7] 具有 32 字节的数据:
来自 192.168.3.7 的回复: 字节=32 时间<1ms TTL=64
来自 192.168.3.7 的回复: 字节=32 时间<1ms TTL=64
来自 192.168.3.7 的回复: 字节=32 时间<1ms TTL=64
来自 192.168.3.7 的回复: 字节=32 时间<1ms TTL=64

192.168.3.7 的 Ping 统计信息:
    数据包: 已发送 = 4, 已接收 = 4, 丢失 = 0 <0% 丢失>,
往返行程的估计时间<以毫秒为单位>:
    最短 = 0ms, 最长 = 0ms, 平均 = 0ms

C:\Users\Administrator>
```

图 5-26　在客户端测试 Apache 服务器的 IP 和域名

在宿主计算机 Windows XP 系统作为客户机进行测试，打开 Windows XP 系统的 IE 浏览器，在地址栏中输入 www.pcbjut.cn 和 192.168.3.7。效果如图 5-27 和图 5-28 所示。

【例 5.17】　基于多站点的虚拟主机的配置与发布。

虚拟主机（VirtualHost）是指在一台主机上运行的多个 Web 站点，每个站点均有自己的独立域名，虚拟主机对用户是透明的，就好像每个站点都在独立的主机上运行一样。

pcbjut

pcbjut

图 5-27　在客户端通过域名
测试 Apache 服务器

图 5-28　在客户端通过 IP 地址
测试 Apache 服务器

　　虚拟主机有两种：如果每个 Web 站点拥有不用的 IP 地址，则称为基于 IP 的虚拟主机；若每个站点的 IP 地址相同，但域名不用，则称为基于主机名的虚拟主机。在实际应用中，由于 IP 地址资源的不足，所以通常采取后一种方案，而要建立基于主机名的虚拟主机，需要具备多个可以正确解析的域名，这便需要 DNS 服务器的支持。

　　任务描述：假设当前用作 Apache 服务器的 Red Hat Enterprise Linux 5 系统的 IP 地址为 192.168.3.7，现要创建两个基于域名的虚拟主机，使用端口为 80，其域名分别为 www.pcbjut.cn 和 www2.pcbjut.cn，站点根目录为"/var/www/www1"和"/var/www/www2"。

　　其配置方法如下所述。

　　(1) 在 DNS 服务器的区域配置文件中加上两个域名。

　　在 DNS 服务器的区域配置文件"/var/named/chroot/var/named/pcbjut.cn.zone"（即用户自定义正向解析文件）中添加所需要的两个域名 www.pcbjut.cn 和 www2.pcbjut.cn，并将它们同时映射为 Apache 服务器的 IP 地址 192.168.3.7，具体方法参照"第 4 章 DNS 服务器"的相关内容。修改 DNS 服务器的用户自定义反向解析文件"/var/named/chroot/var/named/pcbjut.cn.local"，如图 5-29 和图 5-30 所示。其他部分参考 4.2 节的相关内容即可。设置完成后，重启 DNS 服务器，在终端窗口中分别测试刚刚注册的两个域名是否生效，如图 5-31 至图 5-33 所示。

```
                            root@localhost:~
 文件(F)  编辑(E)  查看(V)  终端(T)  标签(B)  帮助(H)
[root@localhost ~]# vim /var/named/chroot/var/named/pcbjut.cn.zone
[root@localhost ~]# vim /var/named/chroot/var/named/pcbjut.cn.local
```

图 5-29　打开配置文件

```
                            root@localhost:~
 文件(F)  编辑(E)  查看(V)  终端(T)  标签(B)  帮助(H)
$TTL     86400
@                   IN SOA  dns.pcbjut.cn. root.dns.pcbjut.cn. (
                                         42         ; serial (d. adams)
                                         3H         ; refresh
                                         15M        ; retry
                                         1W         ; expiry
                                         1D )       ; minimum
              IN      NS      localhost
dns           IN      A       192.168.3.5
www           IN      A       192.168.3.7
www2          IN      A       192.168.3.7
ftp           IN      A       192.168.3.8
dhcp          IN      A       192.168.3.9
mail          IN      A       192.168.3.10
```

图 5-30　编辑正向区域配置文件

```
                           root@localhost:~
  文件(F)  编辑(E)  查看(V)  终端(T)  标签(B)  帮助(H)
$TTL    86400
@       IN      SOA    dns.pcbjut.cn. root.dns.pcbjut.cn. (
                                     1997022700  ; Serial
                                     28800       ; Refresh
                                     14400       ; Retry
                                     3600000     ; Expire
                                     86400 )     ; Minimum
        IN      NS     dns.pcbjut.cn.
5       IN      PTR    dns.pcbjut.cn.
7       IN      PTR    www.pcbjut.cn.
7       IN      PTR    www2.pcbjut.cn.
8       IN      PTR    ftp.pcbjut.cn.
9       IN      PTR    dhcp.pcbjut.cn.
10      IN      PTR    mai1.pcbjut.cn
```

图 5-31   编辑反向区域配置文件

```
[root@localhost ~]# service named restart
停止 named:                                            [确定]
启动 named:                                            [确定]
[root@localhost ~]#
```

图 5-32   重启 DNS 服务器

```
[root@localhost ~]# ping www2.pcbjut.cn
PING www2.pcbjut.cn (192.168.3.7) 56(84) bytes of data.
64 bytes from www.pcbjut.cn (192.168.3.7): icmp_seq=1 ttl=64 time=0.040 ms
64 bytes from www.pcbjut.cn (192.168.3.7): icmp_seq=2 ttl=64 time=0.051 ms
```

图 5-33   测试新域名

（2）为虚拟主机创建站点根目录。

分别为两个虚拟站点建立站点，创建其站点根目录为"/var/www/www1"和"/var/www/www2"，如图 5-34 所示。

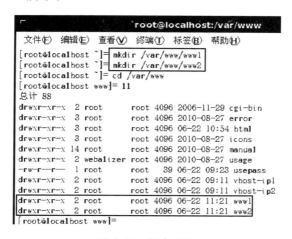

图 5-34   新建目录

（3）为虚拟主机创建主页文件。

将目录切换到虚拟主机"www.pcbjut.cn"的站点根目录"/var/www/www1"下，用

第 5 章

WWW 服务器的安装与配置

"cat > index. html"命令创建该站点的主页文件；同理，创建虚拟主机"www2. pcbjut. cn"的主页文件. 如图 5-35 和图 5-36 所示。

```
[root@localhost www]# cd www1
[root@localhost www1]# cat>index.html
www1
[root@localhost www1]# cat index.html
www1
```

图 5-35　在/var/www/www1 创建 index. html

```
[root@localhost www1]# cd /var/www/www2
[root@localhost www2]# cat>index.html
www2
[root@localhost www2]#
[root@localhost www2]# cat index.html
www2
[root@localhost www2]#
```

图 5-36　在/var/www/www2 创建 index. html

（4）修改 Apache 服务器的主配置文件"/etc/httpd/conf/httpd. conf"。

先将目录切换到 Apache 服务器的主配置文件所在的目录"/etc/httpd/conf/"，然后用 vim 编辑器修改配置文件"httpd. conf"。

[root@localhost～]vim /etc/httpd/conf/httpd. conf

在"httpd. conf"文件的末尾添加如图 5-37 所示的内容，先用"NameVirtualHost"指令指定虚拟主机的 IP 地址，然后添加了两个"< VirtualHost >"容器指令。分别指定了两个基于域名的虚拟主机，设置了它们的站点根目录和域名等信息。

```
NameVirtualHost 192.168.3.7
<VirtualHost 192.168.3.7>
DocumentRoot /var/www/www1
ServerName www.pcbjut.com
</VirtualHost>
<VirtualHost 192.168.3.7>
DocumentRoot /var/www/www2
ServerName www2.pcbjut.com
</VirtualHost>
```

图 5-37　Apache 服务器的主配置文件

（5）重启 Apache 服务器。

使用"service httpd restart"命令重启 Apache 服务，如图 5-38 所示，使修改生效。

```
[root@localhost ~]# service httpd restart
停止 httpd:                                                    [确定]
启动 httpd:                                                    [确定]
```

图 5-38　重启 WWW 服务器

（6）测试虚拟主机。

在本机上测试：打开 Mozilla Firefox 浏览，然后在地址栏中输入 www. pcbjut. cn 和 www2. pcbjut. cn，如图 5-39 和图 5-40 所示。

在客户机上测试：利用宿主计算机 Windows XP 系统作为客户机进行测试，打开

图 5-39　在本机上测试虚拟主机 www.pcbjut.cn

图 5-40　在本机上测试虚拟主机 www2.pcbjut.cn

Windows XP 系统的 IE 浏览器,在地址栏中输入 www2.pcbjut.cn 和 www.pcbjut.cn。效果如图 5-41 和图 5-42 所示。

图 5-41　在客户机上测试虚拟主机 www.pcbjut.cn

图 5-42　在客户机上测试虚拟主机 www2.pcbjut.cn

5.4　Apache 服务器配置综合案例

5.4.1　任务描述

为做好总公司及分公司网站的建设,网络中心经过研究,拟建立一台 WWW 服务器,存放公司总站网站、各分公司网站,维护和更新则由各分公司自己进行,具体描述如下:

(1) 公司的主网站域名为 www.pcbjut.cn,IP 地址为 192.168.3.7,对外访问端口为 80。

(2) 各分公司网站域名分别为 hb.pcbjut.cn,gb.pcbjut.cn 等,IP 地址都为 192.168.3.7,对外端口为 8000~8080。

（3）将用户 hbzy 及 hbvtc 设置为认证用户，并将认证用户的口令设置为 123456。

（4）"/var/www/html/file" 目录中所有网页只允许认证用户 hbzy 和 hbvtc 访问。

（5）"/var/www/html/file" 目录中所有网页只允许 IP 地址处在 192.168.3.＊网段的计算机访问。

（6）利用虚拟机在服务器上架设公司网站及各分公司网站。

5.4.2 任务准备

任务实施的准备工作包括以下几项。

（1）一台安装 RHEL 5 Server 操作系统的计算机，且配备有光驱、音箱或耳机。

（2）一台安装 Windows XP 操作系统的计算机。

（3）两台计算机均接入网络，且网络畅通。

（4）一张 RHEL 5 Server 安装光盘（DVD）。

（5）Linux 系统的 IP 地址为 192.168.3.50，主机名为 localhost。

（6）以超级用户 root（密码 123456）登录 RHEL 5 Server 计算机。

5.4.3 任务实施

1. 安装 Apache 服务器软件

（1）在终端输入 shell 命令安装的方法下，首先查看是否装有 apr 软件包，使用 "rpm -qa | grep apr" 命令进行查询。如图 5-43 所示（rpm -qa 查询软件包）。

```
                         root@localhost:~                    _ □ ×
文件(E)  编辑(E)  查看(V)  终端(T)  标签(B)  帮助(H)

[root@localhost ~]# rpm -qa | grep apr
apr-1.2.7-11
xorg-x11-drv-dynapro-1.1.0-2
apr-util-1.2.7-6
[root@localhost ~]#
```

图 5-43　查询是否安装了 apr 软件包

（2）查看好 apr 软件包之后，在有 "/mnt" 目录后，需要查看是否存在光盘。在右下角有一个光盘的图标，双击光盘图标，出现一个编辑虚拟机设置，在使用光盘下的使用 ISO 镜像文件中选择 rhel.5.0 的镜像文件。挂载光盘，在终端下输入 "mount /dev/cdrom /mnt" 命令，显示 read-only 就表示挂载好了，如图 5-44 所示（mount 挂载文件，mount 是 Linux 下的一个命令，它可以将 Windows 分区作为 Linux 的一个 "文件" 挂接到 Linux 的一个空文件夹下，从而将 Windows 的分区和 "/mnt" 这个目录联系起来，因此我们只要访问这个文件夹，就相当于访问该分区了）。

```
[root@rhel5hbyz ~]# mount /dev/cdrom /mnt
mount: block device /dev/cdrom is write-protected, mounting read-only
mount: /dev/cdrom already mounted or /mnt busy
mount: according to mtab, /dev/hdc is already mounted on /mnt
```

图 5-44　挂载光盘

（3）挂载完光盘之后，要查看是否存在 apr＊，post＊，httpd＊的软件包。在终端输入"ls apr＊"、"ls post＊"、"ls httpd＊"命令，如图 5-45、图 5-46 和图 5-47 所示（输入以上命令时要在终端确保目录在"/mnt/Server"下，否则查看不到）。查看确定要装的软件包，开始安装软件包。

图 5-45　显示 apr＊的软件包

图 5-46　显示 post＊的软件包

图 5-47　显示 http＊软件包

（4）安装 WWW 软件包，配置 Apache 服务器要安装与 Apache 服务器密切相关的软件包，在终端输入"rpm -qa apr"命令或者输入"rpm -qa｜grep apr"命令就可以检查是否已经安装了 Apache 软件包。检查完成之后就可以安装了。安装的软件包是 postgresql 类库软件包、Apache 服务器的运行类 apr 软件包，Apache 服务器的运行类 apr 的工具软件包，Apache 软件包：httpd-2.2.3-31.el5 是 Apache 服务器的主程序包，服务器必须安装该软件，httpd-manual-2.2.3-6.el5 是 Apache 手册文档，system-config-httpd-1.3.3.1-1.el5 是 Apache 的配置工具。所有安装的软件包名称为"postgresql-libs-8.1.4-1.1.i386.rpm"、"apr-1.2.7-11.i386.rpm"、"apr-util-1.2.7-6.i386.rpm"、"httpd-2.2.3-6.el5.i386.rpm"、"httpd-manual-2.2.3-6.el5.i386"。确定好安装的软件包，就可以在终端上输入"rpm -ivh postgresql-libs-8.1.4-1.1.i386.rpm"等命令，安装以上所有软件包。一定要在"/mnt/Server"目录下，在输入软件包名时一定不要逐字输入，是用 Tab 键打出来的。效果如图 5-48、图 5-49 和图 5-50 所示。

（5）安装好 WWW 的软件包之后，用"rpm -qa｜grep apr"和"rpm -qa｜grep httpd"命令，查看是否安装好了软件包，如图 5-51 所示。重启 httpd 服务器，如图 5-52 所示。

WWW 服务器的安装与配置

```
[root@rhe15hbyz Server]# rpm -ivh postgresql-libs-8.1.4-1.1.i386.rpm
warning: postgresql-libs-8.1.4-1.1.i386.rpm: Header V3 DSA signature: NOKEY, key
 ID 37017186
error: failed to stat /mnt/cdrom: 没有那个文件或目录
Preparing...                ################################################# [100%]
        package postgresql-libs-8.1.4-1.1 is already installed
[root@rhe15hbyz Server]# rpm -ivh apr-1.2.7-11.i386.rpm
warning: apr-1.2.7-11.i386.rpm: Header V3 DSA signature: NOKEY, key ID 37017186
error: failed to stat /mnt/cdrom: 没有那个文件或目录
Preparing...                ################################################# [100%]
        package apr-1.2.7-11 is already installed
[root@rhe15hbyz Server]# rpm -ivh apr-util-1.2.7-6.i386.rpm
warning: apr-util-1.2.7-6.i386.rpm: Header V3 DSA signature: NOKEY, key ID 37017
186
error: failed to stat /mnt/cdrom: 没有那个文件或目录
Preparing...                ################################################# [100%]
        package apr-util-1.2.7-6 is already installed
```

图 5-48　安装软件包

```
[root@rhe15hbyz Server]# rpm -ivh httpd-2.2.3-6.el5.i386.rpm
warning: httpd-2.2.3-6.el5.i386.rpm: Header V3 DSA signature: NOKEY, key ID 3701
7186
error: failed to stat /mnt/cdrom: 没有那个文件或目录
Preparing...                ################################################# [100%]
        package httpd-2.2.3-6.el5 is already installed
[root@rhe15hbyz Server]#
```

图 5-49　安装软件包

```
[root@rhe15hbyz Server]# rpm -ivh httpd-manual-2.2.3-6.el5.i386.rpm
warning: httpd-manual-2.2.3-6.el5.i386.rpm: Header V3 DSA signature: NOKEY, key
ID 37017186
error: failed to stat /mnt/cdrom: 没有那个文件或目录
Preparing...                ################################################# [100%]
        package httpd-manual-2.2.3-6.el5 is already installed
[root@rhe15hbyz Server]#
```

图 5-50　安装软件包

```
                                          root@loc
文件(F)  编辑(E)  查看(V)  终端(T)  标签(B)
[root@localhost ~]# rpm -qa|grep apr
apr-1.2.7-11
xorg-x11-drv-dynapro-1.1.0-2
apr-util-1.2.7-6
[root@localhost ~]# rpm -qa|grep httpd
system-config-httpd-1.3.3.1-1.el5
httpd-2.2.3-6.el5
httpd-manual-2.2.3-6.el5
[root@localhost ~]#
```

图 5-51　查询是否安装了 apr、httpd 软件包

```
[root@rhe15hbyz ~]# service httpd restart
停止 httpd:                                              [失败]
启动 httpd:                                              [确定]
[root@rhe15hbyz ~]#
```

图 5-52　重启服务器

2. 配置 WWW 服务器

（1）设置认证用户。

使用"useradd 用户名"命令添加用户（hbzy，hbvtc）并设置密码，在终端的命令提示符后输入"htpasswd -c /var/www/usepass hbzy"和"htpasswd /var/www/usepass hbvtc"命令，用"htpasswd"命令设置第二个用户 hbvtc 为认证用户时不用选项-c（"useradd 用户名"：添加用户，"passwd 用户名"：给用户名设置密码），如图 5-53 所示。

图 5-53　创建 Apache 认证用户

（2）设置"/var/www/html/file"目录中所有网页文件只允许认证用户访问。

① 用"mkdir"命令在"/var/www/html"目录下新建"file"目录。

② 创建或复制一个 index. html 文件，并放到"/var/www/html/file"目录中。在终端下输入"cat＞index. html"，内部写上"this is pcbjut～s space!!!!"。保存用 Ctrl＋D 组合键，退出用 Ctrl＋C 组合键。再在终端上输入"cat index. html"。查看 index. html 里有什么内容（＞是向 index. html 文件中添加内容）。效果如图 5-54 所示。

图 5-54　创建网页

③ 修改主配置文件"/etc/httpd/conf/httpd. conf"，首先，在终端输入命令"cd /etc/httpd/conf/"进入到这个目录下，"ls"命令查看这个目录下有什么文件。为了防止在配置文件的过程中出现问题，首先把主配置文件做个备份，在终端下输入"cp httpd. conf httpd

WWW 服务器的安装与配置

".conf.bak"命令。然后使用文本编辑器打开配置文件"/etc/httpd/conf/httpd.conf",如图 5-55 所示,并编辑该文件,如图 5-56 所示。在终端下输入"vim httpd.conf"命令,编辑文件。配置完成之后在终端输入"service httpd restart"命令重启 httpd 服务,如图 5-57 所示。

图 5-55　复制配置文件并打开

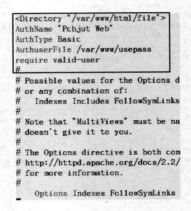

图 5-56　编辑配置文件

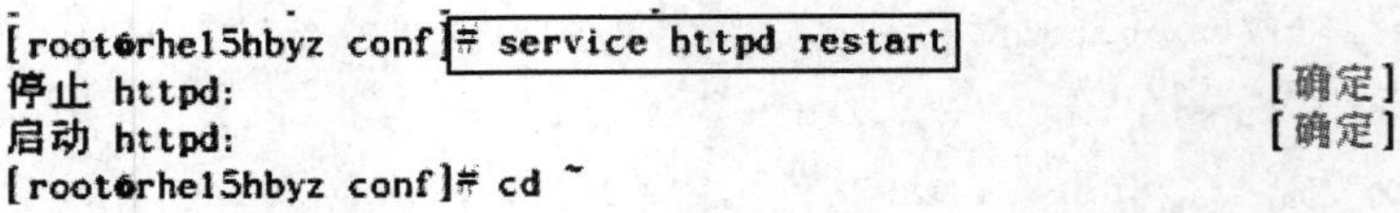

```
[root@rhe15hbyz conf]# service httpd restart
停止 httpd:                                              [确定]
启动 httpd:                                              [确定]
[root@rhe15hbyz conf]# cd ~
```

图 5-57　重启服务器

(3) 创建".htaccess"文件,设置"/var/www/html/file"网页文件只许特定的网段访问。

首先在终端下输入"cd /var/www/html/file"命令进入到这个目录下,使用文本编辑器创建".htaccess"文件,在终端下输入"vim .htaccess"命令,如图 5-58 所示。输入内容并保存,如图 5-59 所示。配置完成之后在终端输入"service httpd restart"命令重启 httpd 服务,如图 5-60 所示。

图 5-58　创建".htaccess"文件

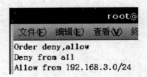

图 5-59　编辑文件

```
[root@rhe15hbyz conf]# service httpd restart
停止 httpd:                                           [确定]
启动 httpd:                                           [确定]
[root@rhe15hbyz conf]# cd ~
```

图 5-60　重启服务器

3. 建立个人 Web 站点

（1）修改配置文件 httpd.conf，允许每个用户架设个人 Web 站点。

① 在终端输入"cd /etc/httpd/conf"命令进入目录，用文本编辑器打开配置文件 httpd.conf，在终端输入"vim httpd.conf"命令，如图 5-61 所示，打开配置文件找到 mod_userdir.c 模块。

② 修改 mod_userdir.c 模块，在"UserDir disabled"命令的前面加上"#"，并去掉"UserDir public_html"命令前面的"#"，如图 5-62 所示。

图 5-61　打开配置文件

```
<IfModule mod_userdir.c>
    #
    # UserDir is disabled by default since it can confirm the presence
    # of a username on the system (depending on home directory
    # permissions).
    #
    #UserDir disable

    #
    # To enable requests to /~user/ to serve the user's public_html
    # directory, remove the "UserDir disable" line above, and uncomment
    # the following line instead:
    #
    UserDir public_html

</IfModule>
```

图 5-62　编辑配置文件

（2）修改配置文件 httpd.conf，设置用户个人 Web 站点的默认访问权限。

用文本编辑器打开配置文件 httpd.conf，如图 5-63 所示。找到"/home/*/public_html"模块，去掉该模块配置内容中所有的"#"，如图 5-64 所示。配置完成之后在终端输入"service httpd restart"命令重启 httpd 服务，如图 5-65 所示。

图 5-63　打开配置文件

第 5 章

WWW 服务器的安装与配置

```
<Directory /home/*/public_html>
        AllowOverride FileInfo AuthConfig Limit
        Options MultiViews Indexes SymLinksIfOwnerMatch IncludesNoExec
        <Limit GET POST OPTIONS>
            Order allow,deny
            Allow from all
        </Limit>
        <LimitExcept GET POST OPTIONS>
            Order deny,allow
            Deny from all
        </LimitExcept>
</Directory>
```

图 5-64　编辑配置文件

```
[root@rhe15hbyz conf]# service httpd restart
停止 httpd:                                              [确定]
启动 httpd:                                              [确定]
[root@rhe15hbyz conf]#
```

图 5-65　重启服务器

（3）在用户主目录中创建用户 public_html 子目录，并将相关网页保存其中。

① 用"mkdir"命令在 hbzy，hbvtc 用户主目录中创建 public_html 子目录，在终端输入"mkdir /home/hbzy/public_html"和"mkdir /home/hbvtc/public_html"命令。

② 分别将主页文件 index. hmtl 复制到用户的个人主目录下的 public_html 子目录中，在终端输入"cp /var/www/html /file/index. html /home/hbzy/public_html"和"cp /var/www/html/file/index. html /home/hbvtc/public_html"命令，如图 5-66 所示。

注意：主页文件可以事先用网页制作软件编辑生成。

图 5-66　建立用户个人主目录

（4）修改用户主目录的权限。

使用"chmod"命令修改"/home/hbzy"、"/home/hbvtc"目录权限，添加其他用户的执行权限。

首先在终端输入"ls /home "命令查看"/home"文件下的所有文件的详细信息，然后在终端输入"chmod 701 /home/hbzy"和"chmod 701 /home/hbvtc"命令修改目录的权限，再次在终端下输入"ls /home"命令查看"/home"目录下的文件是否修改成功。效果如图 5-67所示。

（5）重启 httpd 服务。

在终端输入"service httpd restart"命令重启 httpd 服务，如图 5-68 所示。

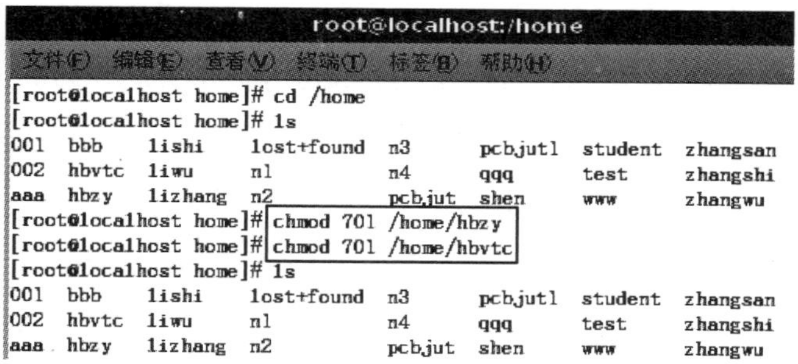

图 5-67　修改用户权限

图 5-68　重启服务器

4．建立虚拟主机

① 在"/var/www"目录中分别建立 vhost-ip1 和 vhost-ip2 子目录。在终端输入"mkdir/var/www/ vhost-ip1"和"mkdir /var/www/ vhost-ip2"命令。

② 分别在"/var/www/ vhost-ip1"和"/var/www/ vhost-ip2"目录中创建 index. html 文件。在终端输入"cd /var/www/vhost-ip1"和"cd /var/www/vhost-ip2"命令，进到这个目录下，然后使用"cat"命令创建 index. html 文件，在终端输入"cat > index. html"命令分别写入"hello!!"和"world!!"，并且用"cat index. html"命令查看 index. html 中的内容。效果如图 5-69 所示。

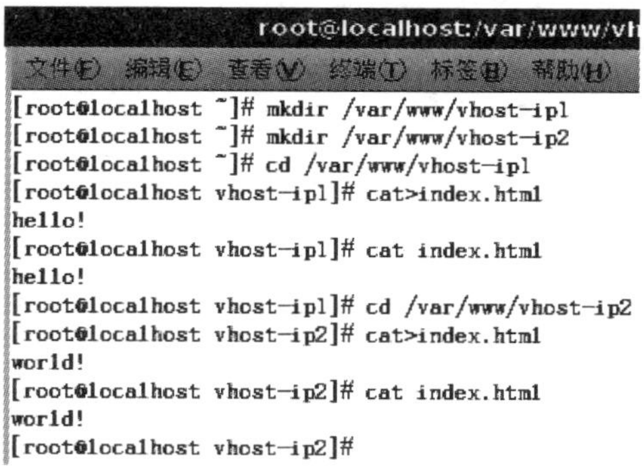

图 5-69　创建网页文件

③ 使用文本编辑器打开配置文件 httpd. conf 文件，如图 5-70 所示，进行编辑。在终端输入"vim httpd. conf"命令，并向其中添加内容，如图 5-71 所示。配置完成之后在终端输入"service httpd restart"命令重启 httpd 服务，如图 5-72 所示。

第5章

```
[root@localhost ~]# vim /etc/httpd/conf/httpd.conf
```

图 5-70   打开配置文件

```
Listen 8012
Listen 8010
<VirtualHost 192.168.3.7:8012>
DocumentRoot /var/www/vhost-ip1
</VirtualHost>
<VirtualHost 192.168.3.7:8010>
DocumentRoot /var/www/vhost-ip2
</VirtualHost>
```

图 5-71   编辑配置文件

```
[root@rhe15hbyz conf]# service httpd restart
停止 httpd:                                              [确定]
启动 httpd:                                              [确定]
[root@rhe15hbyz conf]#
```

图 5-72   重启服务器

5. 配置防火墙

① 在终端输入"semanage port -a -t http_port_t -p tcp 8012"和"semanage port -a -t http_port_t -p tcp 8010"命令创建两个端口，分别为 8012 和 8010，如图 5-73 所示。

```
[root@localhost ~]# semanage port -a -t http_port_t -p tcp 8010
[root@localhost ~]# semanage port -a -t http_port_t -p tcp 8012
[root@localhost ~]#
```

图 5-73   添加端口

② 输入"service httpd restart"命令重启 httpd 服务，如图 5-74 所示。

```
[root@rhe15hbyz conf]# service httpd restart
停止 httpd:                                              [确定]
启动 httpd:                                              [确定]
[root@rhe15hbyz conf]#
```

图 5-74   重启服务器

5.4.4   任务检测

任务检测的方法如下所示。

（1）检测 web 服务器运行情况。

在菜单栏上找到火狐浏览器。单击，在地址栏中输入 IP 地址 http://192.168.3.50 或者输入 http://127.0.0.1，并按 Enter 键，出现如图 5-75 所示的测试页面，显示"/var/www/html/index.html"文件的内容，表示 Web 服务器安装正确并且运转正常。

（2）检测 192.168.3.* 以外的网络能否访问网站。

用 IP 192.168.1.2 是不能访问网站的，因为不是同网段，如图 5-76 所示。

（3）检测认证用户 hbvtc、hbzy 能否访问网站"/var/www/html/file"。

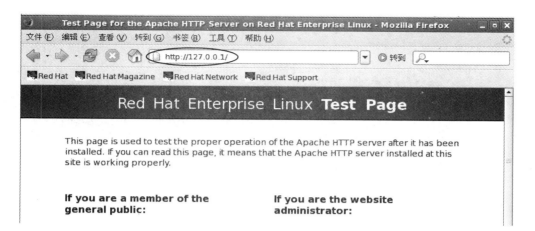

图 5-75　访问 WWW 服务器

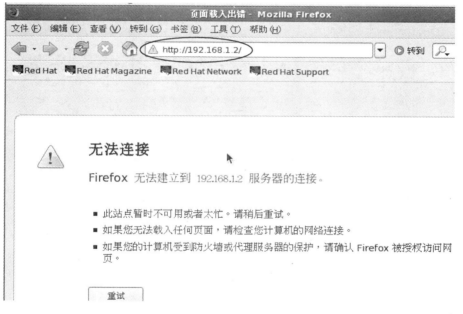

图 5-76　其他网络不能访问网站

　　在菜单栏上找到火狐浏览器,在地址栏中输入 http：//www.pcbjut.cn/file/,并按 Enter 键出现登录提示框,如图 5-77 所示。分别输入认证用户 hbzy 和 hbvtc 的密码,查看两个用户都能成功访问用户目录"/var/www/html/file",如图 5-78 所示。

　　(4) 在浏览器地址栏中输入"http：//www.pcbjut.cn/~hbzy"、"http：//www.pcbjut.cn/~hbvtc",检测是否能访问自己的网站,如图 5-79 和图 5-80 所示。

　　(5) 检测设置的端口 8012 和 8010 能否访问到网站。在菜单栏上找到火狐浏览器。单击,在地址栏中输入"http：//192.168.3.7：8010"、"http：//192.168.3.7：8012"查看是否能显示网站,如图 5-81 和图 5-82 所示。

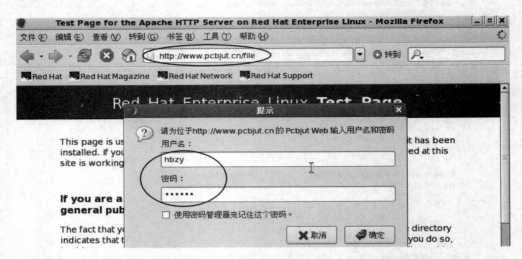

图 5-77　使用认证账户登录网站"/var/www/html/file"

图 5-78　网站"/var/www/html/file"中的内容

图 5-79　测试用户 hbzy 能访问自己的网站

图 5-80　测试用户 hbvtc 能访问自己的网站

图 5-81　使用 8012 端口访问网站

图 5-82　使用 8010 端口访问网站

（6）Windows 计算机作为客户端访问虚拟机的网站。

① 修改计算机的 IP 地址和首选 DNS。选择"网上邻居"右键菜单中的"属性"选项，如图 5-83 所示。找到"Internet 协议（TCP/IP）"选项并单击"属性"按钮，如图 5-84 和图 5-85 所示，修改 IP 地址，在首选 DNS 服务器下填写 192.168.3.5，单击"确定"按钮，然后关闭。如图 5-86 所示。

图 5-83　"网上邻居"右键菜单中的"属性"选项

图 5-84　中心交换链接

图 5-85　找到"Internet 协议（TCP/IP）"选项并单击"属性"按钮

② 在"开始"菜单中找到"运行"选项，输入"cmd"命令，如图 5-87 所示。打开 DOS 操作系统输入"ping 192.168.3.7"，再输入"ping www.pcbjut.cn"，如图 5-88 所示。

178

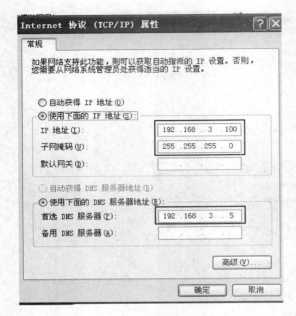

图 5-86　修改 IP 地址

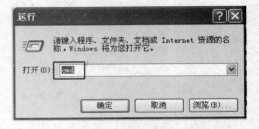

图 5-87　打开 DOS 命令

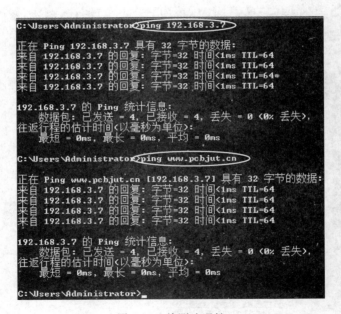

图 5-88　检测连通性

③ 打开桌面上的火狐浏览器,在火狐浏览器地址栏中输入 http://192.168.3.50,按 Enter 键,查看是否能正常显示,如图 5-89 所示。

④ 在火狐浏览器地址栏中输入 http://www.pcbjut.cn/file,按 Enter 键,出现登录框,如图 5-90 所示。分别输入认证用户 hbzy 和密码,登录查看是否能正常显示,如图 5-91 所示。

This page is used to test the proper operation of the Apache HTTP serve installed at this site is working properly.

If you are a member of the general public:

图 5-89 访问 WWW 服务器首页

This page is used to test the proper operation of the Apache HTTP server after it has been installed. If you can read this installed at this site is working properly.

If you are a member of the general public: **If you are the website**

The fact that you are seeing this page indicates that
is either experiencing problems, or is undergoing rou

If you would like to let the administrators of this w
this page instead of the page you expected, you shoul
general, mail sent to the name "webmaster" and direct
should reach the appropriate person.

For example, if you experienced problems while visiti
should send e-mail to "webmaster@example.com".

图 5-90 登录个人网站

this is pcbjut`s space!

图 5-91 个人站点网页

⑤ 在浏览器地址栏中输入"http://www.pcbjut.cn/～hbzy","http://www.pcbjut.cn/～hbvtc",检测是否能访问自己的网站,如图 5-92 和图 5-93 所示。

⑥ 打开桌面上的谷歌浏览器,分别输入 http://192.168.3.7:8012 和 http://192.168.3.7:8010 查看能否正常显示,如图 5-94 和图 5-95 所示。

以上是所有测试内容,均测试成功。

WWW 服务器的安装与配置

图 5-92　测试网页　　　　　　　　　　图 5-93　测试网页

图 5-94　使用端口 8012 查看网页　　　　图 5-95　使用端口 8010 查看网页

知 识 拓 展

1. http. conf 的文件格式

httpd. conf 配置文件主要由三部分组成：全局环境（Section 1：Global Environment）、主服务器配置（Section 2："Main" Server configuration）和虚拟主机（Section 3：Virtual Hosts）。每个部分都有相应的配置语句。

httpd. conf 文件格式有如下规则：

- 配置语句的语法形式为"参数名称　参数值"。
- 配置语句中除了参数值以外，所有的选项都不区分大小写。
- 可使用"♯"表示该行为注释信息。

2. 全局环境

httpd. conf 文件的全局环境（Section 1：Global Environment）部分的默认配置，基本能满足用户的需要，用户可能需要修改的全局参数有以下几种。

（1）相对根目录。

相对根目录是 Apache 存放配置文件和日志文件的目录，默认为"/etc/httpd"。此目录一般包含 conf 和 logs 子目录。配置语句是：

```
ServerRoot "/etc/httpd"
```

（2）响应时间。

Web 站点的响应时间以 s（秒）为单位，默认为 120s（秒）。如果超过这段时间仍然没有传输任何数据，那么 Apache 服务器将断开与客户端的连接。配置语句是：

```
Timeout 120
```

（3）保持激活状态。

默认不保持与 Apache 服务器的连接为激活状态，通常将其修改为 on，即允许保持连接，以提高访问性能。配置语句是：

```
KeepAlive off
```

（4）最大请求数。

最大请求数是指每次连接可提出的最大请求数量，默认值为100，设为0则没有限制。

```
MaxKeepAliveRequests 100
```

（5）保持激活的响应时间。

允许保持连接时，可指定连续两次连接的间隔时间，如果超出设置值则被认为连接中断。默认值为15s（秒）。

```
KeepAliveTimeout 15
```

（6）监听端口。

Apache 服务器默认会在本机的所有可用 IP 地址上的 TCP80 端口监听客户端的请求。

```
Listen 80
```

3. 主服务器配置

httpd.conf 配置文件的主服务器配置（Section2：“Main”server configuration）部分，设置默认 Web 站点的属性，其中可能需要修改的参数如下：

（1）管理员地址。

当客户端访问 Apache 服务器发生错误时，服务器会向客户端返回错误提示信息。其中通常包括管理员的 E-mail 地址。默认的 E-mail 地址为 root@主机名，应正确设置此项。

```
ServerAdmin root@rhel
```

（2）服务器名。

为方便识别服务器自身的信息，可使用 ServerName 语句来设置服务器的主机名称。如果此服务器有域名，则填入域名，否则填入服务器的 IP 地址。

```
ServerName www.pcbjut.cn
```

（3）主目录。

Apache 服务器的主目录默认为"/var/www/html"，也可根据需要灵活设置。

```
DocumentRoot "/var/www/html"
```

（4）默认文档。

按照 httpd.conf 文件的默认设置，访问 Apache 服务器时如果不指定网页名称，Apache 服务器将显示指定目录下的 index.html 或 index.html.var 文件。

本 章 小 结

本章详细介绍了 WWW 服务器的协议、服务器的安装、配置和使用。通过本章的学习，应该掌握以下内容：

- WWW 和 Apache 服务器软件的基本知识。
- Apache 服务器软件的配置文件。

- Apache 服务器软件的安装方法(重点)。
- 配置 WWW 服务器的方法(重点)。
- 建立个人 Web 站点的方法(重点)。
- 基于端口建立虚拟主机的方法(重点)。

操作与练习

一、选择题

1. WWW 服务器是在 Internet 上使用最广泛的一种服务器,它采用的结构是(　　)。
   A. 分布式　　　　　B. 集中式　　　　　C. B/C　　　　　D. C/S

2. 在 Apache 的配置文件中定义 Apache 的网页文件所在目录的选项是(　　)。
   A. Directory　　　B. DocumentRoot　　C. ServerRoot　　　D. DirectoryIndex

3. 要启用 .htaccess 文件对网站目录进行认证和访问控制,需将 AllowOverride 参数设置为(　　)。
   A. All　　　　　　B. None　　　　　　C. AuthConfig　　　D. Limit

4. httpd.conf 文件中的"UserDir public_html"语句的意义是(　　)。
   A. 指定用户的网页目录　　　　　　B. 指定用户保存网页的目录
   C. 指定用户的主目录　　　　　　　D. 指定用户下载文件的目录

5. 用户 Apache 配置服务器默认使用的端口是(　　)。
   A. 8080　　　　　B. 82　　　　　　　C. 80　　　　　　D. 88

6. 用户 Apache 配置服务器的虚拟主机,有(　　)种不同虚拟技术可以完成。
   A. 1　　　　　　　B. 2　　　　　　　C. 3　　　　　　D. 4

7. 下列选项中,属于 Apache 服务器主配置文件的是(　　)。
   A. mime.types　　　　　　　　　　B. /etc/httpd/conf/access.conf
   C. /etc/httpd/conf/httpd.conf　　　D. /etc/httpd/conf/srm.conf

8. httpd.conf 命令的正确说法是(　　)。
   A. 检查 Apache 的配置文件　　　　B. 对 Apache 日志进行轮转
   C. 是 Apache 的主配置文件　　　　D. 停止 Web 服务

二、操作题

1. 配置一个 WWW 服务器,要求:

(1) 监听端口为 8080。

(2) 默认的网页存放路径为"/home/www"。

步骤:

(1) 打开配置文件:vim /etc/httpd/conf/httpd.conf。

(2) 修改配置文件:

```
Listen 8080
DocumentRoot "/home/www"
<Directory "/home/www">
    …
```

（3）保存退出。

（4）启动服务器：service httpd start。

2. 学院为了方便学生和教师的交流，准备搭建一个 BBS。BBS 采用内网论坛，内网采用的 IP 地址为 192.168.1.2。要求服务器可满足 3000 人同时在线访问，只有本学院的成员才可以访问目录"/security"，其他全部拒绝。本学院的域为 pcbjut.com。管理员邮箱设置为 root@pcbjut.com，首页设置为 index.html。Apache 根目录和文档保持默认设置。

第 6 章　FTP 服务器的安装与配置

6.1　FTP 服务器简介

　　一般来说,用户联网的首要目的就是实现信息共享,文件传输是信息共享非常重要的一个内容之一。Internet 上早期实现传输文件,并不是一件容易的事。我们知道 Internet 是一个非常复杂的计算机环境,有 PC、工作站、大型机等。这些计算机可能运行在不同的操作系统下,有运行 UNIX 的服务器,也有运行 DOS、Windows 的 PC 和运行 MacOS 的苹果机等。而各种操作系统之间的文件交流问题,需要建立一个统一的文件传输协议,这就是所谓的 FTP。基于不同的操作系统有不同的 FTP 应用程序,而所有这些应用程序都遵守同一种协议,这样用户就可以把自己的文件传送给别人,或者从其他的用户环境中获得文件。

6.1.1　FTP 简介

1. FTP 定义

　　FTP 即文件传输协议,全称是 File Transfer Protocol,顾名思义,它是专门用来传输文件的协议。它支持的 FTP 功能是网络中最重要、用途最广泛的服务之一。用户可以连接到服务器上下载文件,也可以将自己的文件上传到 FTP 服务器中。以下载文件为例,当启动 FTP 服务从远程计算机拷贝文件时,事实上启动了两个程序:一个本地机上的 FTP 客户程序,它向 FTP 服务器提出复制文件的请求;另一个是启动在远程计算机上的 FTP 服务器程序,它响应用户的请求把指定的文件传送到客户机上。

2. FTP 优点

　　FTP 可将文件从网络上的一台计算机传送到另一台计算机,其突出的优点是可在不同类型的计算机之间传送文件和交换文件,比如在 Windows 和 UNIX、Linux 系统上均可传送。它实现了服务器和客户机之间的文件传输和资源再分配,是普遍采用的资源共享方式之一。FTP 服务管理简单,且具备双向传输功能。

3. FTP 意义

　　FTP 是 TCP/IP 的一种具体应用,它工作在 OSI 模型的第七层,TCP 模型的第四层,即应用层。它使用 TCP 协议传输而不是 UDP 协议,这样,FTP 客户端在和服务器建立连接之前就有一个"三次握手"的过程。它的意义在于使客户端与服务器之间的连接是可靠的,而且是面向连接的,为数据的传输提供了可靠的保证。另外,FTP 服务还有一个非常重要的特点是:它可以独立于平台。也就是说,在 UNIX、Linux、Windows 等操作系统中都可以实现 FTP 的客户端和服务器,相互之间可以跨平台进行文件传送。

6.1.2　FTP工作原理

FTP的工作方式采用客户端/服务器模式,客户端和服务器使用TCP进行连接。为建立连接,客户端和服务器都必须各自打开一个TCP端口。FTP服务器预置两个端口:控制端口(端口21)和数据端口(端口20)。控制端口为客户端和服务器之间交换命令和应答提供通信的通道;而数据端口只用来交换数据。其中端口21用来发送和接收FTP的控制消息,一旦建立FTP会话,端口21的连接在整个会话期间就始终保持打开状态;端口20用来发送和接收FTP数据,只有在传输数据时才打开,一旦传输结束就断开。

FTP使用TCP作为传输时的通信协议,因此它可以提供较可靠的面向连接的传输。FTP服务器和客户端计算机数据交换的过程如下:

(1) FTP客户端使用Three-Way Handshake方式与FTP服务器建立TCP交谈。

(2) FTP服务器利用TCP 21连接端口以发送和接收控制信息,这个连接端口主要是用来倾听FTP客户端的连接请求,在交谈建立后,这个连接端口会在交谈时全程启动。

(3) FTP服务器端另外使用TCP 20连接端口以发送和接收FTP文件(ASCII或二进制文件),这个连接端口会在文件传输完立即关闭。

(4) FTP客户端在向FTP服务器提出连接请求时会动态指定一个连接端口号码,通常这些客户端指定的连接端口号码是1024～65535,因为0～1023端口(称Well-known Port Number)已由IANA(Internet Assigned Number Authority)预先指定给通信协议或其他的服务使用。

(5) 当FTP交谈建立后,客户端会启动一个连接端口以连接到服务器上的TCP 21连接端口。

(6) 当文件开始传输时,客户端会启动另一个连接端口以连接到服务器的TCP 20连接端口,而且每一次文件传输时,客户端都会启动另一个新的连接端口以发送文件。

6.1.3　FTP的两种操作模式

根据FTP数据连接建立方法,可将FTP客户端对服务器的访问分为两种模式:主动模式(又称标准模式,Active Mode)和被动模式(Passive Mode)。

一般情况下使用主动模式,由FTP客户端发起连接到FTP服务器的控制连接,FTP服务器接收到数据请求命令后,再由FTP服务器发起客户端的连接。具体地讲,客户机首先向服务器的端口21(命令通道)发送一个TCP连接请求,然后执行login、dir等各种命令。一旦用户请求服务器发送数据,FTP服务器就用其20端口(数据通道)向客户的数据端口发起连接。主动模式实际上是一种客户端管理,FTP客户端可以在控制连接上给FTP服务器发送port命令,要求服务器使用port命令指定的TCP端口来建立从服务器上TCP端口21到客户端的数据连接。

如果使用被动模式,将由FTP客户端发起控制和数据连接。被动模式一般用Web浏览器连接FTP服务器。另外,从网络安全的角度看,被动模式比主动模式安全。被动模式实际上是一种服务器管理,FTP客户端发出Pasv命令后,FTP服务器通过一个用作数据传输(连接)的服务器动态端口进行响应,当客户端发出数据连接命令后,FTP服务器便立即使用动态端口连接客户端。

FTP 服务器端或 FTP 客户端都可设置这两种模式。基于 IIS 的 FTP 服务同时支持主动模式和被动模式两种连接,但是究竟采用何种模式,取决于客户端指定的方法。

6.1.4　FTP 体系结构

FTP 是一种 C/S(客户端/服务器)的通信协议,因此在两台主机间传递文件时,其中一台必须运行 FTP 客户端程序,如 IE 6.0 程序或 FTP 指令。而文件传递时有两种形式:

(1) 下载(Downloading/Getting):文件由服务器发送到客户端。

(2) 上传(Uploading/Putting):文件由客户端发送到服务器。

6.1.5　FTP 服务的相关软件及登录形式

1. FTP 服务的相关软件

在 Linux 下实现 FTP 服务的软件很多,其中比较有名的有 WU-FTPD、ProFTPD、VsFTPD 和 Pure-FTPD 等。VsFTPD 是 UNIX 类操作系统上运行服务器的名字,是 Red Hat Enterprise Linux 5 内置的 FTP 服务器,可以运行在 Linux、BSD、Solaris 以及 HP-UX 等上面。它具有非常高的安全性需求、带宽限制、良好的可伸缩性、创建虚拟用户的可能性、IPv6 支持、中等偏上的性能、分配虚拟 IP 的可能性等其他 FTP 服务器不具备的功能,所以有"秀外慧中"的美称。

通常,FTP 访问服务器时需要经过验证,只有经过了 FTP 服务器的相关验证,用户才能进行访问和传输文件等操作。

2. VsFTPD 提供了以下 3 种登录形式

(1) anonymous(匿名账号)。

Anonymous(匿名账号)是应用最广泛的一种 FTP 服务器登录。如果用户在 FTP 服务器上没有账号,那么用户可以以 anonymous 为用户名,以自己的电子邮件地址为密码进行登录。当匿名用户登录 FTP 服务器后,其登录目录为匿名 FTP 服务器的根目录"/var/ftp"。为了减轻 FTP 服务器的负载,一般情况下,应关闭匿名账户的上传功能。

(2) real(真实账户)。

Real(真实账户)也称为本地账号,就是以真实的用户名和密码进行登录,但前提条件是用户在 FTP 服务器上拥有自己的账号。用真实账号登录后,其登录的目录为用户自己的目录,该目录在系统建立账号时就已经创建,例如,在 Red Hat Linux 9 系统中建立一个名称为 xxk 的用户,那么它的默认目录就是"/home/xxk"。真实用户可以访问整个目录结构,从而对系统安全构成极大的威胁,所以,应尽量避免用户使用真实账号来访问 FTP 服务器。

(3) guest(虚拟账号)。

如果用户在 FTP 服务器上拥有一个账号,但此账号只能用于文件传输服务,那么该账号就是 guest(虚拟账号)。guest 是真实账号的一种形式,它们的不同之处在于,guest 账号登录 FTP 服务器后,不能访问除宿主目录以外的内容。

6.1.6　常用的匿名 FTP

匿名 FTP 是这样一种机制,用户可通过它连接到远程主机上,并从其下载文件,而无需成为其注册用户。

当远程主机提供匿名FTP服务时,会指定某些目录向公众开放,允许匿名存取。系统中的其余目录则处于隐匿状态。作为一种安全措施,大多数匿名FTP主机都允许用户从其下载文件,而不允许用户向其上传文件。也就是说,用户可将匿名FTP主机上的所有文件复制到自己的计算机上,但不能将自己计算机上的任何一个文件上传至匿名FTP主机上。即使有些匿名FTP主机确实允许用户上传文件,用户也只能将文件上传至某一指定上传目录中。随后,系统管理员会去检查这些文件,他会将这些文件移至另一个公共下载目录中,供其他用户下载。利用这种方式,远程主机的用户得到了保护,避免了有人上传有问题的文件,如带病毒的文件。

6.2　安装和配置 FTP

FTP服务器利用文件传输协议实现文件的上传与下载服务。Red Hat Enterprise Linux 5 自带 VsFTPD 服务软件包,其名称为 vsftp-2.0.5-10. el5. i386. rpm,可在 Red Hat Enterprise Linux 5 安装光盘中找到安装包。VsFTP(very security FTP)意为非常安全的 FTP 服务器,VsFTPD 是 VsFTP 服务器的一个守护进程,用于具体实现 FTP 服务器的功能。

6.2.1　安装 VsFTP 软件包

1. 检查并安装 VsFTPD 软件包

在终端窗口输入"rpm -qa｜grep vsftpd"命令检查系统是否安装了 VsFTPD 软件包,如图 6-1 所示。

图 6-1　查询 VsFTPD 软件包

从图 6-1 中可以看出,系统已经安装了版本号为 2.0.5-10. el5 的 VsFTPD 软件包。如果没有安装,可以在安装光盘的 Server 目录下找到 vsftpd-2.0.5-10. el5. i386. rpm 的安装包文件,然后用命令"rpm -ivh vsftpd-2.0.5-10. el5. i386. rpm"进行安装。效果如图 6-2 所示。

图 6-2　安装软件包

FTP 服务器的安装与配置

VsFTPD 在安装时会自动创建 FTP 系统用户组 ftp 和属于该组的 FTP 系统用户 ftp，该用户的主目录为"/var/ftp"，默认作为 FTP 服务器的匿名账户。执行命令"vim /etc/passwd"，可以看到 ftp 账户的基本信息，可看到 ftp 账户的用户 ID 和组 ID，宿主目录为"/var/ftp"，登录后的 shell 为"/sbin/nologin"。也可以用命令"vim /etc/group"查看 ftp 组的信息。

2. 设置 VsFTPD 服务的自启动

默认情况下，该服务并未启动，可采用以下命令来检查其启动状态："chkconfig --list vsftpd"，如图 6-3 所示。

```
[root@localhost ~]= chkconfig --list vsftpd
vsftpd          0:关闭  1:关闭  2:关闭  3:关闭  4:关闭  5:关闭  6:关闭
[root@localhost ~]=
```

图 6-3　查看启动状态

若要设置该服务在 3 和 5 运行级别时自动启动，则设置命令为："chkconfig --level 35 vsftpd on"，如图 6-4 所示。

```
[root@localhost ~]# chkconfig --level 35 vsftpd on
```

图 6-4　设置开机自启动

3. VsFTPD 服务的启动脚本

VsFTPD 服务器在"/etc/rc.d/init.d"目录下，有一个名为 vsftpd 的服务启动脚本，利用该脚本，可实现 VsFTPD 服务器的启动、重启、状态查询、停止等操作。

（1）启动命令：/etc/rc.d/init.d/vsftpd start 或 service vsftpd start。

（2）停止命令：/etc/rc.d/init.d/vsftpd stop 或 service vsftpd stop。

（3）重启命令：/etc/rc.d/init.d/vsftpd restart 或 service vsftpd restart。

（4）查询命令：/etc/rc.d/init.d/vsftpd status 或 service vsftpd status。

具体操作如图 6-5 所示。

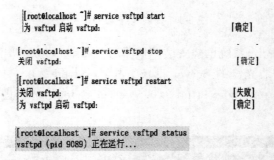

图 6-5　VsFTPD 服务的启动与停止

4. VsFTPD 配置文件简介

（1）/etc/vsftpd/vsftpd.conf：VsFTPD 的主配置文件。另外还要加强 VsFTPD 服务器用户认证的/etc/pam.d/vsftpd。

（2）/etc/vsftpd.ftpusers：禁止访问 VsFTPD 的用户列表文件。凡是该文件中包含的账户,都不能访问 VsFTPD 服务。一般出于安全性考虑,常把 root、bin 和 daemon 等系统账户都写入该文件中。

(3) /etc/vsftpd.user_list:VsFTPD 的用户列表文件。该文件中包含的用户可能是拒绝访问 VsFTPD 服务的,也可能是允许访问的,主要取决于 VsFTPD 的主配置文件"/etc/vsftpd/vsftpd.conf"中的 userlist_deny 参数是设置为 Yes(默认值)还是 No。

(4) /var/ftp:VsFTPD 提供服务的文件集散地,它包括一个 pub 目录。在默认配置下,所有目录都是只读的,只有 root 用户具有写权限。

6.2.2　连接和访问 FTP 服务器

1. 匿名账户访问 FTP 服务器

VsFTPD 服务器安装并启动服务后,按其默认配置,就可以正常工作了。VsFTPD 默认的匿名用户账户为 ftp,密码也为 ftp,且默认允许匿名用户登录,登录后所在的 FTP 站点根目录为"/var/ftp"。匿名登录操作,如图 6-6 所示。

```
[root@localhost ~]# ftp ftp.pcbjut.cn
Connected to ftp.pcbjut.cn.
220 Welcome to Pcbjut  FTP service.
530 Please login with USER and PASS.
530 Please login with USER and PASS.
KERBEROS_V4 rejected as an authentication type
Name (ftp.pcbjut.cn:root): anonymous
331 Please specffy the password.
Password:
230 Login successful.
Remote system type is UNIX.
Using binary mode to transfer files.
```

图 6-6　匿名登录 FTP 站点

FTP 登录成功后,将出现 FTP 的命令行提示符"ftp >",可以在这里输入 FTP 命令实现相关的操作,常见的命令如下:

- ls:查看当前目录的文件列表。
- pwd:查看当前目录。
- mkdir:建立目录。
- rm:删除目录。
- get 或 mget:下载文件。
- put 或 mput:上传文件。
- cd 或 lcd:切换服务器端或本地的目录。
- quit 或 exit:退出 FTP 登录。

另外,在"ftp >"状态下输入"?",可获得使用的 ftp 命令帮助。

需要注意的是,以匿名身份登录后是没有写权限和上传文件的权限的。另外,在进行匿名登录时即可以用账户 ftp 账号登录也可用 anonymous 账号登录,如图 6-7 所示就是以 anonymous 身份登录的。

注意:如果在本机上验证 FTP 服务正常,但在其他计算机上验证失效,可将 FTP 服务器的防火墙

```
Name (ftp.pcbjut.cn:root): anonymous
331 Please specify the password.
Password:
230 Login successful.
```

图 6-7　匿名登录 FTP 站点

关闭。

2. 真实账户访问 FTP 服务器

对于有较高安全性的 FTP 服务器一般不允许匿名访问，更常见的方式是使用本地真实账户来登录和访问 FTP 服务器。所以，在使用和访问 FTP 服务器之前，应根据需要，先创建好所需的 FTP 账户。另外，作为 FTP 登录使用的账户，其 Shell 应设置为 "/sbin/nologin"，以保证用户账户只能用来登录 FTP，而不能用来登录 Linux 系统。

补充：Shell 是用户登录后所使用的一个命令行界面。输入的命令由 Shell 进行解释，并发送给 Linux 内核，由内核进行具体操作。Linux 系统自带有许多种 Shell，系统默认使用的是 "/bin/bash"。若在配置文件中，该字段的值为空，则默认使用 "/bin/sh" 的 Shell。查看 "/etc/" 目录下的 shells 文件，可以看到系统使用的全部 Shell 列表。

可以根据不同的需要，将不同账户的 Shell 设置成不同的值，典型的设置如下：

(1) 若要使某个用户账户不能登录 Linux，只需设置该用户所使用的 Shell 为 "/sbin/nologin" 即可，比如对于 FTP 账户，一般只能用来登录 FTP 服务器，而不能用来登录 Linux 操作系统。

(2) 若要让某用户没有 Telnet 权限，则应设置该用户使用的 Shell 为 "/bin/true" 即可。

(3) 若要让某用户没有 Telnet 和 FTP 登录权限，则应设置该用户使用的 Shell 为 "/bin/false"。

在 "/etc/shells" 文件中，若没有 "/bin/true" 或 "/bin/false"，则可以使用 vi 编辑器将其添加进去。

利用不同账户登录 FTP 服务器后，其 FTP 站点根目录不同这一特点，可将用户 Web 站点根目录与该用户的 FTP 站点根目录设置为相同。这样用户就可以利用 FTP 远程管理 Web 站点下的目录和文件，以实现对 Web 服务器的远程管理。

若要求各 FTP 用户登录后，其站点根目录均为同一个目录，比如，用于提供软件下载的 FTP 站点，此时可将各用户的主目录都设置为 FTP 站点的根目录即可。

3. 登录和访问 FTP 服务器的方式

FTP 服务器启动并创建好 FTP 账户后，登录和访问 FTP 服务器有两种方法：

(1) 在 Linux 的文本模式或 Windows 平台的 MS-DOS 方式下，利用 "ftp 服务器 IP 地址" 命令，以文本方式通过 FTP 命令来连接和访问 FTP 服务器。

(2) 在浏览器中，利用 FTP 协议来访问 FTP 服务器，访问格式为："ftp://用户名：用户密码@网站域名" 或 "ftp://用户名@网站域名"。

6.2.3 FTP 服务器常规配置

1. 主配置文件 vsftpd.conf

VSFTP 与 Samba 有很多类似的地方。它们相似的地方主要就是配置文件的格式，整个配置文件都是由很多字段组合而成，其格式如下：

字段 = 设定值

这与 Samba 几乎一样。需要特别说明的是，＝ 两边没有空格，与 Samba 不同。安装 VsFTPD 的主程序后，主配置文件就自动被建好，其中以 ♯ 开头的表示注释。下面介绍主配置文件中的一些常用命令。

（1）进程选项。

```
Listen(YES|NO)
```

作用：listen 字段表示是否使用 stand-alone 模式启动 VsFTPD，而不是使用超级进程（xinetd）控制它（VsFTPD 推荐使用 stand-alone 方式）。

YES：使用 stand-alone 启动 VsFTPD。NO：不使用 stand-alone 启动 VsFTPD。

【例 6.1】 采用独立进程来控制 VsFTPD。

其设置命令如下：

```
Listen: YES
```

（2）登录和访问控制选项。

① anonymous_enable(YES|NO)。

作用：anonymous_enable 字段用于控制是否允许匿名用户登录。YES 表示允许，NO 表示不允许。

② local_enable(YES|NO)。

作用：local_enable 字段用于控制是否允许本地用户登录。YES 表示允许，NO 表示不允许。

【例 6.2】 允许本地用户登录 FTP。

其设置命令如下：

```
Local_enable = YES
```

③ pam_service_name。

作用：用于设置在使用 PAM 模块进行验证时所使用的 PAM 配置文件名。字段默认值为 vsftpd，而默认的 PAM 配置文件为"/etc/pam.d/vsftpd"。

④ userlist_enable(YES|NO)。

作用：userlist_enable 字段表示是否控制用户登录的用户列表。用户列表由 userlist_enable 字段所指定。如果用户出现在列表中，则登录 FTP 服务器时被 VsFTPD 禁止登录。

YES 表示允许，NO 表示不允许。

【例 6.3】 设置一个禁止本地用户的列表文件"/etc/vsftpd/user_list"，并让该文件可以正常工作。

其设置命令如下：

```
Userlist_enable = YES
Userlist_file = /etc/vsftpd/user_list
```

⑤ tcp_wrappers(YES|NO)。

作用：是否在 VsFTPD 中使用 tcp_wrappers 远程访问控制机制。YES 表示使用，NO 表示不使用。

（3）匿名用户选项。

匿名用户访问服务器相关设置，使用以下这些字段的时候，必须设置：

```
anonymous_enable = YES
anou_root
```

其作用是设置匿名用户的根目录,也就是匿名用户登录所在的目录。

【例6.4】 设置匿名用户的根目录为"/var/ftp/home"。

其设置命令如下:

```
anou_root = /var/ftp/home
```

(4)本地用户选项。

本地用户访问服务器的相关配置,使用以下这些字段的时候,必须将 local_enable 设置为 YES。包括的字段有:

```
Local_umask
```

作用:local_umask 字段用于设置本地用户新建文件的 umask 数值。大多数 FTP 服务器都在使用 022,也可以根据需要自行修改。

(5)目录选项。

影响目录设置的相关字段有:

```
dirmessage_enable(YES|NO)
```

作用:dirmessage_enable 字段用于设置是否开启目录提示功能。YES:表示开启,NO:表示不开启。

说明:如果开启了目录提示功能,则当用户进入某一目录时,会检查该目录下是否有message_file 字段所指定的文件。如果有,则会将文件内容显示在屏幕上。

(6)文件传输项。

文件传输的字段有:

```
write_enable(YES|NO)
```

作用:write_enable 字段用于设置使用者是否有写权限。YES 表示可以删除和修改文件,NO 表示不可以删除或修改文件。

(7)日志选项。

有关日志行为的字段有:

① xferlog_enable(YES|NO)。

作用:xferlog_enable 字段表示是否设置用于记录下载和上传的日志文件。YES:表示启用,NO:表示不启用。

说明:日志文件的名称和位置需要由 xferlog_file 字段来设置。

【例6.5】 设置记录下载和上传的日志文件"/var/log/vsftp.log"。

其设置命令如下:

```
xferlog_enable = YES
xferlog_file = /var/log/vsftp.log
```

② xferlog_std_format(YES|NO)。

作用:xferlog_std_format 字段用于设置日志的格式是否采用标准格式。YES:表示使用标准格式,NO：表示不使用标准格式。

（8）网络选项。

与网络设置相关的字段有：

① connect_from_port_20。

作用：设置以 port 模式进行数据传输时使用 20 端口。YES：表示使用,NO：表示不使用。

② connect_timeou。

作用：设置客户端尝试连接 VsFTPD 命令通道的超时时间,以秒为单位。

说明：如果客户端在尝试连接 VsFTPD 的命令通道时超时,则强制断开。

2. 匿名账号 FTP 服务器

匿名账号 FTP 服务器面向的用户很不固定。为了方便管理,需使匿名用户可以访问 FTP 服务。根据不同的应用环境,可以对匿名账号 FTP 服务器进行不同的设置。

（1）与匿名相关的常用字段。

要使匿名用户能访问服务器,必须把 anonymous_enable 字段设置为 YES。在主配置文件中,和匿名用户相关的常用字段还有如下几个。

① anon_mkdir_write_enable(YES|NO)。

作用：控制是否允许匿名用户创建目录。YES：表示允许,NO：表示不允许。

② anou_root(YES|NO)。

作用：用于设置匿名用户的根目录。

③ anon_upload_enable(YES|NO)。

作用：控制是否允许匿名用户上传文件。YES：表示允许,NO：表示不允许。

④ anon_world_readable_only(YES|NO)。

作用：控制是否允许匿名用户下载可阅读文档。YES：表示允许,NO：表示允许匿名用户浏览整个服务器的文件系统。

⑤ anon_max_rate。

作用：设置匿名用户的最大数据传输速度,单位是 B/s。

（2）匿名服务器配置。

【例 6.6】 组建一台 FTP 服务器,允许匿名用户上传一个下载文件,匿名用户的根目录设置为"/var/ftp/",FTP 服务器 IP 地址是 192.168.3.8,域名为 ftp.pcbjut.cn。

其设置命令如下：

```
[root@localhost ~]# vim /etc/vsftpd/vsftpd.conf
anonymous_enable = YES
anon_root = /var/ftp
anon_upload_enable = YES
```

其中：

anonymous_enable＝YES：表示允许匿名用户登录。

anon_root＝/var/ftp：表示设置匿名用户的根目录为"/var/ftp"。

anon_upload_enable＝YES：表示允许匿名用户上传文件。

测试刚刚组建的 FTP 服务器,然后使用匿名 anonymous 或 ftp 账号登录,如图 6-8 所示。

其中：

FTP 服务器的安装与配置

```
[root@localhost ~]# ftp ftp.pcbjut.cn
Connected to ftp.pcbjut.cn.
220 Welcome to Pcbjut  FTP service.
530 Please login with USER and PASS.
530 Please login with USER and PASS.
KERBEROS_V4 rejected as an authentication type
Name (ftp.pcbjut.cn:root): anonymous
331 Please specify the password.
Password:
230 Login successful.
Remote system type is UNIX.
Using binary mode to transfer files.
ftp>
```

图 6-8　使用匿名用户登录

第 1 行,用来与域名为 ftp. pcbjut. cnFTP 服务器相连。

第 7 行,输入匿名用户 anonymous 或 ftp。

第 9 行,不需要输入密码即可登录。

第 10 行,登录成功。

说明:如果要实现匿名用户可以删除文件等功能,还需要开放本地权限,使匿名用户具有写权限;连接 FTP 服务器之前,一定要重启服务器:"service vsftpd restart"。

3. 真实账号 FTP 服务器

有时需要使 FTP 只对某些用户开放,这就要配置一个真实账号 FTP 服务器。实际上,真实用户访问最大的特点就是可以灵活控制具体用户的权限。例如,学校内部的 FTP 服务器允许所有老师和学生访问和下载,也允许上传文件,但只有管理员可以上传和修改 FTP 服务器上的内容。对于这种不同的用户要求不同权限的应用场合,真实账号就可发挥作用。

(1)与真实用户相关的常用字段。

如果要实现真实账号访问功能,必须把 local_enable 字段设置为 YES。在主配置文件中,有以下几种和真是账号相关的常用字段。

① local_root。

作用:设置所有本地用户的根目录。当本地用户登录后,会自动进入该目录。

② local_umask。

作用:设置本地用户新建文件的 umask 数值。

③ user_config_dir。

作用:设置用户配置文件所在目录。用户配置文件为该目录的同名文件。

(2)真实账号服务器配置。

【例 6.7】　组建一台只允许本地账号登录的 FTP 服务器,如图 6-9 所示。

```
[root@localhost ~]# vim /etc/vsftpd/vsftpd.conf
anonymous_enable = NO
local_enable = YES
local_root = /home
```

【例 6.8】　某公司内部准备建立一台功能简单的 FTP 服务器,允许所有员工上传和下载文件,并允许创建用户自己的目录。

分析:由于允许所有员工上传和下载文件,因此需要设置允许匿名用户登录;而且,还

```
Name (ftp.pcbjut.cn:root): hbzy
331 Please specify the password.
Password:
230 Login successful.
Remote system type is UNIX.
Using binary mode to transfer files.
ftp> ls
227 Entering Passive Mode (192,168,3,8,231,51)
150 Here comes the directory listing.
drwxr-xr-x    2 0        0            4096 Jun 22 05:12 111
-rw-r--r--    1 502      502             4 Jun 22 05:14 112
-rw-r--r--    1 502      502             5 Jun 22 05:31 123.txt
drwxr-xr-x    2 0        0            4096 Jun 22 00:45 public_html
226 Directory send OK.
ftp>
```

图 6-9　使用本地账号登录

需要把允许匿名用户上传的功能打开；最后还要设置 anon_mkdir_write_enable 字段，来实现允许匿名用户创建目录。

① 编辑 vsftpd.conf，并允许匿名用户访问。其命令如下：

```
[root@localhost ~]# vim /etc/vsftpd/vsftpd.conf
anonymous_enable = YES
```

② 允许匿名用户上传文件，并可以创建目录。其命令如下：

```
[root@localhost ~]# vim /etc/vsftpd/vsftpd.conf
anon_upload_enable = YES
anon_mkdir_write_enable = YES
```

③ 重新启动 vsftpd 服务，如图 6-10 所示。

```
[root@localhost ~]# service vsftpd restart
关闭 vsftpd:                                          [确定]
为 vsftpd 启动 vsftpd:                                [确定]
[root@localhost ~]#
```

图 6-10　重启服务器

④ 修改"/var/ftp"权限。

为了保证匿名用户能够上传和下载文件，需使用 chmod 命令开放所有的系统权限。其命令如下：

```
[root@localhost ~]# chmod 777-R /var/ftp
```

说明：表示给所有用户读、写和执行权限。

-R：递归修改"/var/ftp"下所有目录的权限。

4. 限制用户目录

(1) 限制用户目录的作用。

限制用户目录就是把使用者的活动范围限制在某一个目录内，使其可在该目录范围内自由活动，但不能进入这个目录以外的任何目录。

限制用户目录的作用主要是给心怀不轨的用户限制访问目录，以便减少对服务器安全的危害度。其相关字段有如下几种。

① chroot_local_user(YES|NO)。

作用：是否将本地用户锁定在目录中。YES：锁定本地用户在目录中。NO：不锁定本地用户在目录中。

② chroot_list_enable(YES|NO)。

作用：是否将使用者锁定在目录中。YES：锁定使用者在目录中。NO：不锁定使用者在目录中。

③ chroot_list_file。

作用：设置锁定用户的列表文件。文件中一行代表一个用户。

（2）限制用户目录的实现步骤。

① 建立用户。

用 useradd 命令建立用户 liduo1 和 liduo2。其命令如下：

```
[root@localhost ~]# useradd-s /sbin/nologin liduo1
[root@localhost ~]# useradd-s /sbin/nologin liduo2
```

并对用户 liduo1 和 liduo2 设置密码，密码自定。其命令如下：

```
[root@localhost ~]# passwd liduo1
[root@localhost ~]# passwd liduo2
```

② 修改主配置文件 vsfpd.conf。

其设置命令如下：

```
[root@localhost ~]# vim /etc/vsftpd/vsftpd.conf
anonymous_enable = NO
local_enable = YES
local_root = /home
chroot_list_enable = YES
#(default follows)
chroot_list_file = /etc/vsftpd/chroot_list
```

③ 编辑 chroot_list 文件。

其设置命令如下：

```
[root@localhost ~]# viM /etc/vsftpd/chroot_list
liduo1
liduo2
```

④ 重启服务及测试，如图 6-11 所示。

5. 限制服务器的连接数量

限制连接服务器的数量是一种非常有效的保护服务器并减少负载的方式。要规定同一时刻连接服务器的数量，其主配置文件中常用的字段有以下两种。

（1）max_clients。

作用：设置 FTP 同一时刻的最大连接数。其默认值为 0，表示不限制最大连接数。

例如：max_clients＝100。

（2）max_per_ip。

作用：设置每个 IP 的最大连接数。其默认值为 0，表示不限制最大连接数。

```
[root@localhost ~]# service vsftpd restart
关闭 vsftpd:                                        [确定]
为 vsftpd 启动 vsftpd:                              [确定]
[root@localhost ~]# ftp ftp.pcbjut.cn
Connected to ftp.pcbjut.cn.
220 Welcome to Pcbjut FTP service.
530 Please login with USER and PASS.
530 Please login with USER and PASS.
KERBEROS_V4 rejected as an authentication type
Name (ftp.pcbjut.cn:root): liduo1
331 Please specify the password.
Password:
230 Login successful.
Remote system type is UNIX.
Using binary mode to transfer files.
```

图 6-11 重启服务并登录

例如：max_per_ip ＝5。

6. 制定 FTP 目录欢迎信息

用户进入 VsFTPD 目录时，可以给出一些提示信息，利用这个功能可设置欢迎词或者目录提示等。

（1）与设置目录欢迎信息相关的字段。

① dirmessage_enable。

作用：是否开启目录提示功能。

② message_file。

作用：定义提示信息的文件名，该项只有在 dirmessage_enable 参数激活后才可以使用。

（2）配置与测试。

【例 6.9】 设置用户进入"/home"目录后，提示"Welcome to Pcbjut FTP service."。

① 修改配置文件 vsftpd.conf，其命令如下：

```
[root@localhoat~]# vim /etc/vsftpd/vsftpd.conf
dirmessage_enable = YES
message_file = .message        #指定信息文件为.message
```

② 创建提示信息文件，其命令如下：

```
[root@localhoat ~]# vim /home/.message
Welcome to home's space
```

③ 测试，如图 6-12 所示。

7. 与限制速度相关的字段

很多 FTP 服务器都会限制用户的下载速度来保护自己的硬件资源，与限制速度相关的字段主要有以下几种。

（1）anon_max_rate。

作用：设置匿名用户的最大传输速度，单位是 B/s。

（2）local_max_rate。

作用：设置本地用户的最大传输速度，单位是 B/s。

说明：VsFTPD 对于文件传输速度的限制并不是绝对锁定在一个数值，而是在 80%～

```
[root@localhost ~]# ftp ftp.pcbjut.cn
Connected to ftp.pcbjut.cn.
220 Welcome to Pcbjut  FTP service.
530 Please login with USER and PASS.
530 Please login with USER and PASS.
KERBEROS_V4 rejected as an authentication type
Name (ftp.pcbjut.cn:root): hbzy
331 Please specify the password.
Password:
230 Login successful.
```

图 6-12　查看欢迎界面

120％之间变化。如果限制下载速度为 100KB/s,则实际下载速度在 80～120KB/s 之间变化。

【例 6.10】　限制所有用户的下载速度为 80KB/s。

修改配置文件 vsftpd.conf,设置命令如下:

```
[root@ localhoat ~]# vim /etc/vsftpd/vsftpd.conf
anon_max_rate = 8000
local_max_rate = 8000
```

【例 6.11】　综合案例。学院内部有一台 FTP 和 Web 服务器,FTP 的功能主要用来维护学院的网站,内容包括上传文件、创建目录、更新网页等。学院的这些维护是委派给计算机系学习部的学生进行的,分别有两个账号 computer1 和 computer2 可以登录 FTP 服务器,但不能登录本地系统,他们只能对目录“/var/www/html”进行操作,不能进入该目录以外的任何目录。

分析:把 FTP 服务器和 Web 服务器做在一起是企业经常采用的方法,这样方便实现对网站的维护。为了增加安全性,先要仅允许本地用户访问,并禁止匿名用户登录;其次,使用 chroot 功能将 computer1 和 computer2 账户锁定在“/var/www/html”目录下。如果需要删除文件,则需要注意本地权限。具体配置如下:

① 建立 computer1 和 computer2 账号,并禁止本地登录。效果如图 6-13 所示。

```
[root@localhost ~]# useradd -s /sbin/nologin computer1
[root@localhost ~]# useradd -s /sbin/nologin computer2
[root@localhost ~]# passwd computer1
Changing password for user computer1.
New UNIX password:
BAD PASSWORD: it is too simplistic/systematic
Retype new UNIX password:
passwd: all authentication tokens updated successfully.
[root@localhost ~]# passwd computer2
Changing password for user computer2.
New UNIX password:
BAD PASSWORD: it is too simplistic/systematic
Retype new UNIX password:
passwd: all authentication tokens updated successfully.
[root@localhost ~]#
```

图 6-13　创建用户

② 编辑 vsftpd.conf 文件,并作相应修改。其命令如下所示:

```
[root@localhost~]# vim /etc/vsftpd/vsftpd.conf
anonymous_enable = NO
local_enable = YES
```

```
local_root = /var/www/html
chroot_list_enable = YES
#(default follows)
chroot_list_file = /etc/vsftpd/chroot_list
```

各语句含义说明如下：

local_root＝/var/www/html：设置本地用户的根目录为"/var/www/html"。

local_enable＝YES：激活 chroot 功能。

chroot_list_file＝/etc/vsftpd/chroot_list：设置锁定用户在根目录的列表文件中。

③ 建立"/etc/vsftpd/chroot_list"文件，将 computerstu1 和 computerstu2 账号添加在文件中。其命令如下所示：

```
[root@localhost ~]# vi /etc/vsftpd/chroot_list
computer1
computer2
```

④ 重启服务，如图 6-14 所示。

图 6-14　重启服务器

⑤ 修改本地权限，如图 6-15 所示。

图 6-15　修改本地权限

⑥ 验证测试，如图 6-16 所示。

图 6-16　检测本地用户登录

第 6 章

FTP 服务器的安装与配置

其中语句含义说明如下：

Name(ftp. pcbjut. cn：root)：computer1：使用本地账号 computer1 登录。

230 Login successful：成功登录。

ftp＞pwd：查看当前路径。

ftp＞ls：查看当前目录内容。

ftp＞mkdir test：建立 test 目录。

ftp＞ls：使用 ls 命令查看是否建立成功。

下面通过一个完整的实例介绍一下 FTP 服务器的搭建和测试过程。前提是宿主计算机 Windows XP 系统的 IP 地址为：192. 168. 3. 100；虚拟机 VMware 下的 Red Hat Enterprise Linux 5 系统的 IP 地址为：192. 168. 3. 50。将 Red Hat Enterprise Linux 5 系统架设为 FTP 服务器，以宿主计算机 Windows XP 系统作为客户机进行测试。

【例 6.12】 基于文本访问方式的指定账户的 FTP 服务器配置。

任务描述：创建一个名为 abc 的系统用户，属于 ftp 组，不允许登录 Linux 系统，其主目录为"/var/www/abc"。利用该账户从客户机以文本方式登录 FTP 服务器，并查看登录目录及当前目录下的文件列表，接着新建一个名为 downloads 的目录，并在目录中新建 123. txt 文件（内容随意）。要求从 Linux 客户机登录 FTP 服务器上传 123. txt 文件到"/var/www/abc"目录中；从 Windows 客户机登录 FTP 服务器下载 123. txt 文件到 Windows 客户机 C 盘下。

① 创建用户和用户组。

由于 ftp 组是已存在的组，因此不再需要创建，下面直接创建用户账户。创建账户 abc 之前，先要创建其宿主目录"/var/www/abc"，如图 6-17 所示。

接下来使用 useradd 命令创建指定账户 abc，如图 6-18 所示。

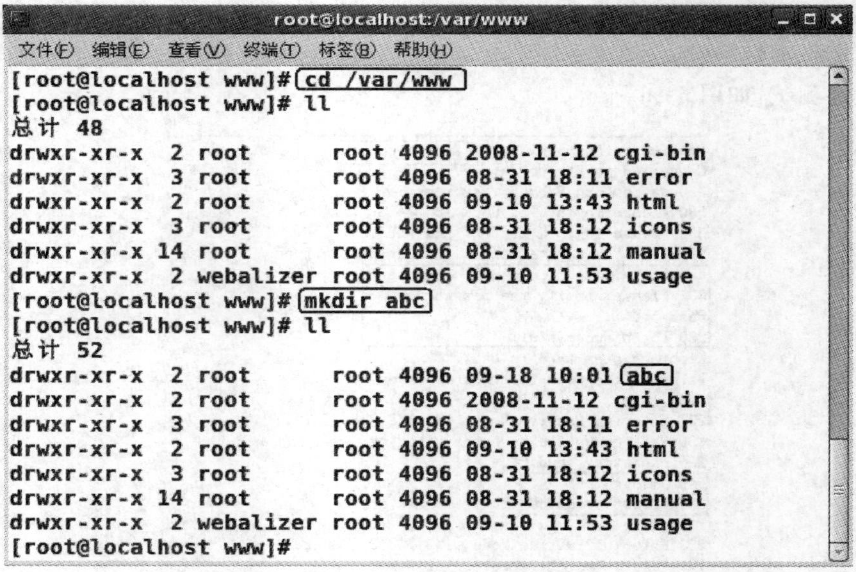

图 6-17　创建账户 abc 的宿主目录

图 6-18　创建账户

useradd 命令中的参数说明：

- -r：创建的用户 ID＜500。
- -m：如果主目录不存在，为账户创建主目录。
- -g：用来指定组。
- -d：创建指定目录取代"/home/username"目录。
- -s：为指定用户登录时使用的 Shell。
- -c：为注释。

下面来为该用户设置密码，并查看账户记录，如图 6-19 所示。

图 6-19　设置账户密码

② 设置用户主目录的所有者，所属的组和权限。

可以用"chown 所有者.所有组目录名"来一次性地修改目录的所有者和所有组。在图 6-20 所示的例子中，用命令"chown abc.ftp /var/www/abc"将目录"/var/www/abc"的所有者和所有组从原来的 root 用户和 root 组修改为了 abc 用户和 ftp 组。

在这里，还要设置一下宿主目录的权限，即只允许本用户对其宿主目录具有最高权限（读、写、执行），其他用户只有读和执行的权限。所以目录"/var/www/abc"的权限码为 755，如果不是，可通过 chmod 命令修改，如图 6-21 所示。

③ 从 Linux 客户机登录 FTP 服务器创建目录 downloads。

使用 ftp 命令从客户机登录 FTP 服务器，然后进行所要求的操作。这里以 Linux 作为客户机登录，效果如图 6-22 所示。

从客户端登录到 FTP 服务器后，使用"mkdir"命令创建子目录 downloads，如图 6-23 所示。

FTP 服务器的安装与配置

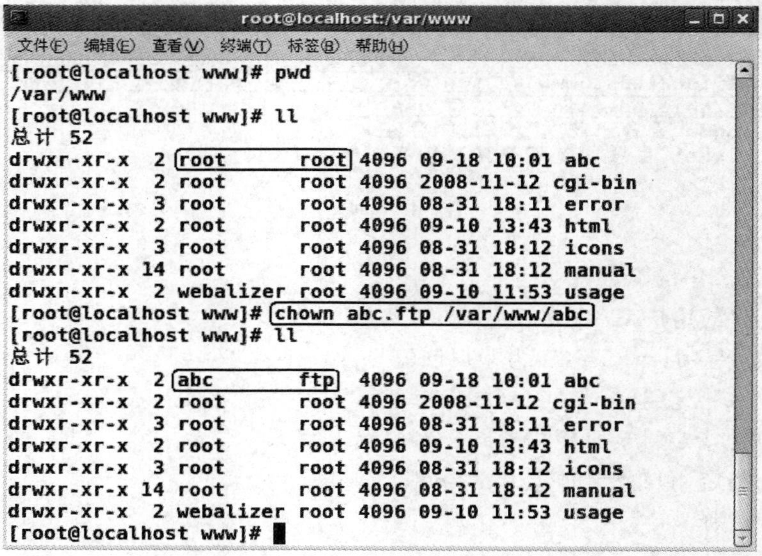

```
root@localhost:/var/www
文件(F) 编辑(E) 查看(V) 终端(T) 标签(B) 帮助(H)
[root@localhost www]# pwd
/var/www
[root@localhost www]# ll
总计 52
drwxr-xr-x  2 root       root  4096 09-18 10:01 abc
drwxr-xr-x  2 root       root  4096 2008-11-12 cgi-bin
drwxr-xr-x  3 root       root  4096 08-31 18:11 error
drwxr-xr-x  2 root       root  4096 09-10 13:43 html
drwxr-xr-x  3 root       root  4096 08-31 18:12 icons
drwxr-xr-x 14 root       root  4096 08-31 18:12 manual
drwxr-xr-x  2 webalizer  root  4096 09-10 11:53 usage
[root@localhost www]# chown abc.ftp /var/www/abc
[root@localhost www]# ll
总计 52
drwxr-xr-x  2 abc        ftp   4096 09-18 10:01 abc
drwxr-xr-x  2 root       root  4096 2008-11-12 cgi-bin
drwxr-xr-x  3 root       root  4096 08-31 18:11 error
drwxr-xr-x  2 root       root  4096 09-10 13:43 html
drwxr-xr-x  3 root       root  4096 08-31 18:12 icons
drwxr-xr-x 14 root       root  4096 08-31 18:12 manual
drwxr-xr-x  2 webalizer  root  4096 09-10 11:53 usage
[root@localhost www]#
```

图 6-20　修改目录所有者和所有组

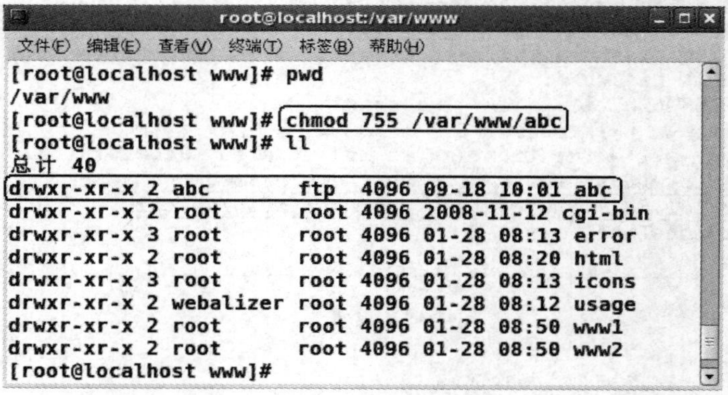

```
root@localhost:/var/www
文件(F) 编辑(E) 查看(V) 终端(T) 标签(B) 帮助(H)
[root@localhost www]# pwd
/var/www
[root@localhost www]# chmod 755 /var/www/abc
[root@localhost www]# ll
总计 40
drwxr-xr-x 2 abc        ftp   4096 09-18 10:01 abc
drwxr-xr-x 2 root       root  4096 2008-11-12 cgi-bin
drwxr-xr-x 3 root       root  4096 01-28 08:13 error
drwxr-xr-x 2 root       root  4096 01-28 08:20 html
drwxr-xr-x 3 root       root  4096 01-28 08:13 icons
drwxr-xr-x 2 webalizer  root  4096 01-28 08:12 usage
drwxr-xr-x 2 root       root  4096 01-28 08:50 www1
drwxr-xr-x 2 root       root  4096 01-28 08:50 www2
[root@localhost www]#
```

图 6-21　修改目录的权限

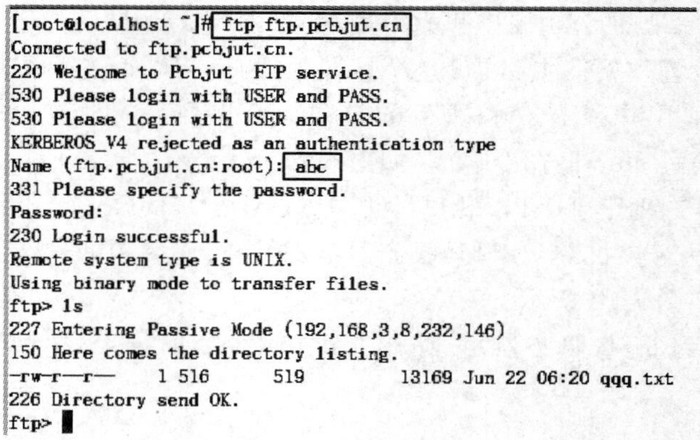

```
[root@localhost ~]# ftp ftp.pcbjut.cn
Connected to ftp.pcbjut.cn.
220 Welcome to Pcbjut  FTP service.
530 Please login with USER and PASS.
530 Please login with USER and PASS.
KERBEROS_V4 rejected as an authentication type
Name (ftp.pcbjut.cn:root): abc
331 Please specify the password.
Password:
230 Login successful.
Remote system type is UNIX.
Using binary mode to transfer files.
ftp> ls
227 Entering Passive Mode (192,168,3,8,232,146)
150 Here comes the directory listing.
-rw-r--r--    1 516      519         13169 Jun 22 06:20 qqq.txt
226 Directory send OK.
ftp>
```

图 6-22　通过指定账户登录 FTP 服务器

```
ftp> mkdir downloads
257 "/home/abc/downloads" created
ftp> ls
227 Entering Passive Mode (192,168,3,8,117,105)
150 Here comes the directory listing.
drwxr-xr-x    2 516      519          4096 Jun 22 06:38 downloads
-rw-r--r--    1 516      519         13169 Jun 22 06:20 qqq.txt
226 Directory send OK.
ftp>
```

图 6-23　创建子目录 downloads

④ 从 Linux 客户机登录 FTP 服务器并上传文件。

下面就要用 put 命令进行文件的上传了。这里要特别注意,如果源文件的路径有误,或是目标路径不存在,都会导致上传文件失败,所以最简单的办法就是在登录到 FTP 服务器进行文件上传之前,先将目录定位到要上传文件所在的目录下,然后再登录 FTP 服务器,之后将目录定位到上传目标路径下,最后再用"put 上传文件名"的方式完成上传工作。

首先在目录"/var/www/abc/downloads"下建立 123.txt 文件,如图 6-24 所示。

```
[root@localhost ~]# cd /var/www/abc/downloads/
[root@localhost downloads]# ll
总计 0
[root@localhost downloads]# cat>123.txt
123
[root@localhost downloads]# ll
总计 8
-rw-r--r-- 1 root root 4 06-22 16:12 123.txt
[root@localhost downloads]#
```

图 6-24　创建 123.txt 文件

然后通过账户 abc 登录到 FTP 服务器上,用 cd 命令切换到目标位置"/var/www/abc/downloads",最后用 put 命令进行 123.txt 文件上传,效果如图 6-25 所示。

```
Password:
230 Login successful.
Remote system type is UNIX.
Using binary mode to transfer files.
ftp> ls
227 Entering Passive Mode (192,168,3,8,237,155)
150 Here comes the directory listing.
drwxr-xr-x    2 0        0            4096 Jun 22 08:12 downloads
-rw-r--r--    1 0        0               0 Jun 22 06:29 qqq.txt
226 Directory send OK.
ftp> put 123.txt
local: 123.txt remote: 123.txt
227 Entering Passive Mode (192,168,3,8,29,177)
150 Ok to send data.
226 File receive OK.
4 bytes sent in 9.9e-05 seconds (39 Kbytes/s)
ftp> ls
227 Entering Passive Mode (192,168,3,8,88,197)
150 Here comes the directory listing.
-rw-r--r--    1 517      520             4 Jun 22 08:43 123.txt
drwxr-xr-x    2 0        0            4096 Jun 22 08:12 downloads
-rw-r--r--    1 0        0               0 Jun 22 06:29 qqq.txt
226 Directory send OK.
ftp>
```

图 6-25　上传 123.txt 文件

FTP 服务器的安装与配置

⑤ 从 Windows 客户机登录 FTP 服务器并下载文件。

要将 FTP 服务器发布的文件下载到客户端的指定目录中,最简单且不容易出错的方式就是在登录 FTP 服务器之前,先将目录定位在目标位置(即要下载的目标目录),然后再登录 FTP 服务器,用 get 命令进行文件的下载。get 用于下载单个文件,mget 用于一次下载多个文件。

如图 6-26 是通过 Windows 客户端登录 FTP 服务器下载指定文件 123. txt 的效果图。可以看到,在登录 FTP 服务器之前,已将目录定位到了下载的目标目录,即"C:\",然后再登录 FTP 服务器下载目标文件 123. txt。

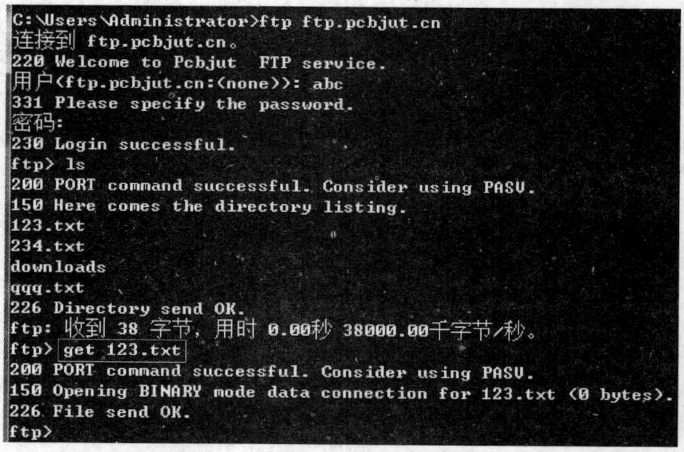

```
C:\Users\Administrator>ftp ftp.pcbjut.cn
连接到 ftp.pcbjut.cn。
220 Welcome to Pcbjut  FTP service.
用户(ftp.pcbjut.cn:(none)): abc
331 Please specify the password.
密码:
230 Login successful.
ftp> ls
200 PORT command successful. Consider using PASV.
150 Here comes the directory listing.
123.txt
234.txt
downloads
qqq.txt
226 Directory send OK.
ftp: 收到 38 字节, 用时 0.00秒 38000.00千字节/秒。
ftp> get 123.txt
200 PORT command successful. Consider using PASV.
150 Opening BINARY mode data connection for 123.txt (0 bytes).
226 File send OK.
ftp>
```

图 6-26 通过客户端下载 123. txt 文件

【例 6. 13】 基于图形访问方式的指定账户的 FTP 服务器配置。

任务描述:在例 6. 12 的基础上,给 FTP 服务器 192. 168. 3. 8 注册域名 ftp. pcbjut. cn;然后在 FTP 服务器的发布目录"/var/www/abc"中创建一个文本文件 qqq. txt,内容随意;分别从 Windows 和 Linux 客户端通过浏览器访问 FTP 服务器,并下载文件 qqq. txt;然后再将本地的某个文件上传到服务器的 downloads 目录中。

① 配置 DNS 服务器。

首先配置 DNS 服务器,为 IP 地址 192. 168. 3. 7 注册域名 ftp. pcbjut. cn。

图 6-27 是在 Windows 客户端测试域名 ftp. pcbjut. cn 是否畅通。在 Linux 客户端 ping 服务器域名,如图 6-28 所示。

② 在 FTP 服务器端建立发布文件 qqq. txt。

在 FTP 服务器的发布目录"/var/www/abc"下建立文本文件 qqq. txt,效果如图 6-29 所示。

③ 在 Windows 客户端通过浏览器登录 FTP 服务器测试。

在 Windows 客户端打开 IE 浏览器,在地址栏中输入"ftp://ftp. pcbjut. cn",然后按 Enter 键,这时会发现 FTP 站点并未提示输入账户名和密码,而是直接登录成功,如图 6-30 所示。这是因为匿名用户默认情况下是开启状态,所以如果直接登录,则认为是匿名登录,这样一来,只能登录到匿名用户的宿主目录,即"/var/ftp"下,而无法下载账户 abc 宿主目录 "/var/www/abc"下的 qqq. txt 文件。

```
C:\Users\Administrator>ping ftp.pcbjut.cn

正在 Ping ftp.pcbjut.cn [192.168.3.8] 具有 32 字节的数据:
来自 192.168.3.8 的回复: 字节=32 时间<1ms TTL=64
来自 192.168.3.8 的回复: 字节=32 时间<1ms TTL=64
来自 192.168.3.8 的回复: 字节=32 时间<1ms TTL=64
来自 192.168.3.8 的回复: 字节=32 时间<1ms TTL=64

192.168.3.8 的 Ping 统计信息:
    数据包: 已发送 = 4, 已接收 = 4, 丢失 = 0 <0% 丢失>,
往返行程的估计时间<以毫秒为单位>:
    最短 = 0ms, 最长 = 0ms, 平均 = 0ms

C:\Users\Administrator>
```

图 6-27　在 Windows 客户端测试域名

```
[root@localhost ~]# ping ftp.pcbjut.cn
PING ftp.pcbjut.cn (192.168.3.8) 56(84) bytes of data.
64 bytes from ftp.pcbjut.cn (192.168.3.8): icmp_seq=1 ttl=64 time=0.111 ms
64 bytes from ftp.pcbjut.cn (192.168.3.8): icmp_seq=2 ttl=64 time=0.047 ms

[10]+  Stopped                 ping ftp.pcbjut.cn
```

图 6-28　在 Linux 客户端测试域名

```
root@localhost:/var/www/abc

文件(F)  编辑(E)  查看(V)  终端(T)  标签(B)  帮助(H)

[root@localhost abc]# pwd
/var/www/abc
[root@localhost abc]# ll
总计 4
drwxr-xr-x 2 abc ftp 4096 02-05 12:02 downloads
[root@localhost abc]# vi qqq.txt
[root@localhost abc]# ll
总计 8
drwxr-xr-x 2 abc  ftp  4096 02-05 12:02 downloads
-rw-r--r-- 1 root root   96 02-05 17:19 qqq.txt
[root@localhost abc]#
```

图 6-29　在发布目录下建立文件 qqq.txt

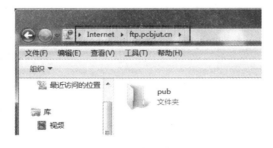

图 6-30　匿名用户登录

上述问题的解决方法有两种。

方法一：在浏览器的地址栏中访问 FTP 站点时,通过"ftp://用户名:用户密码@网站域名"或"ftp://用户名@网站域名"的方式登录。

在 IE 浏览器的地址栏中输入"ftp://abc@ftp.pcbjut.cn",系统会弹出如图 6-31 所示

FTP 服务器的安装与配置

的登录对话框,输入账户名 abc 及其密码 abc,然后单击"登录"按钮。

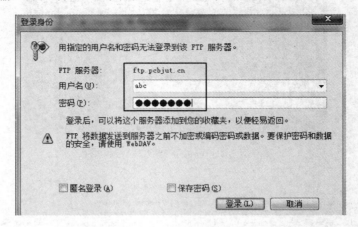

图 6-31 通过指定账户登录 FTP 服务器

如果账户名和密码正确无误,浏览器就会成功登录到 FTP 服务器的指定目录"/var/www/abc"中,如图 6-32 所示。

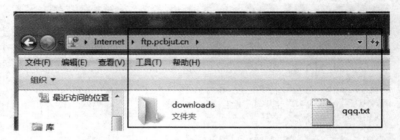

图 6-32 在 Windows 客户端成功登录 FTP 服务器

下载文件 qqq. txt 的操作就变得十分简单了。通过快捷菜单下的"复制"、"粘贴"选项,可将文件 qqq. txt 粘贴到客户机任意位置。

上传文件只需要先将欲上传的文件复制,然后直接在 FTP 服务器窗口粘贴即可,如图 6-33 所示。

图 6-33 在 Windows 客户端上传文件

方法二:禁用匿名账户,只需要修改 FTP 服务器的主配置文件"/etc/vsftpd/vsftpd. conf"中的 anonymous_enable 参数即可,将其由默认的 YES(允许匿名账户登录)改为 NO

（不允许）。然后用"service vsftpd restart"命令重启 FTP 服务器。

这时，再登录 FTP 服务器，如果不输入账户名和密码，是无法登录成功的。只能通过合法的账户名方可登录。

④ 在 Linux 客户端通过浏览器登录 FTP 服务器测试。

在 Linux 客户端浏览器的地址栏中输入"ftp：//ftp.pcbjut.cn"，由于前面已经禁用了匿名账户，所以这里会自动弹出图 6-34 所示的登录界面。

图 6-34　在 Linux 客户端登录 FTP 服务器

当正确输入账户名和密码后，会显示如图 6-35 所示的登录成功界面。

图 6-35　在 Linux 客户端登录 FTP 服务器显示登录成功页面

下载文件 qqq.txt，只需要右击该文件，在弹出的快捷菜单中选择"链接另存为"选项就可以下载该文件了，如图 6-36 所示。

如果想上传文件，在 Linux 客户端的浏览器中还无法实现，当然，可以利用 FTP 客户端软件来进行。

8. 通过指定账户访问 FTP 服务器存在的安全隐患问题

在通过命令行方式访问 FTP 服务器时，可以通过 cd 命令切换目录；在浏览器访问时由于提供了"向上一层"按钮，所以也存在相同的问题。这样就会给 FTP 服务器造成很大的安全隐患。比如，本来限定某账户只能对其宿主目录下的内容进行操作，但这时，如果登录

207

第6章

FTP 服务器的安装与配置

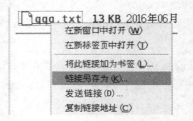

图 6-36　在 Linux 客户端下载文件

账户可以随意切换目录,他就可能对系统其他目录下的文件也进行相同权限的操作了,后果不堪设想。

上述问题的解决方法如下:

① 只需要修改 FTP 服务器的主配置文件"/etc/vsftpd/vsftpd. conf"中的相关参数即可。在 FTP 服务器的主配置文件"/etc/vsftpd/vsftpd. conf"中,与本地账户相关的参数包括:

- local_enable:控制是否允许本地用户登录。YES 为允许,NO 为不允许,默认值为 YES。

注意:下面的参数仅在 local_enable 的值为 YES 的前提下才能生效。

- chroot_local_user:控制本地用户是否锁定在其宿主目录下。YES 为是,NO 为不是,即可以切换到宿主目录以外的目录中,默认值为 NO。
- chroot_list_enable:当设置为 YES 时,表示本地用户也有例外,可以切换到宿主目录之外。
- chroot_list_file:可以切换到宿主目录之外的用户包含在其指定的文件(默认文件是"/etc/vsftpd/chroot_list")中。

② 用 vim 编辑器修改 FTP 服务器的主配置文件"/etc/vsftpd/vsftpd. conf",设置 chroot_local_user 参数的值为 YES,存盘退出后,用 service 命令重新启动 FTP 服务器。

③ 再次通过客户端测试目录安全性。从图 6-37 中可以看到,当再使用"cd /"命令切换

```
C:\Users\Administrator>ftp ftp.pcbjut.cn
连接到 ftp.pcbjut.cn。
220 Welcome to Pcbjut  FTP service.
用户<ftp.pcbjut.cn:<none>>: abc
331 Please specify the password.
密码:
230 Login successful.
ftp> pwd
257 "/"
ftp> cd /
250 Directory successfully changed.
ftp> pwd
257 "/"
ftp> dir
200 PORT command successful. Consider using PASV.
150 Here comes the directory listing.
-rw-r--r--    1 0        0               0 Jun 22 06:28 123.txt
-rw-r--r--    1 517      520             0 Jun 22 06:37 234.txt
drwxr-xr-x    2 0        0            4096 Jun 22 06:34 downloads
-rw-r--r--    1 0        0               0 Jun 22 06:29 qqq.txt
226 Directory send OK.
ftp: 收到 262 字节, 用时 0.00秒 87.33千字节/秒。
ftp> _
```

图 6-37　FTP 服务器存在的目录安全漏洞

出其宿主路径时,没有起到任何效果,目录始终定位在该账户的宿主目录内。当然,如果在宿主目录下的子目录中切换,这是允许的。

下面再来测试一下参数 chroot_list_enable 的效果。当把参数 chroot_list_enable 设置为 YES 时,表示本地用户也有例外,可以切换到宿主目录之外,但需要在用户列表文件 chroot_list_file(默认文件是"/etc/vsftpd/chroot_list")中指定哪些账户有效。

① 编辑 FTP 服务器的主配置文件"/etc/vsftpd/vsftpd.conf",将 chroot_list_enable 的值设置为 YES 并且 chroot_local_user＝YES,如图 6-38 所示。

② 通过客户端测试目录安全性,如图 6-39 所示。

```
chroot_list_enable=YES
# (default follows)
chroot_list_file=/etc/vsftpd/chroot_list
chroot_local_user=YES
```

图 6-38　编辑主配置文件

```
[root@localhost ~]# ftp ftp.pcbjut.cn
Connected to ftp.pcbjut.cn.
220 Welcome to Pcbjut  FTP service.
530 Please login with USER and PASS.
530 Please login with USER and PASS.
KERBEROS_V4 rejected as an authentication type
Name (ftp.pcbjut.cn:root): abc
331 Please specify the password.
Password:
230 Login successful.
Remote system type is UNIX.
Using binary mode to transfer files.
ftp> pwd
257 "/"
ftp> cd /home
550 Failed to change directory.
ftp>
```

图 6-39　目录安全性测试

③ 存盘退出后,用 vim 编辑器打开用户列表文件"/etc/vsftpd/chroot_list",在其中加入允许的账户名,这里为 abc,如图 6-40 所示。

④ 修改完毕后,重启 FTP 服务器,如图 6-41 所示。

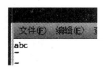

图 6-40　添加用户

```
[root@localhost ~]# service vsftpd restart
关闭 vsftpd:                                          [确定]
为 vsftpd 启动 vsftpd:                                 [确定]
[root@localhost ~]#
```

图 6-41　重启 FTP 服务器

⑤ 通过 Linux 客户端测试目录安全性,账户 abc 又可以任意切换目录了,如图 6-42 所示。

```
[root@localhost ~]# ftp ftp.pcbjut.cn
Connected to ftp.pcbjut.cn.
220 Welcome to Pcbjut  FTP service.
530 Please login with USER and PASS.
530 Please login with USER and PASS.
KERBEROS_V4 rejected as an authentication type
Name (ftp.pcbjut.cn:root): abc
331 Please specify the password.
Password:
230 Login successful.
Remote system type is UNIX.
Using binary mode to transfer files.
ftp> pwd
257 "/var/www/abc"
```

图 6-42　目录安全性测试

6.3 FTP 服务器配置综合案例

6.3.1 任务描述

为更好地为公司职员和客户提供相应的资源,公司网络中心经过讨论,拟建立一台 FTP 服务器来存放公司的相关资源,供客户和内部员工下载,具体描述如下:

(1) 公司 FTP 服务器为 ftp.pcbjut.cn,IP 地址为 192.168.3.8,对外访问端口为 21。

(2) 将用户 hbzy 和 hbvtc 等核心账户设置为认证用户,并将认证口令设置为 123456。

(3) 开放匿名用户登录及上传的权限,内部资源只允许内部 IP 为 192.168.3.* 的计算机下载,本地用户 hbzy 只能访问自己的主目录。

(4) 禁止本地用户 hbvtc 登录服务器。

6.3.2 任务准备

任务前的准备工作包括以下几项。

(1) 一台安装 RHEL 5 Server 操作系统的计算机,且配备有光驱、音箱或耳机。

(2) 一台安装 Windows XP 操作系统的计算机。

(3) 两台计算机均接入网络,且网络畅通。

(4) 一张 RHEL 5 Server 安装光盘(DVD)。

(5) 以超级用户 root(密码 123456)登录 RHEL 5 Server 计算机。

6.3.3 任务实施

任务的具体实现方法如下所述。

1. 安装 VsFTPD 软件包

(1) 命令行方式安装。使用 shell 命令安装的方式下,首先查看是否装有 VsFTPD 软件包,使用"rpm -qa｜grep vsftpd"命令查询。RHEL 5 默认不安装 FTP 服务器。如果未安装,则需要进行安装了。如图 6-43 所示显示已安装。

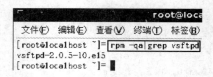

图 6-43 查询是否安装软件包

(2) 用 mount 命令加载光盘。在有"/mnt"目录后,需要查看是否存在光盘,在右下角有一个光盘的图标,双击光盘图标,出现编辑虚拟机设置,在使用光盘下的使用 ISO 镜像文件中选择 rhel.5.0 的镜像文件。挂载光盘,在终端下输入"mount /dev/cdrom /mnt"命令,显示…read-only 语句就表示挂载好了。效果如图 6-44 所示。

(3) 安装 VsFTPD 软件包,用"rpm -qa｜grep Vsftpd"命令查询时只有一个软件包,就是 vsftpd-2.0.5-10.el5.rpm 软件包。所以只要在终端下输入"rpm -ivh/mnt/Server/vsftpd-2.0.5-10.el5.i386.rpm"命令,如图 6-45 所示(rpm -ivh 安装软件包)。

图 6-44　挂载光盘

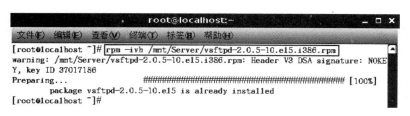

图 6-45　安装软件包

2. 配置 VsFTPD 服务器

（1）指定 192.168.3.＊网段的 IP 地址才能访问 FTP 服务器。

① 用文本编辑器打开"/etc/hosts. deny"文件，加入"vsftpd：ALL：DENY"语句。

安装完 VsFTPD 的软件包，就可以开始配置 VsFTPD 服务器。在配置文件中要指定 192.168.3.＊网段的 IP 地址才能访问 FTP 服务器。首先要进入"/etc/"目录，在终端输入 "cd /etc"，进入到目录下，在打开配置文件之前，要先使用 cp 命令把"/etc/hosts. deny"文件 做个备份后，再用文本编辑器打开 hosts. deny 文件，在终端输入"vim hosts. deny"命令，如 图 6-46 所示。向里面添加"vsftpd：ALL：DENY"语句，如图 6-47 所示。

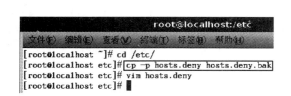

图 6-46　复制和打开文件

图 6-47　编辑文件

② 用文本编辑器打开"/etc/hosts. allow"文件，加入"vsftpd：192. 168. 3. ＊：allow" 语句。

配置完 hosts. deny 文件，在打开"/etc/hosts. allow"文件之前，要先使用 cp 命令，把 "/etc/hosts. allow"文件做个备份后，再用文本编辑器打开 hosts. allow 文件，如图 6-48 所 示。加入"vsftpd：192. 168. 3. ＊：allow"语句，如图 6-49 所示，确保只能允许 192. 168. 3. ＊ 的网段才能访问 FTP 服务器。

FTP 服务器的安装与配置

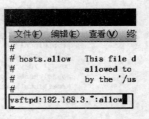

图 6-48　复制和打开文件　　　　　　　　　图 6-49　编辑文件

提示：hosts.deny 和 hosts.allow 这两个文件是 tcpd 服务器的配置文件。tcpd 服务器可以控制外部 IP 对本机服务的访问。两个文件的优先级为先检查 hosts.deny，再检查 hosts.allow，后者的设定可越过前者的限制。

（2）设置匿名用户的权限。

① 用文本编辑器打开"/etc/vsftpd/vsftpd.conf"文件进行编辑，使其一定允许匿名用户登录，匿名用户可在"/var/ftp/pub"目录中新建目录、上传和下载文件。

设置匿名用户的权限，确保匿名用户可以正常登录。首先要进入"/etc/vsftpd"目录下。在终端输入"cd /etc/vsftpd"命令进入到"/etc/vsftpd"目录下后，先备份 vsftpd.conf 文件，在终端输入"cp -p vsftpd.conf vsftpd.conf.bak"命令备份文件，如图 6-50 所示。

图 6-50　复制配置文件

复制完文件之后，用文本编辑器打开 vsftpd.conf 文件进行编辑，在终端输入"vim vsftpd.conf"命令，设置只允许匿名用户登录，匿名用户可在"/var/ftp/pub"目录中新建目录、上传和下载文件。效果如图 6-51、图 6-52 和图 6-53 所示。

[root@localhost~]vim /etc/vsftpd/vsftpd.conf

② 修改"/var/ftp/pub"目录的权限，允许其他用户写入文件。

设置"/var/ftp/pub"目录中新建目录的权限，允许其他用户写入文件。在终端下输入"cd /var/ftp"命令，进入"/var/ftp"目录，使用 ls 命令查看目录下的文件。在终端下输入"chmod 777pub"命令修改目录 pub 的权限为 777。再次使用 ls 命令查看目录权限，如图 6-54 所示。

③ 输入"service vsftpd restart"命令，重启 vsftpd 服务。效果如图 6-55 所示。

（3）指定本地用户 hbzy 只能登录主目录。

① 用文本编辑器修改"/etc/vsftpd/vsftpd.conf"文件，在终端输入"vim /etc/vsftpd/vsftpd.conf"命令，去掉"chroot_list_enable＝YES"和"chroot_list_file＝/etc/vsftpd/chroot_list"语句前面的"#"，如图 6-56 所示。

```
# Allow anonymous FTP? (Bewa
anonymous_enable=YES
#
# Uncomment this to allow lo
local_enable=YES
#
# Uncomment this to enable a
write_enable=YES
#
# Default umask for local us
# if your users expect that
local_umask=022
#
# Uncomment this to allow th
# has an effect if the above
# obviously need to create a
anon_upload_enable=YES
#
# Uncomment this if you want
# new directories.
anon_mkdir_write_enable=YES
```

图 6-51 编辑配置文件-1

```
dirmessage_enable=YES
#
# Activate logging of upl
xferlog_enable=YES
#
# Make sure PORT transfe
connect_from_port_20=YES
#
# If you want, you can a
# a different user. Note!
# recommended!
#chown_uploads=YES
#chown_username=whoever
#
# You may override where
# below.
#xferlog_file=/var/log/v
#
# If you want, you can ha
xferlog_std_format=YES
```

图 6-52 编辑配置文件-2

```
listen=YES
#
# This directive enables
# sockets, you must run
# Make sure, that one of
#listen_ipv6=YES

pam_service_name=vsftpd
userlist_enable=YES
tcp_wrappers=YES
```

图 6-53 编辑配置文件-3

```
[root@localhost vsftpd]= cd /var/ftp
[root@localhost ftp]= ls
pub
[root@localhost ftp]= ll
总计 8
drwxr-xr-x 2 root root 4096 2007-01-18 pub
[root@localhost ftp]= chmod 777 pub
[root@localhost ftp]= ll
总计 8
drwxrwxrwx 2 root root 4096 2007-01-18 pub
[root@localhost ftp]=
```

图 6-54 给目录加权限

```
[root@localhost ftp]# service vsftpd restart
关闭 vsftpd:                              [失败]
为 vsftpd 启动 vsftpd:                     [确定]
[root@localhost ftp]#
```

图 6-55 重启服务器

[root@localhost vsftpd]vim vsftpd.conf

```
chroot_list_enable=YES
# (default follows)
chroot_list_file=/etc/vsftpd/chroot_list
#
```

图 6-56 编辑配置文件

② 输入命令"groupadd ftpgroup",增加组 ftpgroup。

在终端输入"groupadd ftpgroup"创建一个名为 ftpgroup 的组。

③ 输入命令"useradd-g ftpgroup -d /dir/to -M hbzy",增加 hbzy 用户。

在终端输入命令"useradd-g ftpgroup -d /dir/to -M hbzy",创建用户 hbzy 并附加组为 ftpgroup。添加已存在的用户 hbzy 到组群 ftpgroup 采用命令："gpasswd -a hbzy ftpgroup"。

④ 输入"passwd hbzy"命令,设置用户口令,口令自定。

FTP 服务器的安装与配置

在终端输入"passwd hbzy"命令设置用户口令,输入密码。

⑤ 编辑文件"/etc/vsftpd/chroot_list",加入用户 hbzy。

用文本编辑器编辑"/etc/vsftpd/chroot_list"新文件,如图 6-57 所示。加入用户 hbzy,如图 6-58 所示。

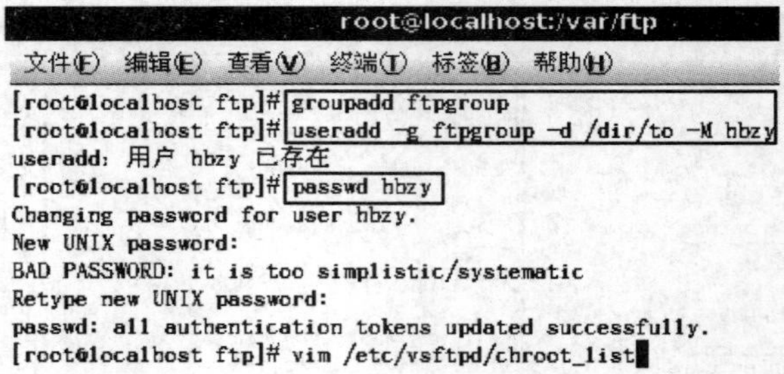

图 6-57 新建组并添加 ftp 组用户并打开文件 chroot_list

图 6-58 将用户添加到文件中

⑥ 重新启动 vsftpd 服务。

在终端输入"service vsftpd restart"命令重启 VsFTPD 服务,如图 6-59 所示。

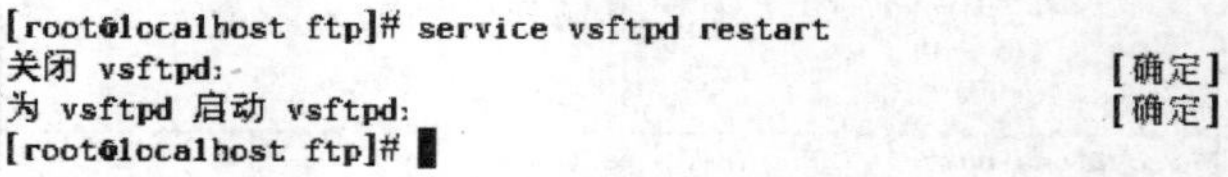

图 6-59 重启服务器

(4) 禁止本地用户 hbvtc 登录 FTP 服务器。

① 编辑"/etc/vsftpd/ftpusers"文件,将禁止登录的用户名 hbvtc 写入 ftpusers 文件,如图 6-60 所示。

图 6-60 复制并打开文件

② 编辑"/etc/vsftpd/user_list"文件,将禁止登录的用户名 hbvtc 写入 user_list 文件,如图 6-61 所示。

首先在终端输入"cd /etc/vsftpd"命令,进入目录,使用 ll 命令查看文件,用 cp 命令备份文件 ftpusers 和 user_list，用文本编辑器打开 ftpusers 文件。效果如图 6-62 所示。

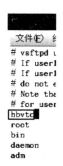

图 6-61　将 hbvtc 用户添加到文件　　　图 6-62　将 hbvtc 用户添加到文件

将禁止登录用户名 hbvtc 写入 ftpusers 文件中。用文本编辑器打开 user_list 文件，将禁止登录用户名 hbvtc 写入 user_list 文件中。效果如图 6-63 所示。

③ 编辑"/etc/vsftpd/vsftpd.conf"文件，设置"userlist_enable＝YES"和"userlist_deny＝YES"，使用户 hbvtc 不能访问 FTP 服务器。效果如图 6-64 所示。

```
pam_service_name=vsftpd
userlist_enable=YES
userlist_deny=YES
tcp_wrappers=YES
```

```
[root@rhe15hbyz vsftpd]# vim vsftpd.conf
[root@rhe15hbyz vsftpd]#
```

图 6-63　打开配置文件　　　　　图 6-64　编辑配置文件

```
[root@localhost vsftpd]# vim user_list
```

提示：此时，如果某用户（比如 hbzy）同时出现在 user_list 和 ftpusers 文件中，那么该用户将不被允许登录。这是因为 VsFTPD 总是先执行 user_list 文件，允许用户 hbzy 登录，再执行 ftpusers 文件，禁止用户 hbzy 登录。

3. 其他设置

（1）设置欢迎信息。

（2）限制文件传输速度。

（3）重启 vsftpd 服务。

打开 vsftpd.conf 文件，找到"＃ftpd_banner＝Welcome to blah FTP server"语句，然后去掉该行前面的"＃"并修改成"ftp_banner＝Welcome to FTP server"。并且直接添加"anon_max_rate＝30000"和"local_max_rate＝60000"配置语句。然后输入"service vsftpd restart"命令重启服务器。效果如图 6-65 所示。

提示：如果欢迎信息较长，则可在"/etc/vsftpd"目录中新建 mywelcomefile 文件，然后在 vsftpd.conf 文件中增加配置语句"banner_file＝/etc/vsftpd/mywelcomefile"。限制匿名用户的文件传输速率为 30 000B/s，限制本地用户的文件传输速率为 60 000B/s。

```
[root@rhe15bbyz vsftpd]# vim vsftpd.conf
[root@rhe15bbyz vsftpd]#

ftpd_banner=Welcome to Pcbjut  FTP service.
anon_max_rate=30000
local_max_rate=60000

[root@localhost vsftpd]= service vsftpd restart
关闭 vsftpd:                                          [确定]
为 vsftpd 启动 vsftpd:                                [确定]
[root@localhost vsftpd]=
```

图 6-65　重启 FTP 服务器

6.3.4　任务检测

1. Linux 下访问 FTP 服务器

方式一：用浏览器测试 FTP 服务器。

在火狐浏览器下输入"ftp：//ftp. pcbjut. cn"，并按 Enter 键，出现如图 6-66 所示的界面，单击相关链接，下载文件。

图 6-66　使用浏览器访问 FTP 服务器

方式二：用 ftp 命令行程序测试 FTP 服务器。

在终端的命令提示符下输入"ftp ftp. pcbjut. cn"命令，启动 FTP 命令工具。先以匿名用户 anonymous 登录（匿名登录无需密码，按 Enter 键即可）。出现"ftp＞"提示符输入 ls。效果如图 6-67 所示。

```
[root@localhost vsftpd]# ftp ftp.pcbjut.cn
Connected to ftp.pcbjut.cn.
220 Welcome to Pcbjut  FTP service.
530 Please login with USER and PASS.
530 Please login with USER and PASS.
KERBEROS_V4 rejected as an authentication type
Name (ftp.pcbjut.cn:root): anonymous
331 Please specify the password.
Password:
230 Login successful.
Remote system type is UNIX.
Using binary mode to transfer files.
ftp> ls
227 Entering Passive Mode (192.168.3.8,173,27)
150 Here comes the directory listing.
drwxrwxrwx    2 0        0            4096 Jan 17  2007 pub
226 Directory send OK.
ftp>
```

图 6-67　用 FTP 命令方式匿名用户登录 FTP 服务器

用 Ctrl+Z 组合键退出 FTP 服务器。再用 hbvtc 登录,如果提示被拒绝登录,表示"禁止本地用户 hbvtc 登录服务器"设置成功。效果如图 6-68 所示。

```
[root@localhost vsftpd]# ftp ftp.pcbjut.cn
Connected to ftp.pcbjut.cn.
220 Welcome to Pcbjut  FTP service.
530 Please login with USER and PASS.
530 Please login with USER and PASS.
KERBEROS_V4 rejected as an authentication type
Name (ftp.pcbjut.cn:root): hbvtc
530 Permission denied.
Login failed.
ftp>
```

图 6-68　拒绝 hbvtc 用户登录

再次用 Ctrl+Z 组合键退出 FTP 服务器。用 hbzy 认证用户登录,如果提示输入密码,并且登录成功,说明设置正确。效果如图 6-69 所示。

```
[root@localhost vsftpd]# ftp ftp.pcbjut.cn
Connected to ftp.pcbjut.cn.
220 Welcome to Pcbjut  FTP service.
530 Please login with USER and PASS.
530 Please login with USER and PASS.
KERBEROS_V4 rejected as an authentication type
Name (ftp.pcbjut.cn:root): hbzy
331 Please specify the password.
Password:
230 Login successful.
Remote system type is UNIX.
Using binary mode to transfer files.
ftp> ls
227 Entering Passive Mode (192,168,3,8,147,32)
150 Here comes the directory listing.
drwxr-xr-x    2 0        0            4096 Jun 22 00:45 public_html
226 Directory send OK.
ftp>
```

图 6-69　使用认证用户 hbzy 登录 FTP 服务器

方式三: 用匿名用户 anonymous 实现下载测试。

(1) 在终端输入"cd /var/ftp/pub"命令进入 pub 文件,在终端输入"cat >"创建文件 123.txt,如图 6-70 所示。

```
[root@localhost vsftpd]# cd /var/ftp/pu
[root@localhost pub]# ll
总计 0
[root@localhost pub]# cat>123.txt
qqq
[root@localhost pub]#
[root@localhost pub]# ls
123.txt
[root@localhost pub]#
```

图 6-70　在 pub 目录下新建文件 123.txt

(2) 再次输入"ftp ftp.pcbjut.cn"命令,启动 FTP 命令工具。使用 anonymous 匿名登录。使用 get 命令在 FTP 服务器下载文件到当前目录中,如图 6-71 所示。使用 Ctrl+Z 组合键退出再返回到根目录中。使用 ls 命令查看是否有 123.txt 文件,如图 6-72 所示。

(3) 在终端输入"cd /home/hbzy"。用 mkdir 命令创建目录 111。并用"cat >"新建文件

```
ftp> cd pub
250 Directory successfully changed.
ftp> ls
227 Entering Passive Mode (192,168,3,8,170,142)
150 Here comes the directory listing.
-rw-r--r--    1 0        0               5 Jun 22 05:04 123.txt
226 Directory send OK.
ftp> get 123.txt
local: 123.txt remote: 123.txt
227 Entering Passive Mode (192,168,3,8,201,209)
150 Opening BINARY mode data connection for 123.txt (5 bytes).
226 File send OK.
5 bytes received in 9.1e-05 seconds (54 Kbytes/s)
ftp>
```

图 6-71 下载 123.txt 文件

```
[root@localhost ~]# ll
总计 84
-rw-r--r--  1 root root       5 06-22 13:05 123.txt
-rw-------  1 root root     924 2010-08-27 anaconda-ks.cfg
drwxr-xr-x  2 root root    4096 2010-08-27 Desktop
-rw-r--r--  1 root root   37561 2010-08-27 install.log
-rw-r--r--  1 root root    4996 2010-08-27 install.log.syslog
-rw-r--r--  1 root root       0 06-22 02:22 sendmail.cf
[root@localhost ~]#
```

图 6-72 查看 123.txt 下载到根目录下

"112"，如图 6-73 所示。在终端输入"ftp ftp.pcbjut.cn"命令启动 FTP 命令工具。使用 hbzy 认证用户登录。使用 get 命令下载文件"112"，并用 ll 命令显示，如图 6-74、图 6-75 所示。使用 put 命令上传文件"112"，再次用 ls 命令显示，如图 6-76 所示。发现已经有了 "112"文件，如图 6-77 所示。

```
[root@localhost hbzy]# cd /home/hbzy
[root@localhost hbzy]# ls
public_html
[root@localhost hbzy]# mkdir 111
[root@localhost hbzy]# ls
111  public_html
[root@localhost hbzy]# cd 111
[root@localhost 111]# cat>112
123
```

图 6-73 创建目录文件

```
ftp> ls
227 Entering Passive Mode (192,168,3,8,171,31)
150 Here comes the directory listing.
drwxr-xr-x    2 0        0            4096 Jun 22 05:08 111
drwxr-xr-x    2 0        0            4096 Jun 22 00:45 public_html
226 Directory send OK.
ftp> cd 111
250 Directory successfully changed.
ftp> ls
227 Entering Passive Mode (192,168,3,8,140,51)
150 Here comes the directory listing.
-rw-r--r--    1 0        0               4 Jun 22 05:08 112
226 Directory send OK.
ftp> get 112
local: 112 remote: 112
227 Entering Passive Mode (192,168,3,8,123,176)
150 Opening BINARY mode data connection for 112 (4 bytes).
226 File send OK.
4 bytes received in 0.00052 seconds (7.5 Kbytes/s)
```

图 6-74 使用 FTP 命令 get 下载"112"文件

在 ftp 服务器下输入"get 112"命令下载文件到当前目录下，如图 6-74 所示。用 Ctrl+ Z 组合键退出，并查看是否存在"112"文件，如图 6-75 所示。

2. Windows 下访问 FTP 服务器

(1) 修改计算机的 IP 地址和首选 DNS。选择"网上邻居"右键菜单中的"属性"选项，如图 6-78 所示，找到"Internet 协议(TCP/IP)"选项和"属性"按钮，如图 6-79 和图 6-80 所示，修改 IP 地址，在首选 DNS 服务器下填写 192.168.3.5，单击"确定"按钮，然后关闭，如

```
                    root@localhost:~
文件(F)  编辑(E)  查看(V)  终端(T)  标签(B)  帮助(H)
[root@localhost ~]# ll
总计 92
-rw-r--r-- 1 root root     4 06-22 13:09 112
-rw-r--r-- 1 root root     5 06-22 13:05 123.txt
-rw------- 1 root root   924 2010-08-27 anaconda-ks.cfg
drwxr-xr-x 2 root root  4096 2010-08-27 Desktop
-rw-r--r-- 1 root root 37561 2010-08-27 install.log
-rw-r--r-- 1 root root  4996 2010-08-27 install.log.syslog
-rw-r--r-- 1 root root     0 06-22 02:22 sendmail.cf
[root@localhost ~]#
```

图 6-75　查看下载 112 文件

```
ftp> put 112
local: 112 remote: 112
227 Entering Passive Mode (192,168,3,8,122,61)
150 Ok to send data.
226 File receive OK.
4 bytes sent in 6.7e-05 seconds (58 Kbytes/s)
ftp>
```

图 6-76　使用 FTP 命令 put 上传"112"文件

```
ftp> ls
227 Entering Passive Mode (192,168,3,8,123,92)
150 Here comes the directory listing.
drwxr-xr-x    2 0        0            4096 Jun 22 05:12 111
-rw-r--r--    1 502      502             4 Jun 22 05:14 112
drwxr-xr-x    2 0        0            4096 Jun 22 00:45 public_html
226 Directory send OK.
ftp>
```

图 6-77　查看上传"112"文件

图 6-81 所示。

图 6-78　"网上邻居"右键菜单中的"属性"选项

图 6-79　中心交换链接

（2）在"开始"菜单中找到"运行"选项，输入"cmd"命令，如图 6-82 所示，打开 DOS 操作系统输入"ping ftp. Pcbjut. cn"，如图 6-83 所示。

（3）打开桌面上的火狐浏览器输入 ftp://ftp. pcbjut. cn，查看是否登录 FTP 服务器，如图 6-84 所示。

FTP 服务器的安装与配置

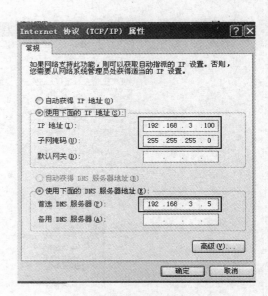

图 6-80 "Internet 协议（TCP/IP）"选项和"属性"按钮　　　　　图 6-81 修改 IP 地址

图 6-82 打开 DOS 命令

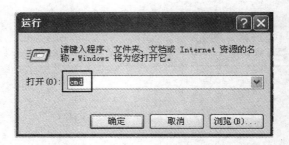

图 6-83 检测 FTP 的连通性

（4）打开桌面上的计算机，在地址栏输入 ftp://ftp.pcbjut.cn，使用图形界面登录，实现匿名用户下载，如图 6-85 所示。

（5）打开桌面上的计算机，在地址栏输入 ftp://hbzy@ftp.pcbjut.cn，使用图形界面登录，如图 6-86 所示。实现本地用户下载，如图 6-87 和图 6-88 所示。

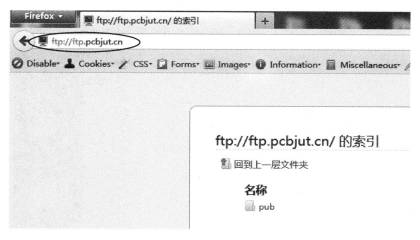

图 6-84　Windows 下用浏览器访问 FTP 服务器

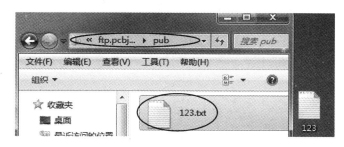

图 6-85　Windows 下匿名用户下载

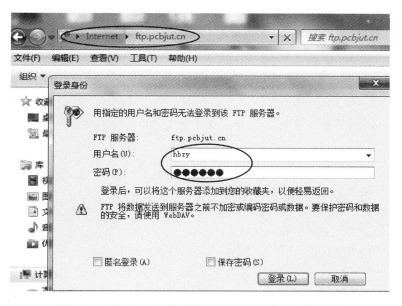

图 6-86　Windows 下使用本地用户登录到 FTP 服务器

FTP 服务器的安装与配置

图 6-87　Windows 客户端下下载"112"文件

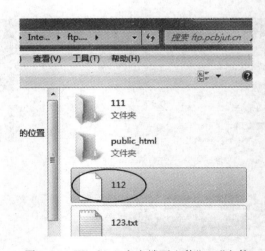

图 6-88　Windows 客户端下上传"112"文件

知 识 拓 展

1. ftp 命令行程序简介

格式：ftp［域名|IP 地址］［端口号］

功能：启动 ftp 命令行工具，如果指定 FTP 服务器的域名或 IP 地址，则建立与 FTP 服务器的连接。否则需要在 ftp 提示符号后输入"open 域名|IP 地址"格式的命令，才能建立与指定 FTP 服务器的连接。ftp 命令行程序在 Windows 和 Linux 环境中都能使用。

与 FTP 服务器的连接建立后，用户需要输入用户名和口令，验证成功后，用户才能对 FTP 服务器进行操作。无论验证成功与否，都将出现"ftp >"提示符，等待输入子命令，输入"!"或"quit"命令可退出 ftp 命令行程序。表 6-1 中列出了 ftp 命令行程序的常用子命令。

表 6-1　ftp 命令行程序的常用子命令

命　令　名	说　　　明
？ 或 help	列出 ftp 提示符后可用的所有命令
open 域名 | IP 地址	建立与指定 FTP 服务器的连接
close	关闭与 FTP 服务器的连接，ftp 命令行工具仍可用
ls	查看 FTP 服务器当前目录的文件
cd 目录名	切换到 FTP 服务器中指定的目录
pwd	显示 FTP 服务器的当前目录
mkdir［目录名］	在 FTP 服务器新建目录
rmdir 目录名	删除 FTP 服务器中的指定目录，要求此目录为空
rename 新文件名 源文件名	更改 FTP 服务器中指定文件的文件名
delete 文件名	删除 FTP 服务器中指定的文件
get 文件名	从 FTP 服务器下载指定的一个文件
mget 文件名列表	从 FTP 服务器下载多个文件，可使用通配符
put 文件名	向 FTP 服务器上传指定的一个文件
mput 文件名列表	向 FTP 服务器上传多个文件，可使用通配符
Lcd	显示本地机的当前目录
led 目录名	将本地机工作目录切换到指定目录
！命令名［选项］	执行本地机中可用的命令
bye 或 quit	退出 ftp 命令行工具

2. 配置基于本地用户的访问控制

通过修改 VsFTPD 服务器的主配置文件"/etc/vsftpd.conf"来进行，有如下两种限制方法：

（1）限制指定的本地用户不能访问，而其他本地用户可访问。

例如下面的设置：

```
userlist_enable = YES
userlist_deny = YES
userlist_file = /etc/vsftpd/user_list
```

该设置可使文件"/etc/vsftpd/user_list"中指定的本地用户不能访问 FTP 服务器，而其他本地用户可访问 FTP 服务器。

（2）限制指定的本地用户可以访问，而其他本地用户不可访问。

例如下面的设置：

```
userlist_enable = YES
userlist_deny = NO
userlist_file = /etc/vsftpd/user_list
```

该设置可使文件"/etc/vsftpd/user_list"中指定的本地用户可以访问 FTP 服务器，而其他本地用户不可以访问 FTP 服务器。

本 章 小 结

本章介绍 FTP 的基本概念、VSFTP 服务器的实际架设及访问 FTP 服务器的方法等。通过本章的学习，应该掌握以下内容：

- FTP 服务器的基本配置。

- VsFTPD 服务器的相关文件和目录(重点)。
- 安装 VsFTPD 服务器的方法。
- 配置 VsFTPD 服务器的方法(重点)。
- VsFTPD 的主要配置文件 vsftpd.conf。
- FTP 命令行程序的使用方法。
- 匿名用户和本地用户的上传下载(重点)。

操作与练习

一、选择题

1. VsFTPD 服务器为匿名服务器时可从( )目录下载文件。
  A. /var/ftp   B. /etc/vsftpd   C. /etc/ftp   D. /var/vsftp

2. 与 VsFTPD 服务器有关的文件有( )。
  A. vsftpd.conf   B. ftpusers   C. user_list   D. 以上三个都是

3. 退出 ftp 命令行程序回到 Shell 应输入( )命令。
  A. exit   B. quit   C. close   D. shut

4. 用 FTP 一次下载多个文件,可用命令( )实现。
  A. get   B. mget   C. mput   D. put

5. 要将 FTP 默认的 21 号端口修改为 8800,可修改( )配置文件。
  A. /etc/resolv.conf   B. /etc/hosts
  C. /etc/sysconfig/network-scripts/ifcfg-eth0   D. /etc/services

二、操作题

1. 配置一个 FTP 服务器,要求:
(1) 允许匿名用户访问。
(2) 禁止匿名用户上传文件。
(3) 限制匿名用户的最大传输率为 20KB/s。
步骤:
(1) 打开配置文件:vim /etc/vsftpd/vsftpd.conf。
(2) 修改配置文件:/etc/vsftpd/vsftpd.conf。

修改内容如下:

```
anonymous_enable = YES
anon_upload_enable = NO
anon_max_rate = 20000
```

(3) 保存退出。
(4) 启动服务器:/etc/rc.d/init.d/vsftpd start。

2. FTP 服务器是学校校园网的重要功能之一,学院准备搭建 FTP 服务器。要求对于所有学生均以真实账号登录,允许下载相关信息及学习资料,禁止上传,但操作目录只限于"/students"下。所有老师也以真实账号登录,操作目录也只限于"/teachers"下,允许老师上传、下载文件,并可创建目录以及删除文件等。

第7章 DHCP 服务器的安装与配置

7.1 DHCP 协议

7.1.1 DHCP 概述

DHCP 可以为客户机自动分配 IP 地址、子网掩码、默认网关和 DNS 服务器地址等 TCP/IP 参数。

在一个网络中,每一台计算机都必须适当地配置 TCP/IP 协议。这意味着包括网络 IP 地址、子网掩码、默认网关和 DNS 服务器地址等都要配置在每一台计算机上。如果工作站的数量很大,这对网络安全、维护人员来说将是一项非常大的工程;并且对所有的工作站都设置这样的参数,要避免不出问题是很困难的。如果同一个 IP 地址被使用了两次,则将引起 IP 地址的冲突,而且有可能影响整个网络不能正常工作。此外,如果只拥有 30 个合法的 IP 地址,而管理的计算机有 60 台,那么只要这 60 台计算机中,同时使用服务器 DHCP 服务的不超过 30 台,就可以解决 IP 地址资源不足的问题。

一台 DHCP 服务器可以让网络管理员集中指派和指定全局或子网特有的 TCP/IP 参数供整个网络使用。客户机不需要手动配置 TCP/IP,并且当客户机断开与服务器连接后,旧的 IP 地址将被释放以便重用。有了 DHCP 服务器,他能激活"从 DHCP 服务器获得 IP 地址"选项,此时 DHCP 服务器就具有了对工作站的 TCP/IP 进行适当配置的功能,这也有助于大幅度降低网络维护和管理的耗费。

7.1.2 DHCP 的工作过程

DHCP 服务分为两部分:服务器端和客户端。所有客户机的 IP 地址设定资料都由 DHCP 服务器集中管理,并负责处理客户机的 DHCP 要求;而客户端则会使用从服务器分配下来的 IP 地址。

DHCP 服务器提供三种 IP 分配方式:自动分配(automatic allocation)、动态分配(dynamic allocation)和手动分配。自动分配是当 DHCP 客户端第一次成功地从 DHCP 服务器端分配到一个 IP 地址之后,就永远使用这个地址。动态分配是当 DHCP 客户端第一次从 DHCP 服务器分配到 IP 地址后,并非永久使用该地址;每次使用完成后,DHCP 客户端就释放这个 IP 地址,以给其他客户端使用。

手动分配是由 DHCP 服务器管理员专门指定 IP 地址。DHCP 客户机在启动时,会搜寻网络中是否存在 DHCP 服务器。如果找到,则给 DHCP 服务器发送一个请求。DHCP

服务器接到请求后，为 DHCP 客户机选择 TCP/IP 配置的参数，并把这些参数发送给客户端。如果已配置冲突检测设置，则 DHCP 服务器在将租约中的地址提供给客户机之前会用 ping 命令测试作用域中每个可用地址的连通性。这可确保提供给客户的每个 IP 地址都没有被手动 TCP/IP 配置的另一台非 DHCP 计算机使用。根据客户端是否第一次登录网络，DHCP 的工作形式会有所不同。客户端从 DHCP 服务器上获得 IP 地址的整个过程分为以下 6 个步骤。

（1）寻找 DHCP 服务器。

当 DHCP 客户端第一次登录网络的时候，如果发现本机上没有 IP 地址设定，则以广播方式发生 DHCP discover 发现信息来寻找 DHCP 服务器，即向 255.255.255.255 发生特定的广播信息。网络上每一台安装了 TCP/IP 协议的主机都会接收这个广播信息，但只有 DHCP 服务器才会做出响应。

（2）分配 IP 地址。

在网络中接收到 DHCP discover 发现信息的 DHCP 服务器都会做出响应，从尚未分配的 IP 地址中挑选一个分配给 DHCP 客户机，并向 DHCP 客户机发送一个包含分配的 IP 地址和其他设置的 DHCP offer 提供信息。

（3）接受 IP 地址。

DHCP 客户端接收到 DHCP offer 提供信息之后，选择一个接收到的提供信息，然后以广播的方式回答一个 DHCP request 请求信息、该信息包含向它所选定的 DHCP 服务器请求 IP 地址的内容。

（4）IP 地址分配确认。

当 DHCP 服务器收到 DHCP 客户端回答的 DHCP request 请求信息之后，便向 DHCP 客户端发送一个包含它所提供的 IP 地址和其他设置的 DHCP ack 确认信息，告诉 DHCP 客户端可以使用它提供的 IP 地址。然后，DHCP 客户机便将其 TCP/IP 协议与网卡绑定。另外，除了 DHCP 客户机选中的服务器外，其他 DHCP 服务器将收回曾经提供的 IP 地址。

（5）重新登录。

以后 DHCP 客户端每次重新登录网络时，就不需要再发送 DHCP discover 发现信息了，而是直接发送包含前一个所分配的 IP 地址的 DHCP request 请求信息。当 DHCP 服务器收到这一个信息后，它会尝试让 DHCP 客户机继续使用原来的 IP 地址，并回答一个 DHCP ack 确认信息。如果此 IP 地址已无法再分配给原来的 DHCP 客户机使用，则 DHCP 服务器给 DHCP 客户机回答一个 DHCP nack 否认信息。当原来的 DCHP 客户机收到此 DHCO nack 否认信息后，它就必须重新发送 DHCP discover 来请求新的 IP 地址。

（6）更新租约。

DHCP 服务器向 DHCP 客户机出租的 IP 地址一般都有一个租借期限，期满后 DHCP 服务器便会收回出租的 IP 地址。如果 DHCP 客户机要延长其 IP 租约，则必须更新其 IP 租约。DHCP 客户机启动时和 IP 的租约期限超过一半时，DHCP 客户机都会自动向 DHCP 服务器发送更新其租约的信息。

7.2 安装 DHCP 服务器简介

7.2.1 DHCP 服务器所需要的软件

DHCP 服务器所需要的软件包及其用途如下。

（1）dhcp-3.0.5-3.el5.i386.rpm：这是 DCHP 主程序包，包括 DHCP 服务器和中继代理程序，安装该软件包，进行相应配置，即可为客户动态分配 IP 地址及其他 TCP/IP 信息。

（2）dhcp-devel-3.0.5-3.el5.i386.rpm：这是 DHCP 服务器开发工具软件包，为 DHCP 开发提供库文件支持。

（3）dhcpv6-0.10-33.el5.i386.rpm：这是 DHCP 的 IPv6 扩展工具，使 DHCP 服务器能够支持 IPv6 的最新功能。

（4）dhcpv6_client-0.10-33.el5.i386：这是 DHCP 客户端 IPv6 软件包，帮助客户获取动态 IP 地址。

7.2.2 安装 DHCP 服务器

Red Hat Enterprise Linux 5 的安装程序没有默认将 DHCP 服务安装在系统上，可以使用以"rpm -qa"命令检查系统是否已经安装了 DHCP 服务，如图 7-1 所示。可见"dhcpv6_client-0.10-33.el5.i386.rpm"是默认安装的。

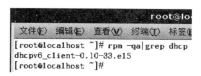

图 7-1　查询是否安装 DHCP 软件包

根据以上分析和测试结果，表示还未安装 DHCP 软件包，找到 dhcp-3.0.5-3.el5.i386、dhcp-devel-3.0.5-7.el5.i386、dhcpv6_client-0.10-33.el5.i386 软件包，在终端下输入"rpm -ivh"找到软件包并安装，如图 7-2 所示。

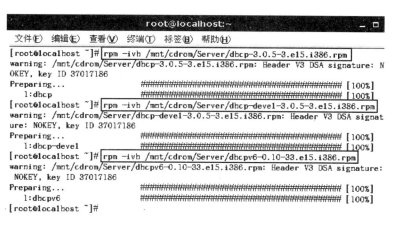

图 7-2　安装 DHCP 软件包

7.3 DHCP 一般服务器的配置

当 DHCP 服务安装完成之后,还需要对服务器端进行常规设置才能让 DHCP 服务器根据环境的需求提供服务。

(1) DHCP 一般服务器配置的 3 个步骤。

① 编辑主配置文件 dhcpd. conf 指定 IP 作用域。指定分配一个或多个 IP 地址范围。

② 建立租约数据库文件。

③ 重新加载配置文件或重新启动 dhcpd 服务,使配置生效。

(2) DHCP 工作流程

① 客户端发送广播,向服务器申请 IP 地址。

② 服务器收到请求后,查看主配置文件 dhcpd. conf。先根据客户端的 MAC 地址查看是否为客户端设置了固定 IP 地址。

③ 如果客户端设置了固定 IP 地址,则将该 IP 地址发送给客户端。如果没有设置固定 IP 地址,则将地址池中的 IP 地址发送给客户端。

④ 客户端收到服务器回应后,要给予服务器回应,告诉服务器已经使用了分配的 IP 地址。

⑤ 服务器将相关租约信息存入数据库。

7.3.1 主配置文件 dhcpd. conf

dhcpd. conf 是最核心的配置文件,它包括 DHCP 服务的配置信息,绝大部分的设置都需要通过修改该配置文件来完成。

1. dhcpd. conf 文件的组成部分

dhcpd. conf 文件主要由 3 个部分组成:参数(parameters)、声明(declarations)、选项(option)。

2. 文件操作

dhcpd. conf 文件大致包括两个部分,分别为全局配置和局部配置。全局配置可以包含数或选项,该部分设置对整体 DHCP 服务器生效。局部配置通常由声明部分表示,该部分仅对局部生效,如仅对某个 IP 作业有效。

dhcpd. conf 文件的格式如下:

```
# 全局配置
参数或选项;              //全局生效
# 局部配置
声明 {
     参数或选项          //局部生效
}
```

在 Red Hat Enterprise Linux 5 中 DHCP 服务的配置文件不存在,需要手动建立,这样不太方便。当主程序安装后,会自动生成一个配置文件范本,存放于"/usr/share/doc/dhcp-3.0.5/dhcpd. conf. sample",可以使用 cp 命令把该文件复制到"/etc/"目录下,然后重命名为 dhcpd.conf。效果如图 7-3 所示。

图 7-3　复制模板文件

使用 vim 文本编辑器将刚刚从 cp 命令复制过来的 dhcpd.conf 文件打开,该文件的内容包含了部分参数、声明以及选项的用法,其中注释部分可以放在任何位置。并以"#"开头,如图 7-4 所示。

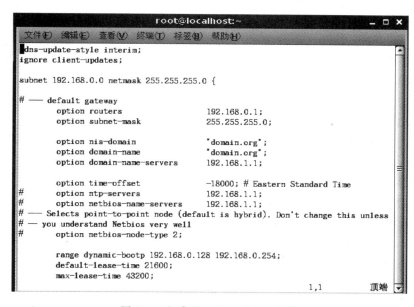

图 7-4　查看 dhcpd.conf 配置文件

从配置文件中可看出,整个配置文件分为全局和局部两个部分。下面就参数、声明和选项进行详细介绍。

3. 常用参数介绍

参数(parameters)表明服务器如何执行任务,是否执行任务,或将哪些网络配置选项发给客户。例如,设置 IP 地址租约的时候,或者是否要检查客户端所用的 IP 地址等。常用参数如表 7-1 所示。

表 7-1　常用参数

参　　　数	解　　释
ddns-update-style	配置 DHCP-DNS 互动更新模式
ignore client-updates	忽略客户更新
defaun-lease-tinle	指定默认租赁时间的长度,单位是秒
max-lease-timle	指定最大租赁时间长度,单位是秒

DHCP 服务器的安装与配置

参　　数	解　　释
hardware	指定网卡接口类型和 MAC 地址
server-name	通知 DHCP 客户服务器名称
get-lease-hostnames flag	检查客户端使用的 IP 地址
flxed-address ip	分配给客户端一个固定的地址
authritative	拒绝不正确的 IP 地址的要求

【例 7.1】　ddns-update-style(none ｜ interim ｜ ad-hoc)

作用：定义所支持的 DNS 动态更新类型。类型主要包含以下几种。

None：表示不支持动态更新。

Interim：表示 DNS 互动更新模式。

Ad-hoc：表示特殊 DNS 更新模式。

说明：该参数为必选参数，配置文件中必须包含这一参数，并且放在第一行。

【例 7.2】　ignore client-updates

作用：忽略客户端更新。

【例 7.3】　hardware　类型　硬件地址

作用：定义网络接口类型及硬件地址。常用类型为以太网(Ethernet)，地址为 MAC。例如：hardware Ethernet 12:34:56:78:AB:CD。

说明：该项只能用于 host 声明中。

【例 7.4】　fixed-address IP 地址

作用：定义 DHCP 客户端指定的 IP 地址。

例如：fixed-address 192.168.3.100。

说明：该项只能用于 host 声明中。

4. 常用声明介绍

声明(declarations)描述网络的布局，描述客户，提供客户的地址，或把一组参数应用到一组声明中，通常用来指定 IP 作用域，定义为客户端分配的 IP 地址池等。声明格式如下，其内容如表 7-2 所示。

```
声明 {
    选项或参数;
}
```

表 7-2　常用声明

声　　明	解　　释
subnet-mask	为客户端设定子网掩码
shared-network	用来告知是否一些子网络分享相同网络
subnet	描述一个 IP 地址是否属于该子网
range 起始 IP 终止 IP	提供动态分配 IP 的范围
host 主机名称	参考特别的主机
group	为一组参数提供声明
allow unknown-clients;deny unknown-client	是否动态分配 IP 给未知的使用者

声　　明	解　　释
allow bootp；deny bootp	是否响应激活查询
allow booting；deny booting	是否响应使用者查询
next-name	开始启动文件的名称,应用于无盘工作站
next-server	设置服务器从引导文件中装入主机名,应用于无盘工作站

【例 7.5】　subnet　网络号　netmask　子网掩码{…}

作用:定义作用域,即指定子网。

例如:subnet 192.168.3.2 netmask 255.255.255.0 {…}。

说明:网络号必须与 DHCP 服务器的网络号相同。

【例 7.6】　range　起始 IP 地址　结束 IP 地址

作用:指定动态 IP 地址范围。

例如:range dynamic-bootp 192.168.3.10 192.168.3.50。

说明:可以在 subnet 声明中指定多个 range,但 range 所定义的 IP 地址范围不能重复。

【例 7.7】　host 主机名{…}

作用:用于定义保留地址。

例如:host pc1 {…}。

说明:该项通常搭配 subnet 声明使用。

5. 常用选项介绍

某些参数必须以 option(选项)关键字开头,它们被称为选项。选项常用来配置 DHCP 客户端的可选参数。例如,定义客户端的 DNS 服务器地址,定义客户端默认网关地址等。其主要内容如表 7-3 所示。

表 7-3　常用选项

选　　项	解　　释
domain-name	为客户端指明 DNS
domain-name-servers	为客户端指明 DNS 服务器 IP 地址
host-name	为客户端设定主机名称
routers	为客户端设定默认网关
broadcast-address	为客户端设定广播地址
ntp-server	为客户端设定网络时间服务器 IP 地址
time-offset	为客户端设定格林威治时间的偏移时间,单位秒

【例 7.8】　option routers IP 地址

作用:为客户端指定默认网关。

例如:option routers 192.168.1.1。

【例 7.9】　option subnet-mask 子网掩码

作用:设置客户机的子网掩码。

例如:option subnet-mask 255.255.255.0。

【例 7. 10】 option domain-name-servers IP 地址

作用：为客户端指定 DNS 服务器的地址。

例如：option domain-name-servers 192.168.1.2。

6. 租约期限数据库文件

引入 DHCP 服务的原因就是 IP 地址非常有限，因而客户端从 DHCP 服务器获得的 IP 地址是有期限的。这样就必须在 DHCP 服务器上指定租用期限，即可用的时间长度，在这个时间范围内 DHCP 客户端可以临时使用从 DHCP 服务器租借到的 IP 地址。如果客户端在租约即将到期之前，没有向服务器请求更新租约，则 DHCP 服务器会收回该 IP 地址，并将该 IP 地址提供给其他需要的 DHCP 服务器申请租用另一个 IP 地址。

租用数据库文件用于保持一系列租约声明，其中包含客户端的主机名、MAC 地址、分配到的 IP 地址以及 IP 地址的有效期等相关信息。每当租约发生变化的时候，都会在该文件尾部添加新的租约记录。

DHCP 安装后，租约数据库并不存在。由于它在启动时需要这个数据库，所以要建立一个空文件"/var/lib/dhcpd/dhcpd. leases"。Red Hat Enterprise Linux 5 在安装 DHCP 后会立刻自动建立租约数据库文件。

当服务器正常运行后，可以使用 cat 命令查看租约数据库文件。其命令如下：

```
[root@localhost~]#cat /var/lib/dhcpd/dhcpd.conf
```

7.3.2 启动/停止 DHCP 服务

要启动/停止 DHCP 服务可以通过"/etc/rc. d/init. d/dhcpd"进行操作，也可以通过 service 命令。其方法如下所述。

(1) 启动 DHCP 服务，如图 7-5 所示。

```
root@localhost:~
文件(E)  编辑(E)  查看(V)  终端(T)  标签(B)  帮助(H)
[root@localhost ~]# service dhcpd start
启动 dhcpd：                                              [确定]
[root@localhost ~]#
```

图 7-5　启动 DHCP 服务

(2) 停止 DHCP 服务，如图 7-6 所示。

```
[root@localhost ~]# service dhcpd stop
关闭 dhcpd：                                              [确定]
[root@localhost ~]#
```

图 7-6　停止 DHCP 服务

(3) 重新启动 DHCP 服务，如图 7-7 所示。

```
[root@localhost ~]# service dhcpd restart
关闭 dhcpd：                                              [失败]
启动 dhcpd：                                              [确定]
[root@localhost ~]#
```

图 7-7　重启 DHCP 服务

（4）设置自动启动 DHCP 服务。

让系统每次启动时自动运行 DHCP 服务，可以执行 ntsysv 命令，如下所示。

```
[root@localhost～]♯ntsysv
```

启动服务配置程序，在出现的对话框中找到"dhcpd"服务，然后按 Space 键在其前面加上星号"＊"，按 Tab 键单击"确定"按钮保存即可，如图 7-8 所示。

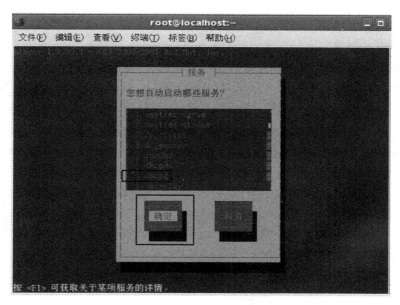

图 7-8 选择 dhcpd 为开机自启动项

7.3.3 DHCP 客户端的配置

1. Linux 中 DHCP 客户端的配置

在 Linux 系统中配置 DHCP 客户端有两种方法：文本方式配置和图形界面配置。

（1）文本方式配置。

用文本方式配置 DHCP 客户端，需要修改网卡配置文件，将 BOOTPROTO 项的值设置为 dhcp。只需要直接修改文件"/etc/sysconfig/network-scripts/ifcfg-eth0"中的"BOOTPROTO＝dhcp"参数，重新启动网卡或者使用 dhclient 命令。

使用 ifdown 和 ifup 命令启动网卡，如下所示：

```
[root@localhost～]♯ifdown
[root@localhost～]♯ifup
```

使用 dhclient 命令，则重新发送广播申请 IP 地址，如下所示：

```
[root@localhost～]♯dhclient eth0
```

使用 ifconfig eth0 命令进行测试，如图 7-9 所示。

客户端 IP 地址由原来的 192.168.3.50 变成了 192.168.3.253。

```
[root@localhost ~]# ifconfig eth0
eth0      Link encap:Ethernet  HWaddr 00:0C:29:08:8C:86
          inet addr:192.168.3.253  Bcast:192.168.3.255  Mask:255.255.255.0
          inet6 addr: fe80::20c:29ff:fe08:8c86/64 Scope:Link
          UP BROADCAST RUNNING MULTICAST  MTU:1500  Metric:1
          RX packets:3 errors:0 dropped:0 overruns:0 frame:0
          TX packets:38 errors:0 dropped:0 overruns:0 carrier:0
          collisions:0 txqueuelen:0
          RX bytes:807 (807.0 b)  TX bytes:10406 (10.1 KiB)
```

图 7-9　检测 eth0 网卡信息

（2）图形界面配置。

在终端的图形界面运行 neat 命令，出现"网络配置"对话框，如图 7-10 所示。双击配置文件中的 eth0 选项，进入如图 7-11 所示的界面。双击"自动获取 IP 地址使用：dhcp"选项即可。

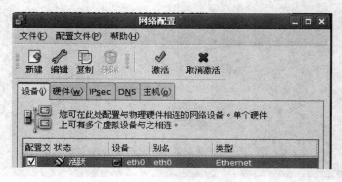

图 7-10　"网络配置"对话框

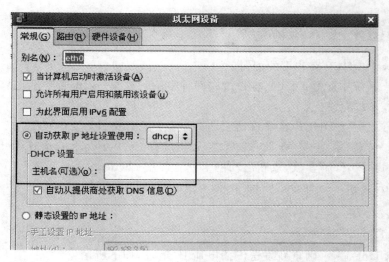

图 7-11　图形界面 DHCP 客户端配置

2. Windows 客户端的配置

下面以配置 Windows XP 系统的 DHCP 客户端为例，介绍在 Windows 操作系统下配置 DHCP 客户端的过程。其步骤如下：

（1）右击桌面上的"网上邻居"图标，然后从弹出的菜单中选择"属性"选项，打开"网络连接"窗口。

（2）右击"本地连接"图标，然后在弹出的菜单中选择"属性"选项，打开"本地连接属性"对话框，如图 7-12 所示。

图 7-12　本地连接属性

（3）选择"Internet 协议（TCP/IP）"选项，然后单击"属性"按钮，打开"Internet 协议（TCP/IP）属性"对话框，如图 7-13 所示。

图 7-13　"Internet 协议（TCP/IP）属性"对话框

（4）选择"自动获得 IP 地址"单选按钮和"自动获得 DNS 服务器地址"单选按钮，然后单击"确定"按钮，保存启用配置，就完成了 DHCP 客户端的配置。

（5）释放地址，客户端在 CMD 窗口模式中，运行 ipconfig /reslease 命令释放地址，如图 7-14 所示，然后使用 ipconfig /renew 命令重新申请 IP 地址，如图 7-15 所示。

7.3.4　DHCP 服务器配置实例

【例 7.11】　某单位销售部有 80 台计算机所使用的 IP 地址段为 192.168.1.1～192.168.1.254，子网掩码为 255.225.255.0，网关为 192.168.1.1，192.168.1.2～192.168.1.30给各服务器使用，客户端仅可以使用 192.168.1.100～192.168.1.200。剩余 IP 地址保留。

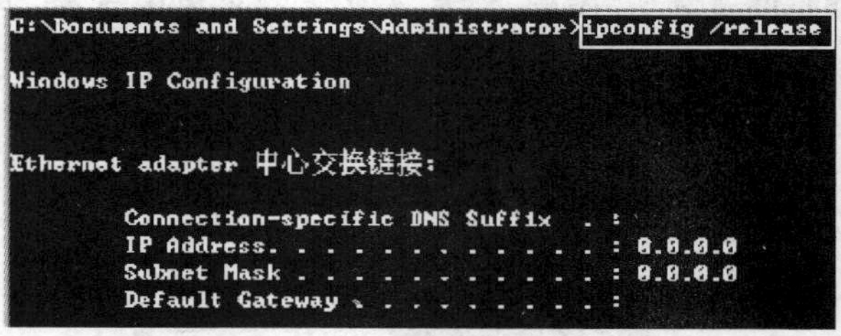

图 7-14　释放 IP 地址

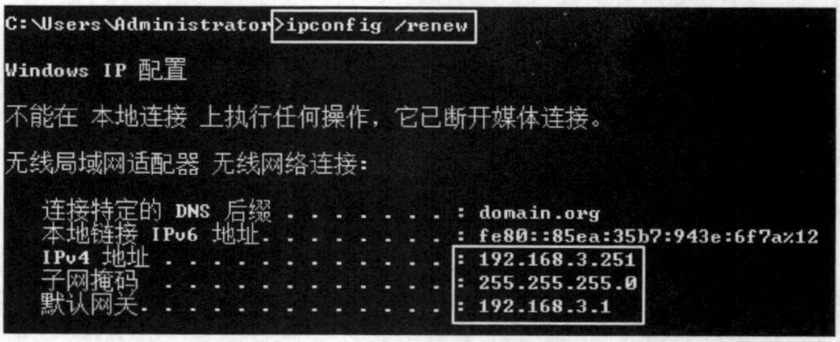

图 7-15　重新获取 IP 地址

分析：首先，确认服务器的静态 IP 地址，创建主配置文件，然后定制全局配置和局部配置文件。局部配置需要声明 192.168.1.0/24 网段，然后在该声明中指定一个 IP 地址池。范围是 192.168.1.100～192.168.1.200，以分配给客户端使用。最后重启 DHCP 服务器。

（1）通过使用 vim 编辑器编辑"/etc/dhcpd.conf"文件，修改相应部分，如图 7-16 所示。

[root@localhost～]♯vim /etc/dhcpd.conf

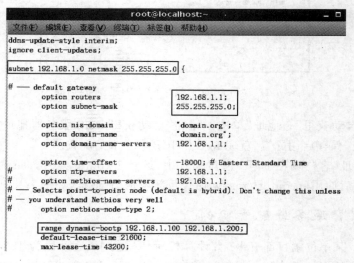

图 7-16　配置主配置文件

说明：

dns-update-style none：设置动态 DNS 的更新方式为 none。

Ignore client-updates：忽略客户端更新。

Subnet 192.168.1.0：设置 IP 地址的作用域为 192.168.1.0。

Option routers：设置默认网关为 192.168.1.1。

Option subnet-mask：设置子网掩码为 255.255.255.0。

Range dynamic-bootp：设置地址池,范围是 192.168.1.100～192.168.1.200。

Default-lease-time：设置客户端最大地址租约时间为 21 600s(秒)。

Max-lease-time：设置客户端最大地址租约时间为 43 200s(秒)。

其于全部用"#"注释。

(2) 设置完成配置后,保存退出,并重启服务器,如图 7-17 所示。

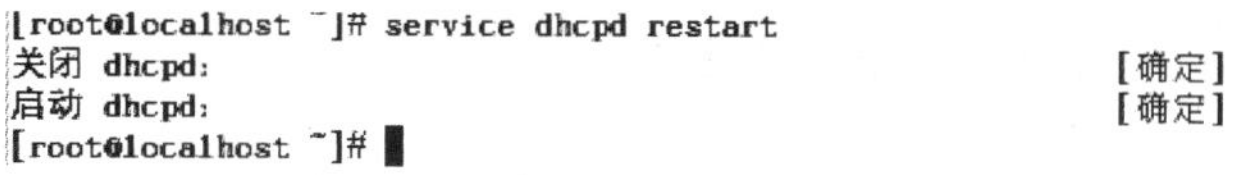

```
[root@localhost ~]# service dhcpd restart
关闭 dhcpd:                                              [确定]
启动 dhcpd:                                              [确定]
[root@localhost ~]#
```

图 7-17 重启服务器

(3) 验证测试。

首先修改客户端 IP 地址为自动获取 IP,请参考前面的 DHCP 客户端配置,打开 CMD 窗口,执行 ipconfig 命令,按 Enter 键。查看自动获得 IP 的计算机,IP 地址刷新为 192.168.1.101,如图 7-18 所示。

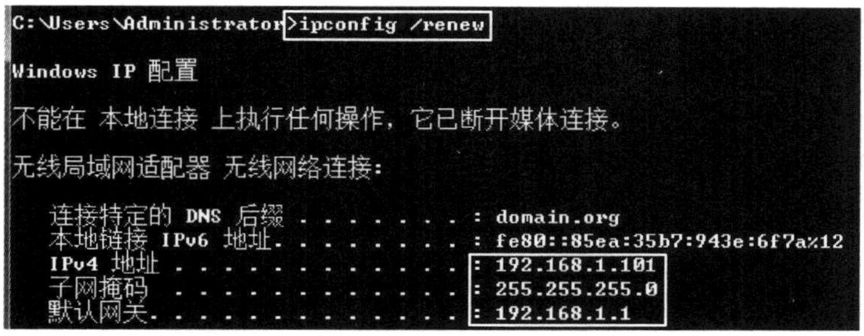

```
C:\Users\Administrator>ipconfig /renew

Windows IP 配置

不能在 本地连接 上执行任何操作,它已断开媒体连接。

无线局域网适配器 无线网络连接:

   连接特定的 DNS 后缀 . . . . . . . : domain.org
   本地链接 IPv6 地址. . . . . . . . : fe80::85ea:35b7:943e:6f7a%12
   IPv4 地址 . . . . . . . . . . . . : 192.168.1.101
   子网掩码  . . . . . . . . . . . . : 255.255.255.0
   默认网关. . . . . . . . . . . . . : 192.168.1.1
```

图 7-18 查看客户端

说明：Linux 环境中 IP 是从最大值开始分配的；使用 ipconfig/release 命令释放 IP 地址,再用 ipconfig/renew 命令重新得到 IP 地址,可以再次确定。

【例 7.12】 某职业技术学院有办公计算机 200 台,准备采用 192.168.3.0/24 网段给学院使用,由于手动配置工作量较大,所以管理员准备使用 Linux 系统搭建一台 DHCP 服务器。其中路由器 IP 地址为 192.168.3.1,DNS 服务器 IP 地址为 192.168.3.2,DHCP 服务器为 192.168.3.9,所有办公用机使用 192.168.3.30～192.168.3.254 的 IP 地址,子网掩码均为 255.255.255.0。但是,校长所使用的 IP 地址为固定 IP：192.168.3.88。

分析：此实例的前半部分与上一个实例一样,但是如果要保证给校长分配一个固定的 IP 地址,则需要在 subnet 声明中嵌入 host 声明,目的是要单独为其进行主机设置,并在 host 声明中加入 IP 地址绑定的选项,这样才可以达到要求。具体实现如下：

DHCP 服务器的安装与配置

(1) 设置服务器的静态 IP 地址。

(2) 编辑主配置文件 dhcpd.conf 文件。

使用 vim 编辑器打开 dhcpd.conf 文件，添加相应部分，如图 7-19 和图 7-20 所示。

```
ddns-update-style interim;
ignore client-updates;

subnet 192.168.3.0 netmask 255.255.255.0 {

# --- default gateway
        option routers                  192.168.3.1;
        option subnet-mask              255.255.255.0;

        option nis-domain               "domain.org";
        option domain-name              "domain.org";
        option domain-name-servers      192.168.3.2;

        option time-offset              -18000; # Eastern Standard Time
#       option ntp-servers              192.168.1.1;
#       option netbios-name-servers     192.168.1.1;
# --- Selects point-to-point node (default is hybrid). Don't change this unless
# -- you understand Netbios very well
#       option netbios-node-type 2;

        range dynamic-bootp 192.168.3.30 192.168.3.254;
        default-lease-time 21600;
        max-lease-time 43200;
```

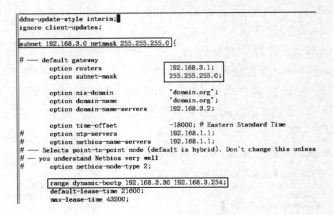

图 7-19　配置主配置文件-1

```
    host PC-20140907IICS {
                hardware ethernet 00:1A:92:CC:88:28;
                fixed-address 192.168.3.88;
        }
```

图 7-20　配置主配置文件-2

其中：

PC-20140907IICS 对应校长，这个名字可以随便取。

00：1A:92:CC:88:28 为校长的上网卡 MAC 地址。

192.168.3.88 对应校长的 IP 地址。

(3) 重启服务器，如图 7-21 所示。

```
[root@localhost ~]# service dhcpd restart
关闭 dhcpd:                                                [确定]
启动 dhcpd:                                                [确定]
```

图 7-21　重启服务器

(4) 验证测试。

① 在任何一台办公计算机上测试(方法同上一个实例 7-11 一样)，结果如图 7-22 所示。IP 地址为 192.168.3.254。

```
C:\Users\Administrator>ipconfig /renew

Windows IP 配置

不能在 本地连接 上执行任何操作, 它已断开媒体连接。

无线局域网适配器 无线网络连接:

   连接特定的 DNS 后缀 . . . . . . . : domain.org
   本地链接 IPv6 地址. . . . . . . . : fe80::85ea:35b7:943e:6f7a%12
   IPv4 地址 . . . . . . . . . . . . : 192.168.3.254
   子网掩码  . . . . . . . . . . . . : 255.255.255.0
   默认网关. . . . . . . . . . . . . : 192.168.3.1
```

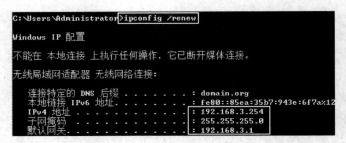

图 7-22　Windows 客户机自动获得 IP 地址

② 在校长的计算机上测试(方法同上),结果如图 7-23 所示。IP 地址为 192.168.3.88,正好是绑定的 IP 地址。

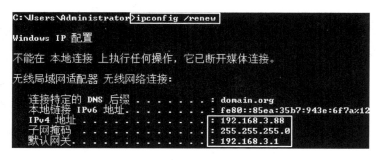

图 7-23　客户机绑定得到 IP 地址

7.4　DHCP 服务器配置综合案例

7.4.1　任务描述

为更好地为公司职员和客户节省 IP 地址使用量,公司网络中心经过讨论,拟建立一台 DHCP 服务器来分配公司的 IP 地址,供客户和内部员工计算机的 IP 地址分配,公司 DHCP 服务器为 dhcp.pcbjut,cn,IP 地址为 192.168.3.50。

7.4.2　任务准备

任务的准备工作包括以下几项。

(1) 一台安装 RHEL 5 Server 操作系统的计算机,且配备有光驱、音箱或耳机。

(2) 一台安装 Windows XP 操作系统的计算机。

(3) 两台计算机均接入网络,且网络畅通。

(4) 一张 RHEL 5 Server 安装光盘(DVD)。

(5) 以超级用户 root(密码 123456)登录 RHEL 5 Server 计算机。

7.4.3　任务实施

(1) 在使用 shell 命令安装的方法下,首先查看是否装有 dhcpd 的软件包。

使用"rpm -qa |grep dhcp"命令查询,如图 7-24 所示(rpm -qa 查询软件包)。

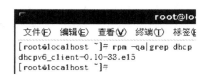

图 7-24　查看是否安装 dhcp＊软件包

(2) 查看完成 dhcpd,在有"/mnt"目录后,需要查看是否存在光盘。在右下角有一个光盘的图标,双击光盘图标,出现一个编辑虚拟机设置,在使用光盘下的使用 ISO 镜像文件中选择 rhel.5.0 的镜像文件。挂载光盘,在终端下输入"mount /dev/cdrom /mnt/cdrom"命令,显示 read-only 就表明挂载好了,如图 7-25 所示(mount 挂载文件:mount 是 Linux 下的一个命令,它可以将 Windows 分区作为 Linux 的一个"文件"挂接到 Linux 的一个空文件夹下,从而将 Windows 的分区和"/mnt"这个目录联系起来,因此我们只要访问这个文件夹,就相当于访问该分区了)。

```
[root@localhost ~]# mount /dev/cdrom /mnt/cdrom
mount: block device /dev/cdrom is write-protected, mounting read-only
mount: /dev/cdrom already mounted or /mnt/cdrom busy
mount: according to mtab, /dev/hdc is already mounted on /mnt/cdrom
[root@localhost ~]#
```

图 7-25　挂载光盘

(3) 安装 DHCP 软件,用"find /mnt-name dhcp *"命令,如图 7-26 所示。查看到在"/mnt"下关于 DHCP 的软件"/mnt/Server/dhcpv6-0.10-33.el5.i386.rpm"、"/mnt/Server/dhcp-3.0.5-3.el5.i386.rpm"和"/mnt/Server/dhcp-devel-3.0.5.3.el5.i386.rpm"软件包。所以我们只要在终端下输入"rpm -ivh/mnt/Server/dhcpv6-0.10-33.el5.i386.rpm"、"rpm -ivh/mnt/Server/dhcp-devel-3.0.5.3.el5.i386.rpm"和"rpm -ivh/mnt/Server/dhcp-devel-3.0.5.3.el5.i386.rpm"命令即可,如图 7-27 所示(rpm -ivh 安装软件包)。

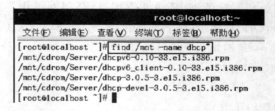

图 7-26　查询软件包

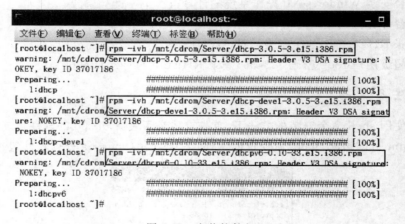

图 7-27　安装软件包

(4) 安装完 DHCP 软件包,在终端输入"rpm -qa|grep dhcp"命令再次检查是否安装了软件包,如图 7-28 所示。

(5) 安装完 DHCP 软件包,就可以开始配置 dhcpd 服务器。需要配置"/etc/dhcpd

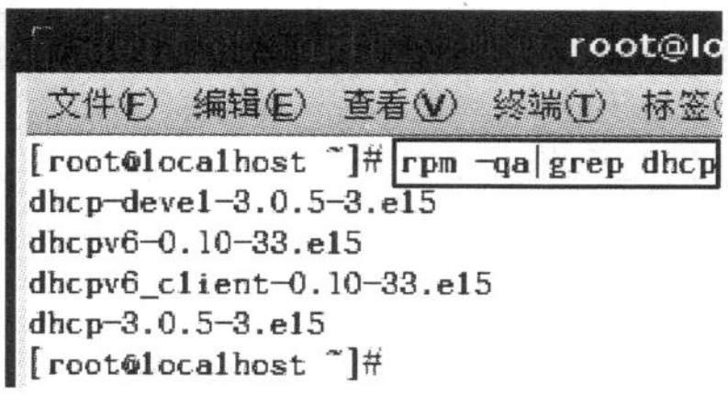

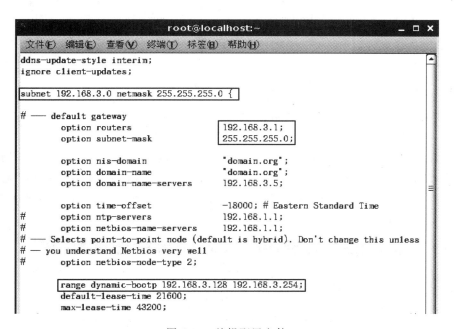

图 7-28　查看是否安装成功

".conf"文件修改网段和 DHCP 地址池。首先要用 cp 命令覆盖"/etc/dhcpd.conf"文件。在
终端输入"cp /usr/share/doc/dhcp-3.0.5/dhcpd.conf.sample /etc/dhcpd.conf"命令,如
图 7-29 所示。文件复制完成后,用文本编辑器打开并修改 IP 地址的网段和地址池,在终端
输入"vim /etc/dhcpd.conf",如图 7-30 所示。

图 7-29　复制模板文件

图 7-30　编辑配置文件

（6）配置完 dhcpd 的配置文件后,重启 dhcpd 服务器,如图 7-31 所示。启动 dhcpd 服务
器之后,可以使用"netstat -tlunp"命令查看端口状态来确认 dhcpd 服务器已经成功启动。
如图 7-32 所示。

DHCP 服务器的安装与配置

图 7-31   重启服务器

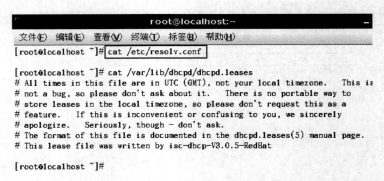

图 7-32   查看端口状态

7.4.4   任务检测

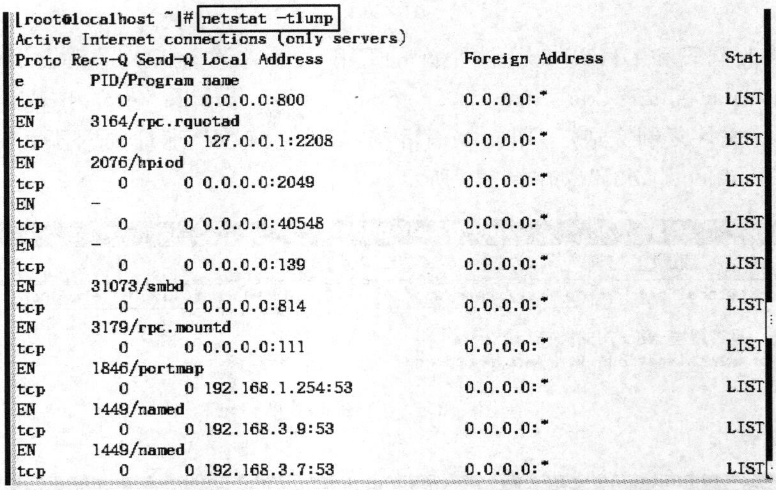

1. 在 Linux 环境下检测是否能获取到 DHCP 分配的 IP 地址

新建一个虚拟网卡能否收到 DHCP 分配的 IP 地址。

（1）在分配 DHCP 的 IP 地址之前，首先要在终端输入"cat /etc/resolv.conf"命令查看虚拟机的 DNS 得到 IP 地址，并在终端输入"cat /var/lib/dhcpd/dhcpd.leases"命令，查看 DHCP 客户端租约中的所记载的详细变化。效果如图 7-33 所示（现在应该是没有数据。因为还没执行 dhclient 命令）。

图 7-33   查看租约和 DNS 地址信息

（2）在终端输入 dhclient 命令，强制 Linux 释放当前 IP 地址，并向全网段广播 DHCP 请求包，向 DHCP 服务器请求 IP 地址，或者续订 IP 地址续约信息，保证内部网络的稳定。效果如图 7-34 所示。

```
[root@localhost ~]# dhclient eth0
Internet Systems Consortium DHCP Client V3.0.5-RedHat
Copyright 2004-2006 Internet Systems Consortium.
All rights reserved.
For info, please visit http://www.isc.org/sw/dhcp/

Listening on LPF/eth0/00:0c:29:08:8c:86
Sending on   LPF/eth0/00:0c:29:08:8c:86
Sending on   Socket/fallback
DHCPDISCOVER on eth0 to 255.255.255.255 port 67 interval 6
DHCPOFFER from 192.168.3.50
DHCPREQUEST on eth0 to 255.255.255.255 port 67
DHCPACK from 192.168.3.50
bound to 192.168.3.253 — renewal in 10671 seconds.
```

图 7-34 获得 DHCP 地址

（3）再次在终端输入"cat /etc/resolv.conf"命令查看虚拟机的 DNS 得到 IP 地址，发现"/etc/resolv.conf"文件中的 DNS 的地址被修改为 192.168.3.5。在终端输入"cat /var/lib/dhcpd/dhcpd.leases"命令查看 DHCP 客户端租约中的所记载的详细变化，发现在"cat /var/lib/dhcpd/dhcpd.leases"文件中出现了租约信息。效果如图 7-35 所示。

```
[root@localhost ~]# cat /etc/resolv.conf
; generated by /sbin/dhclient-script
search domain.org
nameserver 192.168.3.5
[root@localhost ~]# cat /var/lib/dhcpd/dhcpd.leases
# All times in this file are in UTC (GMT), not your local timezone.   This i
# not a bug, so please don't ask about it.   There is no portable way to
# store leases in the local timezone, so please don't request this as a
# feature.   If this is inconvenient or confusing to you, we sincerely
# apologize.   Seriously, though — don't ask.
# The format of this file is documented in the dhcpd.leases(5) manual page.
# This lease file was written by isc-dhcp-V3.0.5-RedHat

lease 192.168.3.254 {
  starts 2 2016/06/21 23:12:44;
  ends 2 2016/06/21 23:12:44;
  binding state abandoned;
  next binding state free;
}
lease 192.168.3.253 {
  starts 2 2016/06/21 23:13:01;
  ends 3 2016/06/22 05:13:01;
  binding state active;
```

图 7-35 查看租约信息

（4）在终端输入 ifconfig 得到所有网络的详细信息，并查看虚拟网络是否分配到了 IP 地址。在终端输入"ifconfig eth0"命令查看 eth0 网卡的详细信息，如图 7-36 所示。

```
[root@localhost ~]# ifconfig eth0
eth0     Link encap:Ethernet  HWaddr 00:0C:29:08:8C:86
         inet addr:192.168.3.253  Bcast:192.168.3.255  Mask:255.255.255.0
         inet6 addr: fe80::20c:29ff:fe08:8c86/64 Scope:Link
         UP BROADCAST RUNNING MULTICAST  MTU:1500  Metric:1
         RX packets:3 errors:0 dropped:0 overruns:0 frame:0
         TX packets:38 errors:0 dropped:0 overruns:0 carrier:0
         collisions:0 txqueuelen:0
         RX bytes:807 (807.0 b)  TX bytes:10406 (10.1 KiB)
```

图 7-36 查看 eth0 信息

DHCP 服务器的安装与配置

2. 在 Windows XP 平台下检测是否能正常获取 DHCP 服务器的 IP 地址

（1）选择"网上邻居"右键菜单中的"属性"选项，找到"Internet 协议（TCP/IP）"选项，如图 7-37 和图 7-38 所示，选择"属性"按钮修改 IP 地址，在上面选择"自动获得 IP 地址"单选按钮，单击"确定"按钮，然后关闭。如图 7-39 和图 7-40 所示。

图 7-37 "网上邻居"右键菜单中的"属性"选项　　图 7-38 中心交换链接

图 7-39 "Internet 协议（TCP/IP）"选项和"属性"按钮

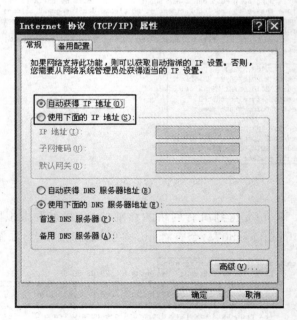

图 7-40 设置为自动获取 IP 地址

（2）在"开始"菜单中找到"运行"选项，输入"cmd"命令，打开 DOS 操作系统，如图 7-41 所示。在 DOS 界面下输入"ipconfig /release"命令释放 IP 地址和"ipconfig /renew"命令获得 DHCP 服务器分配的 IP 地址。效果如图 7-42 所示。

图 7-41　打开 DOS 命令

图 7-42　获取 DHCP 服务器 IP 地址

知 识 拓 展

DHCP 服务器所需要的软件包及其用途如下所述。

（1）dhcp-3.0.5-3.el5.i386.rpm：这是 DCHP 主程序包，包括 DHCP 服务器和中继代理程序，安装该软件包，进行相应配置，即可为客户动态分配 IP 地址及其他 TCP/IP 信息。

（2）dhcp-devel-3.0.5-3.el5.i386.rpm：这是 DHCP 服务器开发工具软件包，为 DHCP 开发提供库文件支持。

（3）dhcpv6-0.10-33.el5.i386.rpm：这是 DHCP 的 IPv6 扩展工具，使 DHCP 服务器能够支持 IPv6 的最新功能。

（4）dhcpv6_client-0.10-33.el5.i386：这是 DHCP 客户端 IPv6 软件包，帮助客户获取动态 IP 地址。

安装 DHCP 的 RPM 软件包时，默认安装一个模板配置文件，安装路径为"/user/share/doc/dhcp-3.0.5/dhcpd.conf.sample"。

在 vim 文本编辑器中，可以在末行模式下，输入"set nu"命令，显示行号。

在 DHCP 客户端使用 dhclient 命令，强制计算机释放当前 IP 地址，并向全网段广播 DHCP 请求包，向 DHCP 服务器请求 IP 地址，或者续订 IP 租约信息，包装内部网络的稳定。

DHCP 服务器的安装与配置

① 格式：subnet　网络号　netmask　子网掩码{…}

作用：定义作用域，即指定子网。

说明：网络号必须与 DHCP 服务器的网络号相同。

② 格式：range　起始 IP 地址　结束 IP 地址

作用：指定动态 IP 地址范围。

说明：可以在 subnet 声明中指定多个 range，但 range 所定义的 IP 地址范围不重复。

③ 格式：host 主机名{…}

作用：用于定义保留地址。

说明：该项通常搭配 subnet 声明使用。

本 章 小 结

本章详细介绍 DHCP 服务器的安装、配置和使用。通过本章的学习，应该掌握以下内容：

- DHCP 服务器的基本知识。
- DHCP 协议工作过程。
- DHCP 服务器的主要配置文件 dhcpd.conf（重点）。
- DHCP 服务器的安装的方法。
- DHCP 服务器配置的方法。

操作与练习

一、选择题

1. TCP/IP 中，（　　）协议是用来进行 IP 自动分配的。

    A. ARP　　　　　　　　B. DHCP　　　　　　　C. DDNS　　　　　　　D. NFS

2. dhcp.conf 中用于向客户分配固定地址的参数是（　　）。

    A. filename　　　　　B. fixed-address　　C. hardware　　　　D. server-name

3. 在客户端怎样通过 DHCP 方式获取 IP（　　）。

    A. 在客户端的网络设置里，将 IP 获取方式选为自动获取，并重新启动网络

    B. 只要将客户端的网络重新启动就可以了

    C. 只需在客户端的网络设置里将 IP 获取设置为自动获取

    D. 不需要进行客户端的网络设置

4. DHCP 的租约文件默认保存在目录（　　）下。

    A. /var/lib/dhcp/　　　　　　　　　　B. /var/lib/dhcpd/

    C. /var/log/dhcpd/　　　　　　　　　　D. /etc/dhcpd/

5. 网络上的 DHCP 客户端从 DHCP 服务器下载网络的配置信息，信息包括（　　）。

    A. IP 地址和子网掩码　　　　　　　　　B. 网关地址

    C. DNS 服务器地址　　　　　　　　　　D. 以上都是

二、操作题

配置 DHCP 服务器，要求：

（1）能够为 192.168.1.10～192.168.1.140 网段的客户机分配 IP 地址。

（2）分配域名为 pcbjut.com。

（3）并为主机 mail 保留 IP 地址 192.168.1.2，其中主机 mail 的 MAC 地址为 11：22：33：44：55：66。

步骤：

（1）cp /usr/share/doc/dhcp-3.0.5/dhcp.conf.sample dhcp.conf。

（2）vim /dhcpd.conf。

修改内容如下：

```
subnet 192.168.1.0 netmask 255.255.255.0
{
  range _____;
  …
}
…
host mail{
hardward ethernet 11:22:33:44:55:66;
fixed-address _____;
}
…
option domain-name "pcbjut.com"
```

（3）保存退出。

（4）启动服务器：service dhcpd start。

第8章 NFS 服务器的安装与配置

8.1 NFS 服务器简介

8.1.1 网络磁盘驱动器 NFS

前面介绍了 Samba 服务器,可以允许 Windows 客户端利用"网上邻居"获得 Linux 上的共享目录、文件和打印机。就如同访问本机上的资源一样。但是 Linux 主机如何访问网络中其他主机上的资源呢? 答案就是 NFS(Network File System)服务,利用 NFS,Linux 主机也可以在网络中互相分享资源,以提高资源的使用率。

NFS 最初是由 SunMicrosystem 公司于 1984 年开发出来的,最主要的功能就是让网络上的 UNIX 主机可以通过网络共享目录及文件。用户可以将远端所共享出来的档案系统,挂载(mount)在本地端的系统上,然后就可以很方便地使用远端档案,操作起来就像在本地操作一样,不会感到有什么不同,而且使用 NFS 有众多优点,如档案可以集中管理,节省磁盘空间等。

8.1.2 NFS 运行原理

NFS 是一种分布式文件系统(Distributed File System),其主要功能是让网络上的 UNIX 主机可以共享目录及文件。它的原理是在客户端上,通过网络将远程主机共享的文件系统利用安装(mount)的方式加入本机的文件系统,此后的操作就像在本机操作一样。这样设计的好处除了可以提升资源的利用率外,还可以大大节省硬盘空间,因为每台主机不需要将所有的文件都复制到本机上,同时也可做到资源的集中管理。

虽然 NFS 有属于自己的协议与使用的 port number。但是在资料传送或者其他相关信息传递的时候,NFS 使用的则是一个称为远程过程调用(Remote Procedure Call,RPC)的协议来协助 NFS 的运作。

NFS 使用 RPC 来传递客户端和服务器之间的信息,因此在双方进行 NFS 通信时,必须启动 portmap 服务,并且用于适当的 Run Level。而 portmap 服务在运行时,也需要以下程序的协作:

(1) rpc. mountd 用来接收来自 NFS 客户端和服务器的安装请求,并且检查此请求是否符合汇出的文件系统。

(2) rpc. nfsd:该程序属于 NFS 服务中的用户层,它配合 Linux 内核来满足 NFS 客户端的动态式请求,例如增加额外的服务工作线(Tread)以提供 NFS 客户端使用。

如果要确定 portmap 服务是否正常启动,可以运行 rpcinfo 命令。MFSv2 使用 UDP (User Datagram Protocol)作为客户端和服务器通信时的通信协议(NFSv2 使用 UDP 或 TCP)。在客户端通过身份验证并允许访问共享的资源后,NFS 服务器会将 Cookie 信息写入到客户端,这种做法可以减少网络流通量。

8.1.3 NFS 技术细节

与大多数基于网络的服务一样,NFS 也使用了客户端和服务器实例,也就是说它有自己的客户端组件和服务器端组件。

例如在客户机 B 上,要把 NFS 服务器 A 上的"/usr/man"挂载到客户机 B 的"/mnt/man",只要使用命令:"mount machine_name:/usr/man /mnt/man"就可以挂载过来。使用该命令不仅可以挂载目录,也可以挂载一个文件。但是,在挂载之后只能对文件进行读或写操作,而不能在远程计算机上移动或删除此文件或目录。另外,在挂载目录"/usr"后,不能再挂载"/usr"下面的目录,否则会发生错误。

8.1.4 NFS 的版本

目前 NFS 的版本有几种:NFSv2、NFSv3 和 NFSv4。而 NFSv3 增加了一些功能,如错误报告功能(在 Red Hat Linux 9 中同时使用 NFSv2 和 NFSv3,并以 NFSv3 为默认版本); NFSv4 是最新的标准,如果需要利用前沿的新特性以及不考虑向后的兼容性的新部署时,就可以考虑使用 NFSv4。

NFSv2 挂载请求是基于每个主机的,而不是基于每个用户的,它使用 TCP 或者 UDP 作为传输协议。版本 2 的客户端可以访问的文件大小限制在 2GB 以下。

NFSv3 这个版本包含了对 NFSv2 中大量 Bug 的修复,与协议版本 2 相比,它提供了更多性能以及在性能上的提高,它也可以使用 TCP 或者 UDP 作为其传输协议。依赖于 NFS 服务器本身文件系统的限制,客户端可以访问 2GB 以上大小的文件。挂载请求也是基于每个主机,而不是基于每个用户的。

NFSv4 这个版本使用可靠的协议如 TCP 或者 SCTP 作为其传输协议。它安全性的提高主要来自于它对 kerberos 的支持,例如,客户端的认证可以根据每个用户或者主要的负责人来管理。它被设计为 Internet 应用,因而协议的这个版本对防火墙很友好,它监听众所周知的端口 2049。在这个协议版本中不再需要 RPC 绑定协议的服务,因为这些功能已经内建在服务器中了。换句话说,NFSv4 在单一的协议规范中结合了以前这些全然不同的 NFS 协议(不再使用 portmap 服务)。它包含了对文件访问控制列表(ACL)的支持,同时它还支持版本 2 和版本 3 的客户端。在 NFSv4 中引入了伪文件系统的概念。

管理员可以在客户端 NFS 共享的时候使用 mount 选项来指定使用的 NFS 版本。对应使用 NFSv2 的 Linux 客户端,mount 的选项为"nfsvers=2";对于使用 NFSv3 的 Linux 客户端,mount 的选项为"nfsvers=3";对于使用 NFSv4 的 Linux,通过指定 NFSv4 作为文件系统的类型来使用 NFSv4。

8.1.5 NFS 的安全性

NFS 并不是一个很安全的共享磁盘的方法,使 NFS 系统更安全的步骤与让其他系统更安全的步骤并没有什么不同,唯一的方法是管理员必须要有信任客户端系统上用户及其 root 用户的能力。如果同时是客户端和服务器两个系统上的 root 用户,就不太需要担心这一点。在这种情况下重要的是确保非 root 用户不能变成 root 用户,这也就是管理员所需要注意的地方!

如果处于不能完全信任访问共享磁盘用户的这种环境下,那就需要花时间来努力找出可选的共享资源的方式(比如只读共享磁盘)。

8.1.6 NFS 的优点

(1) 本地工作站使用更少的磁盘空间,因为数据通常可以存放在一台计算机上而且可以通过网络访问。

(2) 用户不必在每个网络的计算机中都有一个 home 目录。home 目录可以放在 NFS 服务器上并且在网络上处处可用。

(3) 提供透明的文件访问及文件传送。

(4) 用户可以直接获取远程文件和数据,而不必了解其细节。

(5) 在网络上真正实现分布式处理。

(6) 扩充新的资源或软件时不需要改变现有的工作环境。

(7) 高性能,可灵活配置。

8.2 NFS 服务器的安装与配置

8.2.1 NFS 服务器的安装

目前几乎所有的 Linux 发行版本都默认安装了 NFS 服务,Red Hat Enterprise Linux 5 也不例外。使用默认方式安装完毕后,NFS 服务就已经被安装在系统中了。如果要启动 NFS 服务,必须至少具备以下两个软件包。

nfs-utils 软件包:为 NFS 服务的主要套件,提供 rpc.nfsd 和 rpc.mounted 两个守护进程与其他相关文档、执行文件的套件。

portmap 软件包:该软件包借助 RPC 服务的帮助,负责端口影射工作以保证 NFS 服务的正常运行。

在 Red Hat Enterprise Linux 5 的终端窗口中用"rpm -qa | grep nfs-utils"和"rpm - qa | grep portmap"命令分别查询系统中是否安装了 nfs-utils 和 portmap 软件包,如图 8-1 所示。

图 8-1 查询 nfs 和 portmap 软件包

从图中可以看到，系统已经安装了 nfs-utils 和 portmap 软件包。如果当前系统中没有安装 NFS 使用的软件包，则可以通过 Red Hat Enterprise Linux 5 的安装光盘进行安装。在光盘的"/Server"目录下查找 NFS 服务及 portmap 服务的 RPM 软件包 nfs-utils-1.0.9-16.el5.i386.rpm 和 portmap-4.0-65.2.2.1.i386.rpm。由于 portmap 软件包中的 portmap 服务为 NFS 和 NIS 等提供 RPC 服务支持，因此根据依赖性应先安装 portmap 软件包，安装命令为"rpm -ivh/mnt/cdrom/Server/portmap-4.0.-65.2.2.1.i386.rpm"。

nfs-utils 软件包中提供了 NFS 服务程序和相应的维护工具，安装 NFS 服务的命令如图 8-2 所示。

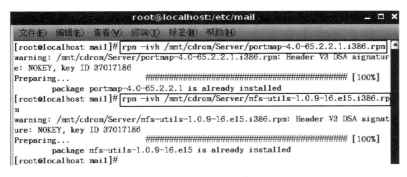

图 8-2　安装 nfs 软件包

8.2.2　NFS 服务器的启动与停止

（1）启动 NFS 服务器。

先用 service 命令启动 portmap，然后再启动 NFS，如图 8-3 所示。

图 8-3　启动 portmap 服务

（2）重新启动 NFS 服务器。

在停止或重启 NFS 服务的时候，portmap 服务可以不停止，如图 8-4 所示。

图 8-4　重启 NFS 服务器

注意：在没有对 NFS 的配置文件“/etc/exports”(默认内容为空)进行配置之前，重启或停止 NFS 服务时会出现“关闭 NFS 服务失败”的现象，当正确配置后，该问题就会自动解决。

(3) 停止 NFS 服务器。

使用“service nfs stop”命令停止 NFS 服务，如图 8-5 所示。

root@localhost:~
文件(F) 编辑(E) 查看(V) 终端(T) 标签(B) 帮助(H)
[root@localhost ~]# service nfs stop
关闭 NFS mountd: [确定]
关闭 NFS 守护进程: [确定]
关闭 NFS quotas: [确定]
关闭 NFS 服务: [确定]
[root@localhost ~]#

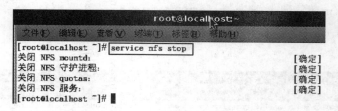

图 8-5　停止 NFS 服务器

(4) 查看目前 NFS 服务器状态。

使用 service nfs status 命令查看 NFS 服务器的当前状态，如图 8-6 所示。

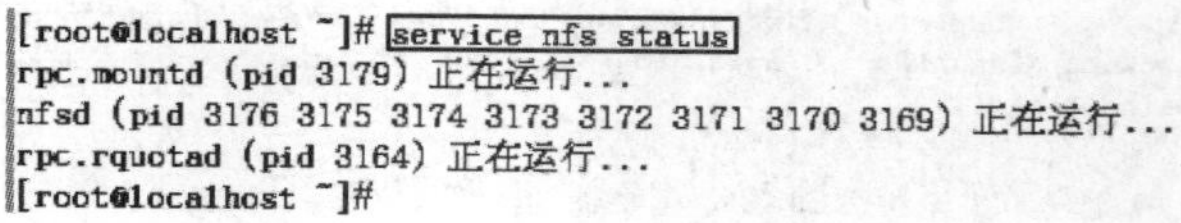

[root@localhost ~]# service nfs status
rpc.mountd (pid 3179) 正在运行...
nfsd (pid 3176 3175 3174 3173 3172 3171 3170 3169) 正在运行...
rpc.rquotad (pid 3164) 正在运行...
[root@localhost ~]#

图 8-6　查看目前 NFS 服务器状态

8.2.3　开机时启动 NFS 服务器

在终端窗口中输入 ntsysv 命令，然后在出现的画面中，利用上下方向键将光标移到菜单中的 nfs 项目，然后按 Space 键进行选择，最后按 Tab 键将光标移到“确定”按钮并按 Enter 键完成设置，如图 8-7 所示。

root@localhost:/etc/mail
文件(F) 编辑(E) 查看(V) 终端(T) 标签(B) 帮助(H)
ntsysv 1.3.30.1 - (C) 2000-2001 Red Hat, Inc.
服务
您想自动启动哪些服务?
[*] nfs
[*] nfslock
[ ] nscd
[ ] ntpd
[ ] pand
[*] pcscd
portmap
psacct
确定
取消
按 <F1> 可获取关于某项服务的详情。

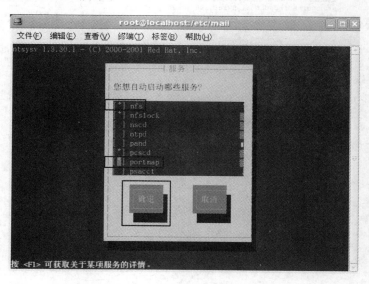

图 8-7　选择 nfs 为开机自启动服务

或者在终端输入"chkconfig --level 35 nfs on"和"chkconfig-level 35 nfs off"命令，如图 8-8 所示。

[root@localhost~]ntsysv

```
[root@localhost ~]# chkconfig —level 35 nfs on
[root@localhost ~]# chkconfig —level 35 nfs off
```

图 8-8 使用命令设置 nfs 为开机自启动服务

8.2.4 NFS 服务器的配置文件

NFS 的配置都集中在"/etc/exports"文件中，它是共享资源的访问控制列表，不仅可以在此新建共享资源，同时也能对访问共享资源的客户端进行权限管理。

在"/etc/exports"文件中每一条记录都代表一个共享资源以及访问权限设置，它的格式如下：

共享目录客户端（访问权限，选项，用户 ID 对应）

（1）共享目录。

在指定共享目录时要把握一个原则：使用绝对路径。

（2）客户端。

指定允许连接此 NFS 服务器的客户端，可以使用的客户端的表示方式有很多，包括以下几种。

单一主机：主机名、别名或 IP 地址，如果指定超过一个以上的主机，则必须以空格加以分隔。

群组：可以使用"@群组名称"的格式来指定允许连接 NFS 服务器的群组，如@WORKGROUP。

万用字符：可以使用"＊"或"?"来指定允许连接 NFS 服务器的客户端。

网络节点：如果要指定 IP 网络节点的客户端，那么可以使用符合 CIDR 格式的表示法，如 192.168.0.0/24 或 192.168.0.0/255.255.255.0。

（3）访问权限。

NFS 客户端的访问权限分为以下两类：

rw：可以读写。

ro：只读。

（4）选项。

async：数据先暂存于内存当中，不直接写入硬盘。

sync：数据同步写入到内存与硬盘当中。

（5）用户 ID 对应。

通常用户都会希望在访问 NFS 服务器上的共享资源时，也可以享有在本机一样的权限，但这很容易造成安全上的漏洞。比如在客户端主机的 root 用户如果连接到 NFS 服务器后，仍具有 root 的权限，可能造成的影响可想而知。

因此为了避免以上的问题，可使用"用户 ID 对应"的方式。即将原本高权限的账号对应到一般的账号,如将 uid0(root)对应到 anonymous 或 nobody。

　　root_squash:将 uid0 和 gid0 对应到 anonymous 使用的 id。

　　no_root_squash:停用 root_squash 功能。

　　all_squash:将所有 uid 和 gid 对应到 anonymous 使用的 id。

　　no_all_squash:停用 all_squash 功能。

　　注意:如果不设置用户 ID 对应,则默认值为 root_squash。

　　在设置"/etc/exports"文件前需特别注意"空格"的使用。因为在配置文件中,除了分开共享目录和共享主机,以及分隔多台共享主机外,其余的情形下都不可使用空格。

　　例如,/home client1 client2(rw)

　　　　　　/home client1 client2 (rw)

　　第一个范例中,客户端 client1 和 client2 可以读取并写入"/home"目录,但第二个范例却表示客户端 client1 和 client2 只可以读取"/home"目录内容(即客户端的默认权限),而其他的客户端对"/home"目录享有读写权限。

8.2.5　NFS 客户端的配置

　　(1) Linux 客户端的使用。

　　① 创建共享目录。

　　为了更好地说明客户端的配置使用,先重新创建两个共享目录。修改"/etc/exports",命令如下所示:

```
[root@localhat~]#vim /etc/exports
/111 192.168.3.5(ro,sync)
/222 192.168.3.7(ro,sync)
```

　　② 重新启动服务器。

　　③ 查看 NFS 服务器共享目录,客户端先使用"showmount-e"命令查看 NFS 服务器发布的共享目录,如下所示。

```
[root@localhat~]#service nfs restart
```

　　(2) 挂载 NFS 文件系统。

　　查看 NFS 服务器端发布的共享目录后,使用 mount 命令将共享目录挂载到本地使用,挂载命令如下:

　　mount -t nfs NFSF 服务器的 IP 地址(或主机):共享目录　本地挂载点

　　同一个本地目录不能重复挂载。当客户端没有权限访问 NFS 服务器上的共享目录时会报错。

　　(3) 测试挂载文件。

　　(4) 卸载 NFS 文件系统。

　　其设置命令如下:

```
[root@localhat~]#showmount -e 192.168.3.50
Directoties on 192.168.3.50
/111 192.168.3.5
```

/222 192.168.3.7

使用 umount 命令可以将挂载的目录卸载。

```
[root@localhat~]#umount /home/001
```

8.3 NFS 服务器配置综合案例

8.3.1 任务描述

为解决公司中 Linux 计算机与 Linux 计算机之间的资源共享,公司陈工程师提出建立并配置一台 NFS 服务器,具体描述如下:

(1) 在虚拟机上配置 NFS 服务器,发布的共享目录为"/home/n1"和"/home/n2",只允许以本机作为客户机挂载访问,对共享目录具有读写权限。

(2) 在步骤(1)的基础上给客户端加读写权限。

(3) 配置 NFS 服务器,要求发布共享目录为"/home/n1",允许两个指定的客户机访问 NFS 服务器,其他计算机不允许访问;其中一台客户机进行用户 ID 映射,另一台计算机不设置用户 ID 映射。

(4) 配置 NFS 服务器,要求发布共享目录为"/home/n4",允许指定的客户机访问 NFS 服务器,其他机器不允许访问(要求用另一个虚拟机上打开指定的客户机)。

8.3.2 任务准备

任务的准备工作包含如下几项。

(1) 一台安装 RHEL 5 Server 操作系统的计算机,且配备有光驱、音箱或耳机。

(2) 一台安装 Windows XP 操作系统的计算机。

(3) 两台计算机均接入网络,且网络畅通。

(4) 一张 RHEL 5 Server 安装光盘(DVD)。

(5) 以超级用户 root(密码 123456)登录 RHEL 5 Server 计算机。

8.3.3 任务实施

1. 安装 NFS 服务器软件包

(1) 在 Red Hat Enterprise Linux 5 的终端窗口中用"rpm -qa|grep nfs-utils"和"rpm -qa|grep portmap"命令分别查询系统中是否安装了 nfs-utils 和 portmap 软件包。效果如图 8-9 所示(rpm -qa 查询软件包)。

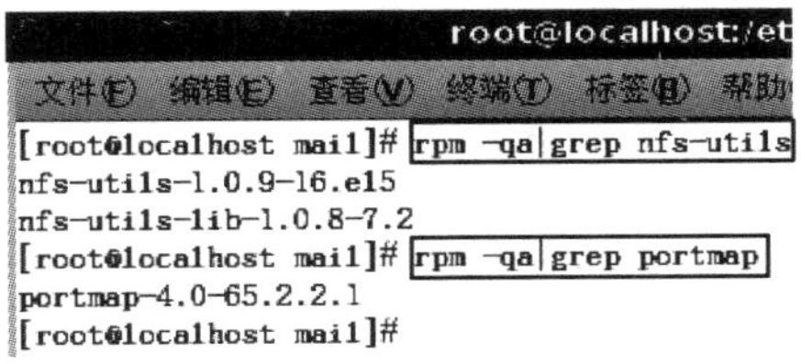

图 8-9　查询是否安装 nfs 和 portmap 软件包

（2）若未安装，在有"/mnt/cdrom"目录后，需要查看是否存在光盘。在右下角有一个光盘的图标，双击光盘图标，出现一个编辑虚拟机设置，在使用光盘下的使用 ISO 镜像文件中选择 rhel.5.0 的镜像文件。挂载光盘，在终端下输入"mount /dev/cdrom /mnt/cdrom"命令，显示 read-only 就表示挂载好了。效果如图 8-10 所示（mount 挂载文件：mount 是 Linux 下的一个命令，它可以将 Windows 分区作为 Linux 的一个"文件"挂接到 Linux 的一个空文件夹下，从而将 Windows 的分区和"/mnt"这个目录联系起来，因此我们只要访问这个文件夹，就相当于访问该分区了）。

```
[root@localhost mail]# mount /dev/cdrom /mnt/cdrom
mount: block device /dev/cdrom is write-protected, mounting read-only
mount: /dev/cdrom already mounted or /mnt/cdrom busy
mount: according to mtab, /dev/hdc is already mounted on /mnt/cdrom
[root@localhost mail]#
```

图 8-10　挂载光盘

（3）安装 nfs-utils 和 postmap 软件包，查看到在"/mnt"下关于 nfs-utils 的软件包是"/mnt /Server/nfs-utils-1.0.9-16.el5.i386.rpm"，关于 portmap 的软件包是"/mnt/Server/portmap-4.0-65.2.2.1.i386.rpm"。在终端下输入"rpm -ivh/mnt/Server/nfs-utils-1.0.9-16.el5.i386.rpm"和"rpm -ivh/mnt/Server/portmap-4.0.65.2.2.1.i386.rpm"命令，如图 8-11 所示。

图 8-11　安装软件包

（4）安装完软件包后，先用 service 命令启动 portmap，然后再启动 NFS 服务，因为在停止或重启 NFS 服务的时候，portmap 服务可以不停止。使用"service nfs status"命令查看 NFS 服务器的当前状态，如图 8-12 所示。

（5）在终端窗口中输入 ntsysv 命令，然后在出现的画面中，利用上下方向键将光标移到菜单中的 nfs 项目，然后按 Space 键进行选择，最后用 Tab 键将光标移到"确定"按钮并按 Enter 键完成设置。效果如图 8-13 所示。

```
[root@localhost~]# ntsysv
```

2. 配置 NFS 服务器

NFS 的配置都集中在"/etc/exports"文件中，它是共享资源的访问控制列表，不仅可以在此新建共享资源，同时也能对访问共享资源的客户端进行权限管理。在更改配置"/etc/exports"文件后，需要通过 exportfs 命令使更改后的配置文件生效。在默认情况下，nfs 安

图 8-12　启动 NFS 服务

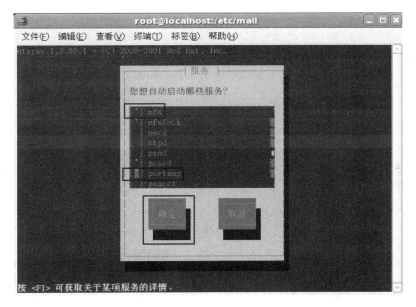

图 8-13　选择 nfs 为开机自启动项

装完成之后会在"/etc"目录下创建一个空白的 exports 文件，即没有任何共享目录，可以在终端输入"vim /etc/exports"命令来修改该文件，如图 8-14 所示。在配置 NFS 服务器时需要对其进行手工编辑，如图 8-15 所示。

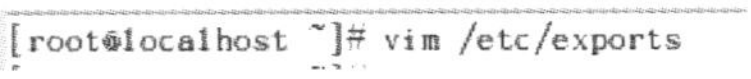

[root@localhost ~]# vim /etc/exports

图 8-14　打开配置文件

8.3.4　任务检测

1. 在 Linux 环境下本机作为客户机检测是否能共享目录（即本地回环测试 1）

配置 NFS 服务器（IP 地址为 192.168.3.50），发布的共享目录为"/home/n1"，只允许

NFS 服务器的安装与配置

258

图 8-15　查看配置文件的内容

以本机作为客户机挂载访问,对共享目录具有读写权限。

（1）用 vim 编辑器打开 NFS 服务器的"/etc/exports"文件。允许客户端（IP 地址: 192.168.3.50）对"/home/n1"文件夹下的内容进行读写操作,且数据同步写入到内存与硬盘当中;并且允许客户端（IP 地址: 127.0.0.1）对"/home/n2"件夹下的内容进行读写操作,且数据同步写入到内存与硬盘当中。由于这里没有设置用户 ID 对应,所以按默认值 root_squash 来设置生效,即将 root 账户映射到 anonymous 上,效果如图 8-16 所示。

[root@localhost~]vim /etc/exports

（2）在 NFS 服务器上建立共享目录"/home/n1"和"/home/n2"以及测试文件。在终端输入"cd /home"命令进入到"/home"目录下。输入"mkdir n1"命令新建目录 n1。使用 cd 命令进入 n1 目录下,使用文本编辑器新建一个文件名为 123. txt,使用 ll 命令查看文件。效果如图 8-17 所示。在终端输入"cd /home"命令进入到"/home"目录下。输入"mkdir n2"命令新建目录 n2。使用 cd 命令进入 n2 目录下,在终端输入"cat > 234. txt"命令新建一个文件,如图 8-18 所示。使用 ll 命令查看文件。重启 NFS 服务器,如图 8-19 所示。

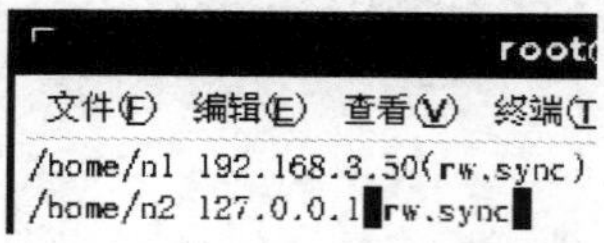

图 8-16　编辑配置文件

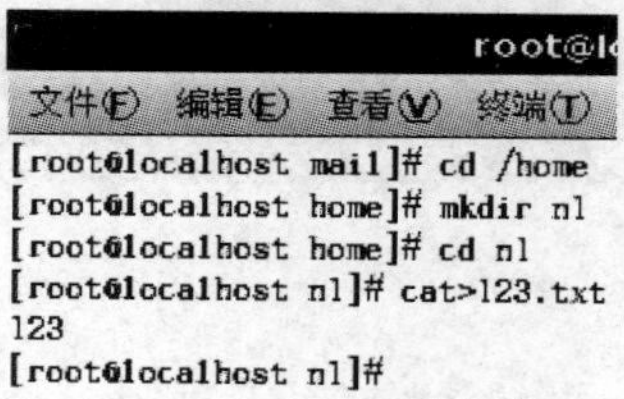

图 8-17　建立"/home/n1"文件

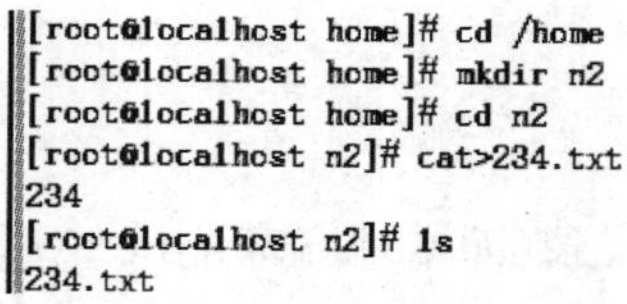

图 8-18　建立"/home/n2"文件

图 8-19　重启 NFS 服务器

（3）每当用户修改了"/etc/exports"配置文件,使用 exportfs 指令检查 NFS 服务器配置是否正确,在终端输入"exportfs -rv"命令来重新输出共享目录,如图 8-20 所示(如果想要停止输入当前主机中 NFS 服务器的所有共享目录,可以使用"exportfs -auv"命令)。

（4）以本机作为 NFS 服务器的客户机进行测试。在客户端如果要查看 NFS 服务器上的共享资源,可以使用 NFS 软件包中的"showmount -e"指令查看,在如图 8-21 所示的例子中,NFS 服务器发布的共享目录是"/home/n1"和"/home/n2"。

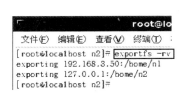

图 8-20 输出共享目录   图 8-21 发布共享目录

（5）在客户端创建挂载目录"/home/n3",其初始内容为空,在终端输入"mkdir /home/n3"命令,使用 ll 命令查看。然后用 mount 命令将 NFS 服务器下的共享目录"/home/n1"挂载到客户端的"/home/n3"目录下,在终端输入"mount 127.0.0.1：/home/n1 /home/n3"命令,如图 8-22 所示。

注意：挂载之前,要先从挂载目录"/home/n3"中退出来,否则会看不到效果。

图 8-22 挂载 NFS 共享目录

（6）当然,挂载成功后,也可以通过图形方式访问共享目录,从图中看到,发布的共享目录"/home/n1"下的全部内容,均已成功挂载到了指定目录"/home/n3"下了,如图 8-23 所示。

（7）在"/home/n3"可以进行浏览、复制等基本操作,但如果要执行删除文件或创建目录等写操作,则是不允许的(从图中可以看出,NFS 服务器允许客户端 127.0.0.1 访问共享目录"/home/n2",并具有写权限,但在实际测试中却无法进行写操作,原因在于 NFS 服务器默认采用了 root_squash 的用户 ID 对应方式,即将 root 用户映射成了 anonymous,权限降低了)。效果如图 8-24 所示。

2. 本地回环测试 2

（1）将 NFS 主配置文件中的用户 ID 对应参数设置成 no_root_squash,也就是当以 root 身份登录 NFS 服务器时,不进行权限的降低,仍具有 root 用户的权限,这样就可以执行写操作了。然后用"exportfs -rv"指令检查主配置文件"/etc/exports"是否存在语法错误。没

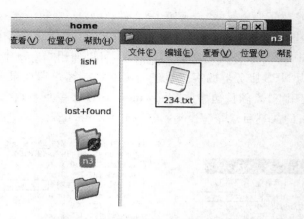

图 8-23　使用图形界面查看挂载情况

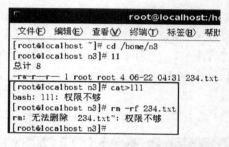

图 8-24　查看挂载目录权限

有问题就可以在客户端测试了。在客户端先用"showmount -e"指令查看 NFS 服务器发布的共享目录信息。效果如图 8-25、图 8-26 和图 8-27 所示。

图 8-25　打开配置文件　　　　　　　　　　图 8-26　参数设置成 no_root_squash

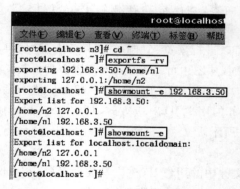

图 8-27　输出发布共享目录

（2）用 mount 指令将 NFS 服务器发布的共享目录"/home/n2"挂载到指定目录"/home/n3"下，由于之前已经挂载过，且一直没有卸载，所以再次挂载会出现如图 8-28 所示的问题。正确的做法是先用 umount 指令将/home/n3 目录卸载，然后重新挂载，如图 8-28 所示。

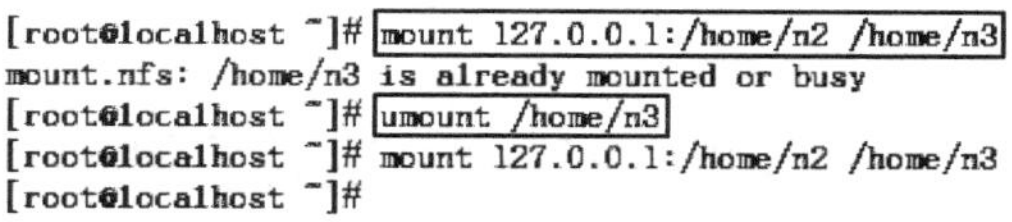

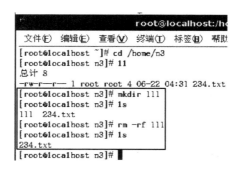

图 8-28　挂载目录

（3）在客户端挂载成功后，进入"/home/n3"目录中，进行写权限的测试，这次就没有问题了，如图 8-29 所示。

图 8-29　具有读写权限 NFS 共享目录

3. 通过指定客户机测试 1

（1）配置 NFS 服务器，要求发布的共享目录为"/home/n1"，允许两个指定的客户机访问 NFS 服务器，其他计算机不允许访问；其中一台客户机进行用户 ID 映射，另一台计算机不设置用户 ID 映射。

发布 NFS 服务器的共享目录为"/home/n1"，允许客户端 192.168.3.7 和 192.168.3.50 访问。客户端 192.168.3.7 对共享目录具有写权限，数据同步写入到内存与硬盘当中，并将 root 账户映射到 anonymous 上。客户端 192.168.3.50 对共享目录具有写权限，数据同步写入到内存与硬盘当中，不进行用户 ID 对应的设置。

对 NFS 服务器的主配置文件"/etc/exports"进行修改，加入一行发布信息。在终端输入"vim /etc/exports"命令，如图 8-30 所示。然后用"exportfs -rv"指令检查主配置文件"/etc/exports"是否存在语法错误，如图 8-31 所示。没有问题的话就可以在客户端测试了。在客户端先用"showmount -e"指令查看 NFS 服务器发布的共享目录信息，如图 8-32 所示。

图 8-30　打开配置文件

262

图 8-31　编辑配置文件

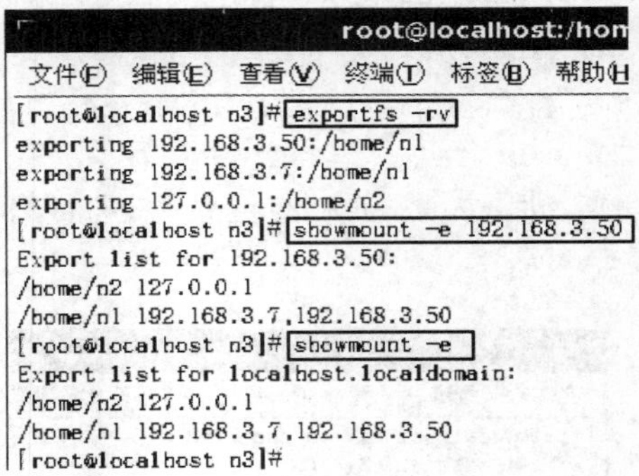

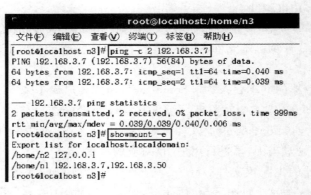

图 8-32　输出共享目录

（2）从图 8-32 中可以看出，NFS 服务器发布的共享目录"/home/n1"允许 2 个客户端访问，分别是 192.168.3.7 和 192.168.3.50。下面就可以在客户端测试了。首先从客户端 192.168.3.7 进行测试。先用 ping 命令测试一下客户机与 NFS 服务器 192.168.3.7 的网络是否畅通，然后再用"showmount -e"指令查看 NFS 服务器发布的共享目录信息。效果如图 8-33 所示。

图 8-33　查看连通性

（3）下面就可以进行挂载了，先在客户机 192.168.3.7 上创建挂载目录"/001"，然后用 mount 命令将 NFS 服务器发布的共享目录"/home/n1"挂载到指令目录"/home/001"中。效果如图 8-34 所示。

（4）成功挂载后，用 cd 命令进入挂载目录"/home/001"下，可以看到与 NFS 服务器发布目录"/home/n1"下的内容是一致的。如果要在该目录进行写操作，是不允许的。因为客户机 192.168.3.7 进行了用户 ID 映射，只具有 anonymous 的权限。效果如图 8-35 所示。

（5）用客户端 192.168.3.50 进行测试。先用 ping 命令测试一下客户机与 NFS 服务器

```
                    root@localhost:/home
文件(F) 编辑(E) 查看(V) 终端(T) 标签(B) 帮助(H)
[root@localhost n3]# cd /home
[root@localhost home]# mkdir 001
[root@localhost home]# mount 192.168.3.7:/home/n1 /home/001
[root@localhost home]#
```

图 8-34　挂载 NFS 共享目录

```
[root@localhost home]# cd 001
[root@localhost 001]# ls
123.txt
[root@localhost 001]# mkdir 111
mkdir: 无法创建目录 "111": 权限不够
[root@localhost 001]# rm -rf 123.txt
rm: 无法删除 "123.txt": 权限不够
[root@localhost 001]#
```

图 8-35　测试共享目录权限

192.168.3.50 的网络是否畅通,然后再用"showmount -e"指令查看 NFS 服务器发布的共享目录信息。效果如图 8-36 所示。

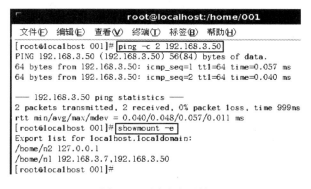

```
                    root@localhost:/home/001
文件(F) 编辑(E) 查看(V) 终端(T) 标签(B) 帮助(H)
[root@localhost 001]# ping -c 2 192.168.3.50
PING 192.168.3.50 (192.168.3.50) 56(84) bytes of data.
64 bytes from 192.168.3.50: icmp_seq=1 ttl=64 time=0.057 ms
64 bytes from 192.168.3.50: icmp_seq=2 ttl=64 time=0.040 ms

--- 192.168.3.50 ping statistics ---
2 packets transmitted, 2 received, 0% packet loss, time 999ms
rtt min/avg/max/mdev = 0.040/0.048/0.057/0.011 ms
[root@localhost 001]# showmount -e
Export list for localhost.localdomain:
/home/n2 127.0.0.1
/home/n1 192.168.3.7,192.168.3.50
[root@localhost 001]#
```

图 8-36　测试连通性

(6) 下面就可以进行挂载了,先在客户机 192.168.3.50 上创建挂载目录"/002",然后用 mount 命令将 NFS 服务器发布的共享目录"/home/n1"挂载到指令目录"/home/002"中。挂载成功后,进入到挂载目录"/home/002"中,用 mkdir 命令创建子目录,进行写权限的测试,如图 8-37 所示。可以看到客户机 2(IP:192.168.3.50)是可以进行写操作的,因为 NFS 服务器对客户机 192.168.3.50 没有进行用户 ID 映射,即仍为 root 身份。如果想将客户机 2(IP:192.168.3.50)的权限设置成只读,有两种方法:一是将 NFS 服务器的主配置文件设为如图 8-37 所示。"/etc/exports"中客户机 192.168.3.50 读写参数由原来的 rw 换成 ro,那么客户机自然也就不具有写权限了;另外也可以给客户机 192.168.3.50 设置用户 ID 对应参数,即 root_squash,使其降级为 anonymous 用户,取消写权限。

注意:如果从客户端挂载不上,则需要先关闭客户端的防火墙,然后再次挂载,就可以了。

4. 通过指定客户机测试 2

(1) 在另一台 Linux 虚拟机上,修改 IP 地址,将 IP 地址修改为跟 NFS 服务器在同一个

```
[root@localhost ~]# cd /home
[root@localhost home]# mkdir 002
[root@localhost home]# mount 192.168.3.50:/home/n1 /home/002
[root@localhost home]# cd 002
[root@localhost 002]# ls
123.txt
[root@localhost 002]# mkdir 111
[root@localhost 002]# ls
111  123.txt
[root@localhost 002]# rm -rf 111
[root@localhost 002]# ls
123.txt
[root@localhost 002]#
```

图 8-37　测试共享目录权限

网段,并且在终端上 ping 通 NFS 服务器,如图 8-38 和图 8-39 所示。

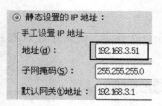

图 8-38　修改 IP 地址

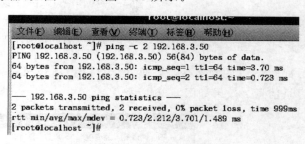

图 8-39　测试连通性

（2）在终端上输入"vim /etc/exports"指令,如图 8-40 所示,在终端上新建一个目录使这个目录能被客户端 192.168.3.51 访问,如图 8-40 所示,然后用"exportfs -rv"指令检查主配置文件"/etc/exports"是否存在语法错误。没有问题就可以在客户端测试了。在客户端先用"showmount -e"指令查看 NFS 服务器发布的共享目录信息,如图 8-41 所示。

[root@localhost～]vim /etc/exports

```
                        root@localhost:/home/002
文件(F)  编辑(E)  查看(V)  终端(T)  标签(B)  帮助(H)
/home/n1 192.168.3.50(rw,sync,no_root_squash) 192.168.3.7(rw,sync)
/home/n2 127.0.0.1(rw,sync,no_root_squash)
/home/n4 192.168.3.51 rw,sync
```

图 8-40　编辑配置文件

```
[root@localhost 002]# exportfs -rv
exporting 192.168.3.50:/home/n1
exporting 192.168.3.7:/home/n1
exporting 127.0.0.1:/home/n2
exporting 192.168.3.51:/home/n4
[root@localhost 002]# showmount -e 192.168.3.50
Export list for 192.168.3.50:
/home/n2 127.0.0.1
/home/n1 192.168.3.7,192.168.3.50
[root@localhost 002]#
```

图 8-41　输出共享文件

（3）首先在"/home"下创建 n4 目录，在 n4 目录下创建 111 目录为测试作准备，作为 NFS 服务器新的共享目录，在另一个客户端创建挂载目录"/234"，其初始内容为空，在终端输入"mkdir /home/测试"指令，使用 ll 命令查看，如图 8-42 所示。然后使用 mount 命令将 NFS 服务器下的共享目录"/home/测试"挂载到另一个 Linux 客户端的"/234"目录下，在终端输入"mount 192.168.3.50：/home/n4 /234"命令，如图 8-43 所示（注意，挂载之前，要先从挂载目录"/234"中退出来，否则会看不到效果）。

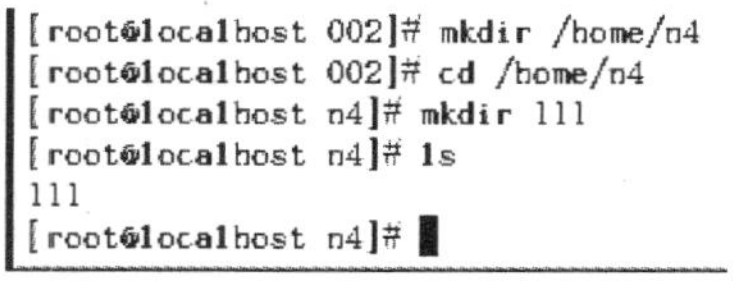

图 8-42　建立测试目录

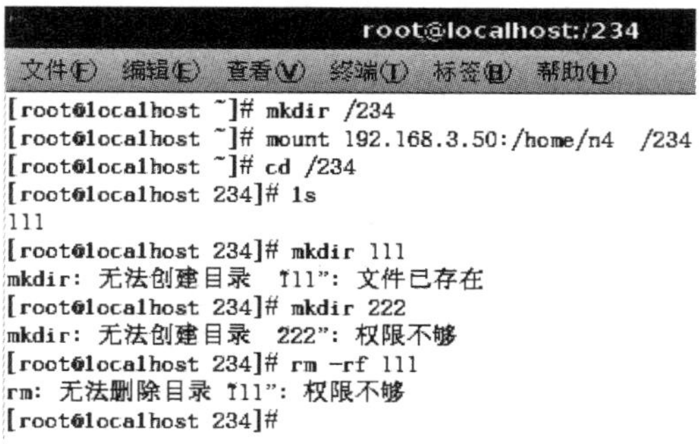

图 8-43　检测共享目录权限

知 识 拓 展

1. exportfs 命令

exportfs 命令可以很好地帮助管理员维护 NFS 共享目录列表。例如重新读取配置文件中的内容（立即生效），停止共享某个目录等。

exportfs 命令格式如下：

exportfs [-raoiuv]

各参数如表 8-1 所示。

表 8-1　exportfs 参数说明

参数	说　明
-a	导出所有列在"/etc/exports"中的目录
-o	指定导出参数，格式与"/etc/exports"文件相同
-i	忽略 exportfs 文件，使用默认或者命令行设定的选项
-r	重新输出所有的目录。删除"/var/lib/nfs/xtab"的内容，并使用"/etc/exports"文件，同步"/var/lib/nfs/xtab"文件
-u	不导出指定目录。与-a 共用则不导出所有目录
-f	指定新的导出文件，而不是用"/etc/exports"
-v	显示输出列表同进，显示导出的设定参数

2. 使用 showmount 命令查看共享目录发布和使用情况

（1）showmount -e IP 地址。

查看 NFS 服务器共享目录以及哪些客户端可以使用这些共享目录。

NFS 服务器的安装与配置

（2）showmount -d IP 地址。

查看 NFS 服务器上哪些共享目录被客户端挂载。

本 章 小 结

本章介绍 NFS 的工作原理及相关的配置操作应用。通过本章的学习，应该掌握以下内容：

- NFS 服务器的作用及用途。
- NFS 服务器的运行原理。
- NFS 服务器的常用设置。
- NFS 服务器的软件包和安装方法（重点）。
- NFS 服务器的配置方法（重点）。
- NFS 资源的访问方法（重点）。

操作与练习

一、手写相关语句搭建 NFS 服务器

（1）共享"/test1"目录，允许所有的客户端访问此目录，但只具有读权限。

（2）共享"/test2"目录，允许 192.168.1.0/24 网段客户端访问，并且对此目录具有只读权限。

（3）共享"/test3"目录，只有来自 192.168.4.0/24 网段的客户端具有只读权限。将用户映射成为匿名用户，并且指定匿名用户的 UID 和 GID 都为 725。

二、手写相关语句完成客户端配置

（1）使用 showmount 命令查看 NFS 服务器发布的共享目录。

（2）挂载 NFS 服务器上的"/test1"目录到本地"/test1"目录下。

（3）卸载"/test1"目录。

（4）自动挂载 NFS 服务器上的 test1 目录到本地 test1 目录下。

第9章　Sendmail 服务器的安装与配置

9.1　电子邮件服务器简介

在信息网络飞速发展的今天,电子邮件是人们在 Internet 上使用最广泛的服务之一,用户可以通过电子邮件服务与远程的用户进行经济、方便、快捷且无须在线的信息交流。现在已有很多企业在架设自己的电子邮件系统了。本章主要介绍邮件服务器的基本概念、Sendmail 服务器的安装及其配置。

9.1.1　邮件服务器

首先简单了解一下邮件服务器的工作过程。当用户把邮件消息提交给电子邮件系统时,该系统并不立即将其发送出去,而是将邮件副本与发送者、接收者、目的地计算机的标识以及发送时间一起存入专用的缓冲区(spool)。这时,发送邮件的用户可以执行其他任务,电子邮件系统则在后台完成发送邮件的工作。这一点与传统的邮政服务非常相似。

在发送电子邮件时,必须指定接收者的地址和要发送的内容。接收者的地址格式如下:

收件人邮箱名@主机名. 域名:在此格式中,符号"@"读做"at",表示"在"的意思。在 Linux 系统中,收件人邮箱名就是该用户的注册名。

由于一个主机名在 Internet 上是唯一的,而每一个邮箱名在该主机中也是唯一的。因此,在 Internet 上的每一个电子邮件地址都是唯一的,从而可以保证电子邮件能够在整个 Internet 范围内的准确交付。

在发送电子邮件时,邮件传输程序只使用电子邮件地址中"@"后面的部分,即目的主机名。只有在邮件达到目的主机后,接收方计算机的邮件系统才根据电子邮件地址的收信人邮箱名,将邮件送往收件人的邮箱。在 Linux 系统中,邮箱是一个特殊的文件,通常与用户的注册名相同,称为用户的系统邮箱,例如注册名为 aaa 的用户,他的系统邮箱为:"/var/spool/mail/aaa"。系统邮箱是系统管理员在为用户建立账户时产生的。

9.1.2　电子邮件系统的构成及功能

电子邮件系统由邮件用户代理(Mail User Agent,MUA)和邮件传送代理(Mail Transfer Agent,MTA)两部分组成。

MUA 是一个在本地运行的程序,它使得用户能够通过一个友好的界面来发送和接收邮件。常用的邮件用户代理(如 Windows 系统中的 Outlook、Foxmail,传统 UNIX 系统中的 mail 命令,Linux 系统中的 pine、Evolution 等)都具有撰写、显示和处理邮件的功能,允许用户书写、编辑、阅读、保存、删除、打印、回复和转发邮件,同时还提供创建、维护和使用通信录,提取对方地址,信件自动回复以及建立目录对邮件进行分类保存等功能,方便用户使用和管理邮件。一个好的邮件用户代理可以完全屏蔽整个邮件系统的复杂性。

MTA 在后台运行,它将邮件通过网络发送给对方主机,并从网络接收邮件,它有以下两个功能:

(1) 发送和接收用户的邮件;

(2) 向发信人报告邮件传送的情况(已交付、被拒绝、丢失等)。

由于电子邮件在传输过程中,联网的计算机系统会把消息像接力棒一样在一系列网点间传送,直至到达对方的邮箱。这个传输过程往往要经过很多站点,进行多次转发,因此,每个网络站点上都要安装邮件传输代理程序,以便进行邮件转发。Internet 中的 MTA 集合构成了整个报文传输系统(Message Transfer System,MTS)。

最常用的 MTA 是 Sendmail、Postfix、Qmail 等。

9.1.3 电子邮件协议

正如 Web 服务一样,用于电子邮件服务的协议已经标准化。常用的电子邮件协议包括 SMTP、POP3 和 IMAP。

(1) SMTP(Simple Mail Transport Protocol,简单邮件传输协议)。

这是 Internet 上主要的电子邮件发送协议。当邮件客户程序或邮件服务器要将一封电子邮件发出去时,必须使用 SMTP 协议。SMTP 采用一种称为"推"的技术,将不属于自己的电子邮件"推"送出去,使电子邮件离目的地越来越近。

(2) POP(Post Office Protocol,邮局通信协议)。

当客户需要阅读电子邮件时,早期的邮件服务器要求客户登录到邮件服务器,然后才能开始阅读。也就是说必须以在线的方式处理邮件,这对拨号上网的用户来说是非常不方便的,也是不经济的。理想的做法是,先从邮件服务器上将邮件下载下来,并将邮件存放在客户自己的机器中,然后离线进行阅读和处理。POP 协议就是支持这种邮件处理方式的一种协议。与 SMTP 协议相反,POP 协议采用"拉"技术,从邮件服务器上将邮件"拉"回来。

POP 协议有两个常用版本:POP2 和 POP3。二者彼此互不兼容,其中 POP3 更为常用,并有完全取代 POP2 的趋势。只有在邮件客户程序和邮件服务器同时支持 POP3 协议时,才能采用"下载-存储-离线处理"的方式处理电子邮件。

(3) IMAP(Internet Message Access Protocol,网络信息存取协议)。这是一个性能比 POP 更优良的协议,比 POP 协议更具有弹性。IMAP 支持以下多种邮件处理模式。

离线模式(Offline):MUA 会将电子邮件从服务器下载到客户端的计算机中,然后进行离线处理。

在线模式(Online):MUA 由远程进行服务器上的邮件处理,如删除和修改,并把这些邮件保留在服务器上。只要接收新邮件,即使不主动发出接收邮件的命令,邮件客户程序也能够立即得到最新的邮件情况。

中断连接模式(Disconnected):MUA 先连接到服务器,将需要处理的邮件复制一份到本地机器的缓存中,然后断开与服务器的连接,过一段时间后,再恢复连接,实现缓存与服务器的同步。

虽然 IMAP 比 POP 性能优越,但使用程度不如 POP 高。

9.1.4 电子邮件传递流程

在了解了有关电子邮件系统的重要名词后,接下来将探讨电子邮件传递流程,因为传递的方式不同所以将内容分两部分:本地网络邮件传递与远程网络邮件传递。

1. 本地网络邮件传递

如果电子邮件的发件人和收件人邮箱都位于同一邮件服务器中,它会利用以下方式进行邮件传送:

(1) 客户端软件(MUA)利用 TCP 连接端口 25,将电子邮件发送到邮件服务器,然后这些信息会先保存在队列(QUEUE)中。

(2) 经过服务器的判断,如果接收人属于本地网络中的用户,这些邮件就会直接发送到用户的邮箱。

(3) 收件人利用 POP 或 IMAP 的通信协议软件,连接到邮件服务器下载或直接读取电子邮件,整个邮件传递过程也随之完成。流程如图 9-1 所示。

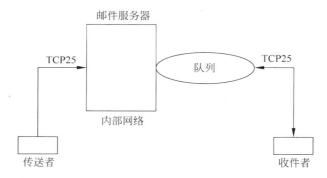

图 9-1　本地网络邮件传递流程

由于发件人与收件人位于同一网络,而且双方的电子邮箱也在同一台邮件服务器上,因此并不一定需要通过主机名称或网络地址来寻找收件人,唯一需要的是用户的账号名,例如同一网络中的用户 aaa 要寄一封电子邮件给另一个用户 bbb,则可以使用的收件人地址类型有:

- bbb@mail. imau. edu. cn
- bbb@mail
- bbb@localhost
- bbb@
- bbb

上述的第一种电子邮件地址类型是最完整的表示法,bbb 表示用户账号名,mail 表示邮件服务器的别名,而 imau. edu. cn 则是已向 interNIC 注册的网址。

2. 远程网络邮件传递

如果电子邮件的发件人和收件人位于不同的网络中,如中国台湾和美国,它的邮件传递比较复杂,一般步骤如下:

（1）客户端软件 MUA 利用 TCP 连接端口 25，将电子邮件发送到所属的邮件服务器，然后这些信息会先保存到队列（Queue）中。

（2）经过服务器的判断，如果收件人是属于远程网络的用户，则服务器会先向 DNS 服务器请求解析远程邮件服务器的 IP。

（3）如果域名解析失败，则无法进行邮件传递。如果可以成功解析远程邮件服务器的 IP，则本地的邮件服务器（MTA）将利用 SMTP 通信协议将邮件发送到远程服务器。

（4）SMTP 将尝试和远程的邮件服务器连接，如果远程服务器目前无法接收邮件，则这些邮件会继续停留在队列（Queue）中，然后在指定的重试间隔后再次尝试连接，直到成功或放弃发送为止。

（5）如果发送成功，收件人即可利用 POP 或 IMAT 的通信协议软件，连接到邮件服务器下载或直接读取电子邮件，而整个邮件传递过程也随之完成。流程如图 9-2 所示。

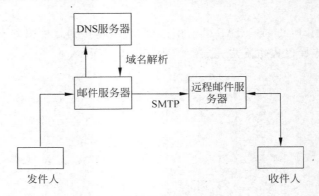

图 9-2　远程网络邮件传递流程

9.1.5　电子邮件服务器软件的种类

目前，运行在 Linux 环境下比较常见的免费邮件服务器有 Sendmail、Postfix、Qmail 以及 Zmailler 等。

1. Sendmail

Sendmail 是发展历史悠久的邮件系统，Sendmail 在可移植性、稳定性方面有一定的保证。Sendmail 在发展过程中产生了一批经验丰富的 Sendmail 管理员，并且 Sendmail 有大量完整的文档资料，网络上也有大量的 tutorial、FAQ 和其他的资源。这些丰富的文档对于很好地利用 Sendmail 的各种特色功能是非常重要的。

当然，Sendmail 具有一些缺点，其特色功能过多而导致配置文件的复杂性。此外，Sendmail 在过去的版本中出现过很多安全漏洞，所以使管理员不得不赶快升级版本。而且 Sendmail 的流行性也使其成为攻击的目标。另外一个问题是 Sendmail 一般默认配置都是具有最小的安全特性，从而使 Sendmail 往往很容易被攻击。如果使用 Sendmail，应该确保自己明白每个打开选项的含义及其影响。一旦你理解了 Sendmail 的工作原理，那 Sendmail 的安装和维护就变得非常容易了。通过 Sendmail 的配置文件，用户可以实现一切想象得到的需求。

Sendmail 另一个很突出的问题就是可扩展性和性能问题。例如，用户如果希望每天重新启动 Sendmail 来实现自动更新配置文件（如为虚拟主机重定向邮件）就会出现问题。Sendmail 生成新的进程来处理发送和接收邮件，这些进程会一直存在，直到传输结束之后 Sendmail 才能退出，这样系统就不能正确地重启 Sendmail 服务。

2. Postfix

Postfix 是一个由 IBM 资助的自由软件工程的产物，其目的是为用户提供除 Sendmail 之外的邮件服务器选择。Postfix 力图做到快速、易于管理、提供尽可能的安全性，同时尽量做到和 Sendmail 邮件服务器保持兼容性以满足用户的使用习惯。

Postfix 的一些特点：

（1）高效率：Postfix 要比同类的服务器产品速度快三倍以上，一个安装 Postfix 的服务器一天可以收发百万封邮件。Postfix 设计中采用了 Web 服务器的设计技巧以减少进程创建开销，并且采用了其他的一些文件访问优化技术以提高效率，同时又保证了软件的可靠性。

（2）兼容性：Postfix 设计时考虑了保持 Sendmail 的兼容性问题，以使移植变得更加容易。Postfix 支持/var[/spool]/mail、/etc/aliases、NIS 等文件。

（3）健壮性：Postfix 设计上实现了程序在过量负载情况下仍然保证程序的可靠性。当出现本地文件系统没有可用空间或没有可用内存的情况时，Postfix 就会自动放弃，而不是重试使情况变得更糟。

（4）灵活性：Postfix 结构上由十多个小的子模块组成，每个子模块完成特定的任务，如通过 SMTP 协议接收一个消息，发送一个消息，本地传递一个消息，重写一个地址等。当出现特定的需求时，可以用新版本的模块来替代老的模块，而不需要更新整个程序，并且它很容易实现关闭某个功能。

（5）安全性：Postfix 使用多层防护措施以防范攻击者，保护本地系统，在网络和安全敏感的本地投递程序之间没有直接的路径。Postfix 甚至不绝对信任自己的队列文件或 IPC 消息中的内容，以防止被欺骗。Postfix 在输出发送者提供的消息之前会首先过滤消息。

3. Qmail

Qmail 是由 DanBernstein 开发的可以自由下载的邮件系统，其第一个 beta 版本 0.7 发布于 1996 年 1 月 24 日。

Qmail 的特点如下：

（1）高速性：Qmail 在一个中等规模的系统可以投递大约百万封邮件，甚至在一台 486 的机器上一天能处理超过 10 万封邮件。Qmail 支持邮件的并行投递，同时可以投递大约 20 封邮件。目前邮件投递的瓶颈在于 SMTP 协议，通过 SMTP 向另外一台因特网主机投递一封电子邮件需要花费十几秒钟。Qmail 的作者提出了 QMTP（Quick Mail Transfer Protocol）来加速邮件的投递，并且在 Qmail 中得到支持。

（2）可靠性：为了保证可靠性，Qmail 只有在邮件被正确地写入到磁盘才返回处理成功的结果，这样即使在磁盘写入中发生系统崩溃或断电等情况，也可以保证邮件不被丢失，而是重新投递。

（3）安全性：邮件用户和系统账户隔离，为用户提供邮件账户不需要为其设置系统账户，从而增加了安全性。

Qmail 的优点是：每个用户都可以创建邮件列表而无须具有 root 用户的权限，如用户

"foo"可以创建名为 foo-slashdot、foo-LINUX、foo-chickens 的邮件列表，为了提供更好的功能，有一个叫 ezmlm（EZMailingListMaker）的工具可以支持自动注册和注销、索引等 Majordomo 所具有的各种功能。Qmail 非常适合在小型系统下工作，一般只支持较少的用户用来管理邮件列表。Qmail 速度快并且简单，Qmail 可以在 2 个小时内完成的工作，而 Sendmail 可能在两天内都搞不定。

4. ZMailer

ZMailer 是一个高性能、多进程的 UNIX 系统邮件程序，可以从服务器"ftp://ftp. funet. fi/pub/unix/mail/zmailer/"自由下载。ZMailer 是按照单块模式设计的，比较常用的 Hotmail 等邮件系统就是用 ZMailer 构建的。

5. Exim

Exim 是由 Cambridge 大学开发的遵从 GPL 的 MTA，其主站点为 http://www.exim. org/。其最大的特点就是配置简单性，但是其安全性稍弱于 Qmail 和 Postfix。

除了这里介绍的几种 MTA 以外，还有 SIMS、MMDF、CommuniGate、PMDF、Intermail、MDSwitch 等其他商业或者免费的邮件系统可以选择。

9.2　Sendmail 的安装与配置

Sendmail 软件是在 Linux 下历史最悠久的 E-mail 服务器，几乎所有的 UNIX 系统都使用它，各种版本的 Linux 都带有 Sendmail 服务器。Sendmail 以其功能强大，易满足个性化需求著称。

9.2.1　安装 Sendmail

如果是完全安装 Red Hat Enterprise Linux 5，那么系统已经内置有 Sendmail-8.13.8-2 的软件包。如果不能确定是否已经安装 Sendmail，可以在终端命令窗口输入命令"rpm -qa | grep sendmail"，如图 9-3 所示。

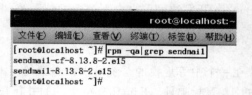

图 9-3　查询是否安装了 sendmail 软件包

图 9-3 的结果显示为"sendmail-8.13.8-2"，则说明系统已经安装了 Sendmail 服务器的基本软件包。不过要使得 sendmail 能正常提供服务，还需要安装其他相关的软件包，主要包括：

- sendmail：sendmail 服务器软件包（默认已安装）。
- sendmail-cf：与 sendmail 服务器相关的配置文件和程序软件包。
- sendmail-doc：sendmail 服务器的文档软件包。
- sendmail-devel：sendmail 的开发软件包。

• m4：GNU 宏处理器，sendmail 通过它转换宏文件（默认已安装）。

在终端窗口中输入"rpm -ivh"命令，安装需要的相关 sendmail 软件包和 m4 软件包，如图 9-4 所示。

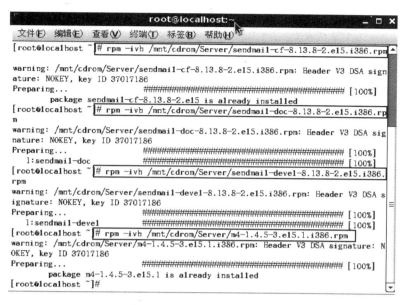

图 9-4　安装 sendmail 软件包

再次在终端窗口中输入"rpm -qa|grep sendmail"命令，可以看到所需的 sendmail 软件包均已安装，如图 9-5 所示。

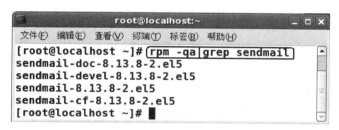

图 9-5　查询软件包

下面用"rpm -q m4"命令检查系统是否已经安装了 GNU 宏处理器，从图 9-6 中可以看出已经安装了版本为 1.4.5-3.el5.1 的 m4 包。

图 9-6　查询 m4 软件包

Sendmail 服务器的安装与配置

9.2.2 启动、停止和重新启动 Sendmail 服务

(1) 启动 Sendmail 服务命令：service sendmail start,如图 9-7 所示。

```
[root@localhost ~]# service sendmail start
启动 sendmail:                                            [确定]
启动 sm-client:                                           [确定]
[root@localhost ~]#
```

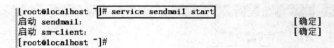

图 9-7 开启服务器

(2) 停止 Sendmail 服务命令：service sendmail stop,如图 9-8 所示。

```
[root@localhost ~]# service sendmail stop
关闭 sm-client:                                           [确定]
关闭 sendmail:                                            [确定]
```

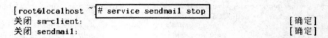

图 9-8 停止服务器

(3) 重新启动 Sendmail 服务命令：service sendmail restart,如图 9-9 所示。

```
[root@localhost ~]# service sendmail restart
关闭 sm-client:                                           [确定]
关闭 sendmail:                                            [确定]
启动 sendmail:                                            [确定]
启动 sm-client:                                           [确定]
[root@localhost ~]#
```

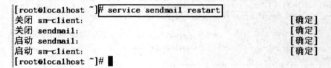

图 9-9 重启服务器

(4) 查看状态命令：service sendmail status,如图 9-10 所示。

```
[root@localhost ~]# service sendmail status
sendmail (pid 32348 32339) 正在运行...
[root@localhost ~]#
```

图 9-10 查看服务器状态

9.2.3 Sendmail 的配置文件

在安装 Sendmail 软件包后,系统会自动建立一些配置文件,主要包括：

- /etc/mail/sendmail.cf：Sendmail 服务器的主配置文件(注：由 sendmail.mc 生成)。
- /etc/mail/sendmail.mc：Sendmail 服务器主配置文件的模板文件。
- /etc/mail/access.db：Sendmail 访问数据库配置文件(注：由 access 生成)。
- /etc/mail/access：Sendmail 访问数据库配置文件的文本文件。
- /etc/mail/aliases.db：邮箱别名的数据库文件(注：由 aliases 生成)。
- /etc/mail/aliases：邮箱别名数据库文件的文本文件。
- /etc/mail/local-host-names：Sendmail 的别名文件。
- /etc/dovecot.conf：Sendmail 的 POP3 和 IMAP 文件。

9.2.4 配置"/etc/mail/sendmail.cf"

Sendmail 的配置十分复杂,它的配置文件是"/etc/mail/sendmail.cf",由于语法深奥难

懂,一般是通过 m4 宏处理程序来生成所需的 sendmail. cf 文件。创建的过程中还需要一个模板文件,系统默认在"/etc/mail/"目录下有一个 sendmail. mc 模板文件,可以根据简单、直观的 sendmail. mc 模板来生成 sendmail. cf 文件,而无须直接编译 sendmail. cf 文件。

(1) 修改"/etc/mail/sendmail. mc"

输入命令"vim /etc/mail/sendmail. mc",修改模板文件,如图 9-11 所示。

图 9-11　用 vim 打开/etc/mail/sendmail. mc 文件

在第 116 行找到 DAEMON_OPTIONS('Port＝smtp,addr＝127. 0. 0. 0,Name＝MTA ')dnl,将其中的 127. 0. 0. 0 改为 0. 0. 0. 0,如图 9-12 所示。

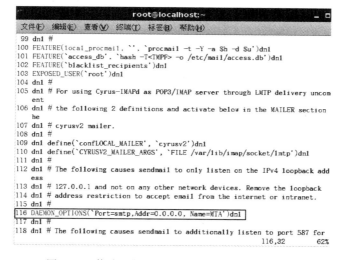

图 9-12　修改后的"/etc/mail/sendmail. mc"文件

这样修改的意思是让 Sendmail 可以监听正确的网络接口,因为 Sendmail 默认只监听 localhost,即 IP 地址为 127. 0. 0. 1,而该地址无法在网络中提供实际服务。除此之外,也可以将这行注释掉(Sendmail 默认的是通过"dnl"来注释的)。

(2) 通过 m4 宏处理程序来生成所需的 sendmail. cf 文件

使用命令:"m4 sendmail. mc ＞ sendmail. cf"(即通过 m4 宏处理程序来生成所需的 sendmail. cf 文件)。

注意:如果 m4 宏处理器没有安装,则无法生成 sendmail. cf 文件,需要到系统盘中找到 m4-1. 4. 5-3. el5. 1. rpm 软件包进行安装方可。

另外,执行 m4 宏处理命令时,必须将路径切换到"/etc/mail"下,否则 m4 宏处理命令无法运行。效果如图 9-13 所示。

在"/etc/mail/local-host-names"文件中,写入接收邮件的域名,如 test. com 或主机名。如果想用 IP 地址接收邮件,则需要在该文件中写入"[IP]"如[192. 168. 3. 10],每个语句占一行。在终端下用 vim 编辑器打开"/etc/mail/local-host-names"文件,在终端输入"vim /

Sendmail 服务器的安装与配置

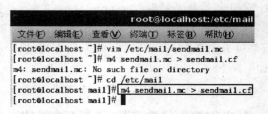

图 9-13　用 m4 宏处理程序生成 sendmail.cf

etc/mail/local-host-names"命令,如图 9-14 所示,修改配置文件。插入邮件服务器的 IP 地址:192.168.3.10,如图 9-15 所示。

图 9-14　打开"/etc/mail/local-host-names"文件

图 9-15　修改后的"/etc/mail/local-host-names"文件

9.3　Sendmail 服务器配置综合案例

9.3.1　任务描述

为保证总公司网络中心的 SMTP 服务器能正常发送邮件,以及各公司员工能有相应的邮件域名,拟建立一台服务器,解析网络中心邮件发送。具体描述如下:

配置一个 Sendmail 服务器,IP 地址为 192.168.3.10,域名为 mail.pcbjut.cn。配置只能在 192.168.3.0/24 网络发送邮件;Linux 主机名为 localhost,虚拟机物理网卡 IP 地址为 192.168.3.50。开设两个邮箱账户 aaa 和 bbb,密码也为 aaa 和 bbb。

要求:

(1) 打开本机的虚拟终端,分别以账户 aaa 和 bbb 身份登录邮件服务器,互相收发邮件进行测试。

(2) 在客户机通过邮件服务器 IP 地址发送邮件。

(3) 在客户机通过邮件服务器域名发送邮件。

9.3.2　任务准备

任务的准备工作包括如下几项。

(1) 一台安装 RHEL 5 Server 操作系统的计算机,且配备有光驱、音箱或耳机。

(2) 一台安装 Windows XP 操作系统的计算机。

（3）两台计算机均接入网络，且网络畅通。

（4）一张 RHEL 5 Server 安装光盘（DVD）。

（5）DNS 服务器的 IP 地址为 192.168.3.5。

9.3.3 任务实施

1. 安装 Sendmail 服务器软件包

（1）在使用 shell 命令安装的方法下，如果不能确定是否已经安装 Sendmail 和 m4 软件包，可以在终端命令窗口输入如下命令"rpm -qa | grep sendmail"，如图 9-16 所示（rpm -qa 查询软件包）。

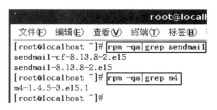

图 9-16 查询是否安装了 sendmail 软件包

（2）找到 RHEL 5 的镜像文件，挂载光盘到"/mnt"目录下，如图 9-17 所示。

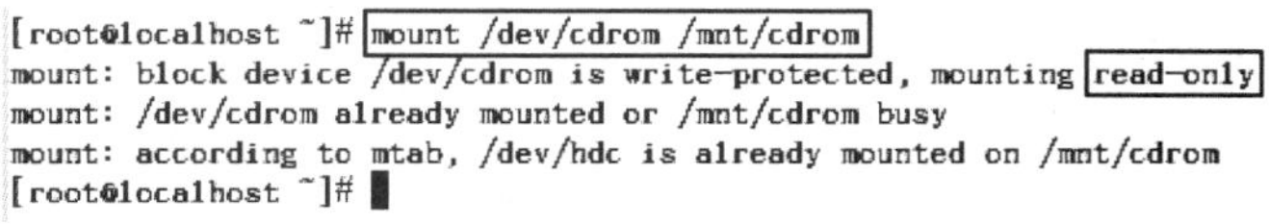

```
[root@localhost ~]# mount /dev/cdrom /mnt/cdrom
mount: block device /dev/cdrom is write-protected, mounting read-only
mount: /dev/cdrom already mounted or /mnt/cdrom busy
mount: according to mtab, /dev/hdc is already mounted on /mnt/cdrom
[root@localhost ~]#
```

图 9-17 挂载光盘

（3）安装相关 Sendmail 软件包，如图 9-18 所示。

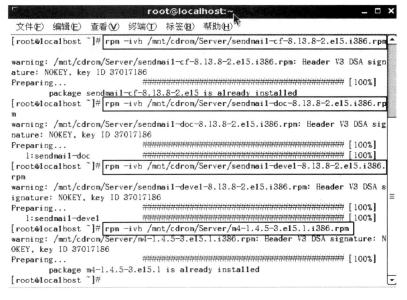

图 9-18 安装 sendmail 软件包

Sendmail 服务器的安装与配置

（4）再次在终端窗口中输入"rpm -qa|grep sendmail"命令，可以看到所需的 Sendmail 软件包均已安装，如图 9-19 所示。并且重启 Sendmail 服务器，如图 9-20 所示。

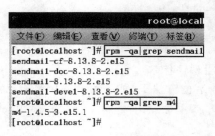

图 9-19　查看 Sendmail 软件包均已安装

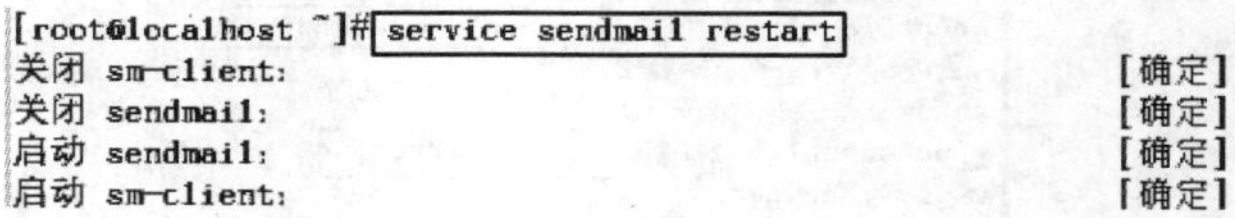

图 9-20　重启 Sendmail 服务器

2. 配置 Sendmail 服务器

（1）修改"/etc/mail/sendmail.cf"文件。

在终端下输入命令"vim /etc/mail/sendmail.mc"，如图 9-21 所示。修改模板文件，在 116 行找到"DAEMON_OPTIONS('Port=smtp,addr=127.0.0.1,Name=MTA')dnl"。将其中的 127.0.0.1 改为 0.0.0.0，如图 9-22 所示（Sendmail 默认的是通过"dnl"来注释的）。

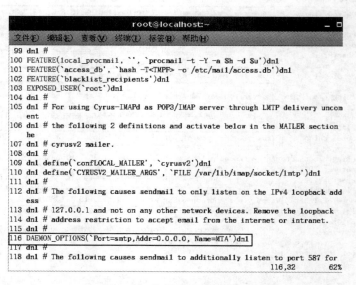

图 9-21　打开配置文件模板

图 9-22　编辑配置文件模板

（2）通过 m4 宏处理程序来生成所需的 sendmail. cf 文件。

使用命令："m4 sendmail. mc > sendmail. cf"（即通过 m4 宏处理程序来生成所需的 sendmail. cf 文件），如图 9-23 所示。

注意：如果 m4 宏处理器没有安装，则无法生成 sendmail. cf 文件。另外，执行 m4 宏处理命令时，必须将路径切换到"/etc/mail"下，否则 m4 宏处理命令无法运行。

图 9-23　用 m4 宏处理程序生成 sendmail. cf

（3）修改"/etc/mail/local-host-names"文件。

在"/etc/mail/local-host-names"文件中，写入接收邮件的域名，如 test. com 或主机名。如果想用 IP 地址接收邮件，则需要在该文件中写入"[IP]"如[192.168.3.10]，每个语句占一行。在终端下用 vim 编辑器打开"/etc/mail/local-host-names"文件，在终端输入"vim /etc/mail/local-host-names"命令，如图 9-24 所示，修改配置文件。插入邮件服务器的 IP 地址：192.168.3.10，如图 9-25 所示。

图 9-24　打开"/etc/mail/local-host-names"文件

图 9-25　修改后的/etc/mail/local-host-names 文件

（4）添加用户 aaa 和 bbb，并设置各自的密码。如图 9-26 所示。

（5）用"service sendmail restart"命令重新启动 Sendmail 服务器，如图 9-27 所示。

（6）安装 telnet 为了检测在计算机下能否连接到 Linux 虚拟机。首先用"rpm -qa|grep telnet"命令查看本机是否安装了 telnet 软件包，如图 9-28 所示。

如未安装，则安装。安装 telnet 的软件包，在 RHEL 5 中需要安装 telnet-0. 17-38. el5. i386. rpm 和 telnet-server-0. 17-38. el5. i386. rpm 这两个软件包。其中 telnet-server-0. 17-38. el5. i386. rpm 需要依赖 xinetd 软件包。所以先要安装 xinetd 软件包并启动 xinetd 服务。才能安装成功 telnet-server-0. 17-38. el5. i386. rpm 这个软件包。效果如图 9-29 所示。

安装好 telnet 软件包就启动 telnet。telnet 是通过修改"/etc/xinetd. d/krb5-telnet"文件启动 telnet 服务，如图 9-30 所示。修改方法是将"disable＝yes"改为"disable＝no"就可以

Sendmail 服务器的安装与配置

```
[root@localhost ~]# useradd aaa
[root@localhost ~]# useradd bbb
[root@localhost ~]# passwd bbb
Changing password for user bbb.
New UNIX password:
BAD PASSWORD: it is too simplistic/systematic
Retype new UNIX password:
passwd: all authentication tokens updated successfully.
[root@localhost ~]# passwd aaa
Changing password for user aaa.
New UNIX password:
BAD PASSWORD: it is too simplistic/systematic
Retype new UNIX password:
passwd: all authentication tokens updated successfully.
[root@localhost ~]#
```

图 9-26　添加用户

```
[root@localhost ~]# service sendmail restart
关闭 sm-client:                                        [确定]
关闭 sendmail:                                         [确定]
启动 sendmail:                                         [确定]
启动 sm-client:                                        [确定]
[root@localhost ~]#
```

图 9-27　重启服务器

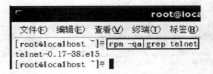

```
[root@localhost ~]# rpm -qa|grep telnet
telnet-0.17-38.el5
[root@localhost ~]#
```

图 9-28　查询 telnet 软件包是否已经安装

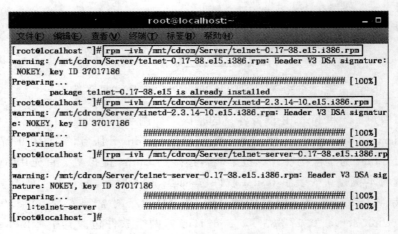

图 9-29　安装 telnet 软件包

了,如图 9-31 所示。不论通过哪种方法,开启了 telnet 服务后,还需要重启 Xinetd 服务器来使配置生效,用"service xinetd restart"命令,如图 9-32 所示。这样就安装好 telent 服务了。

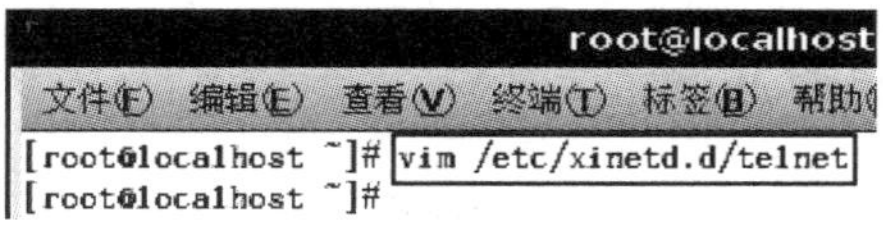

图 9-30　打开 xinetd 配置文件

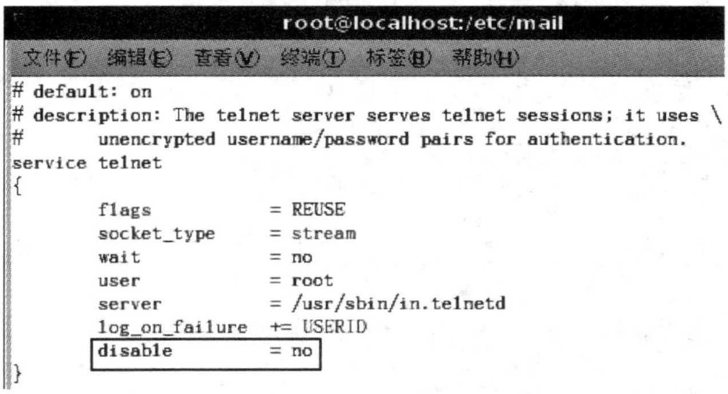

图 9-31　修改 xinetd 配置文件

图 9-32　重启 Xinetd 服务器

9.3.4　任务检测

1. 在 Linux 环境下检测邮件服务器两个用户是否能收发邮件

打开本机的虚拟终端,分别以账户 aaa 和 bbb 身份登录邮件服务器,互相收发邮件进行测试。

在本机以账户 aaa 和 bbb 登录虚拟终端测试,用 mail 命令在本地测试邮件服务器(IP 地址 192.168.3.10)收发邮件的功能。

Linux 是一个多用户操作系统,也就是说它可以同时接受多个用户登录,或者同一用户的多次登录。正因为如此,Linux 为用户提供了虚拟控制台的访问方式。在安装 Linux 的过程中,系统默认建立了 6 个虚拟控制台,用户可同时从不同的虚拟控制台进行同一用户的多次登录,或实现不同用户的同时登录。

先打开一个虚拟控制台,用账户 aaa 登录,然后用 mail 命令向 bbb@[127.0.0.1]发邮件。邮件的主题为"hello bbb 1",内容随便录入,当要退出时,输入 Ctrl＋D 组合键或".",然后在出现的"Cc:"后按 Enter 键即可。

再打开一个虚拟控制台,以账户 bbb 的身份登录系统。在终端输入"mail"命令接收并查看邮件。输入完 mail 后会显示当前账户邮件列表,并以序号 1,2……排序。这里账户

bbb 的邮箱中只有一封邮件，所以序号只排到了 1。如果要查看该邮件，只需在当前提示符 & 后输入邮件序号 1；如果要退出邮件界面，在提示符 & 后输入 q，按 Enter 键即可，如图 9-33 所示。

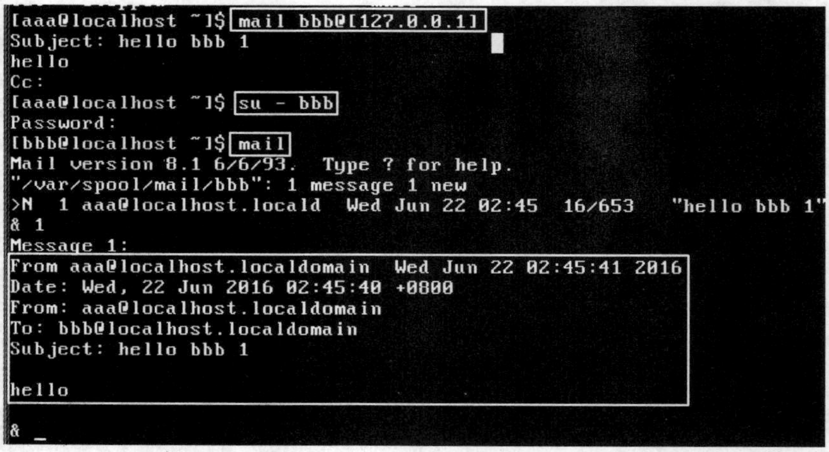

图 9-33　账户 aaa 给 bbb 发送邮件

再以账户 bbb 的身份用 mail 命令给 aaa 发送一封邮件，如图 9-34 所示。这里用的发送命令是"mail aaa@[192.168.3.10]"，把原来的 127.0.0.1 改成了邮件服务器的实际 IP 地址，一样可以发送邮件。信件发送完毕后，在终端输入"su -aaa"命令，然后再输入 mail 命令查看账户 aaa 的邮件情况，如图 9-34 所示。

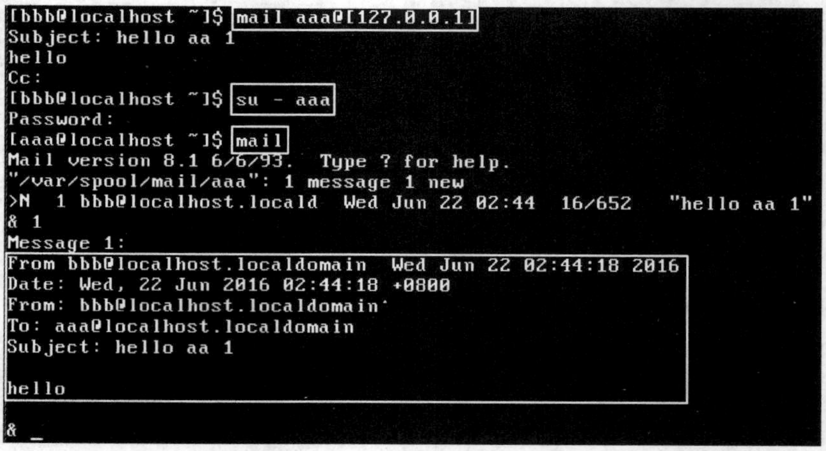

图 9-34　账户 bbb 给 aaa 发送邮件

从图 9-34 可以看到，账户 bbb 给账户 aaa 发了一封邮件。

2. 在 Windows XP 平台下检测用 telnet 通过邮件服务器 IP 地址发送邮件

即从客户机以 telnet IP 的方式登录邮件服务器测试。

（1）修改计算机的 IP 地址和首选 DNS。选择"网上邻居"右键菜单中的"属性"选项，如图 9-35 所示，找到"Internet 协议（TCP/IP）"选项和"属性"按钮，如图 9-36 和图 9-37 所示，修改 IP 地址,在首选 DNS 服务器下填写"192.168.3.5",单击"确定"按钮,然后关闭,如图 9-38 所示。

图 9-35 "网上邻居"右键菜单中的"属性"选项

图 9-36 中心交换链接

图 9-37 找到"Internet 协议(TCP/IP)"选项和"属性"按钮

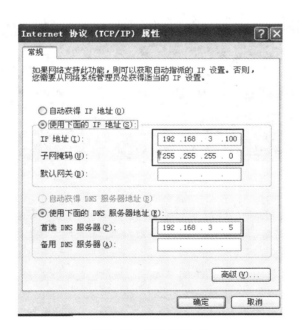

图 9-38 修改 IP 地址

（2）在"开始"菜单中找到"运行"选项,输入"cmd"命令,如图 9-39 所示,打开 DOS 操作系统输入"ping 192.168.3.10",如图 9-40 所示。再输入"ping mail.pcbjut.cn",如图 9-41所示。

Sendmail 服务器的安装与配置

图 9-39　打开 DOS 命令

```
C:\Users\Administrator>ping 192.168.3.10

正在 Ping 192.168.3.10 具有 32 字节的数据:
来自 192.168.3.10 的回复: 字节=32 时间=1ms TTL=64
来自 192.168.3.10 的回复: 字节=32 时间<1ms TTL=64
来自 192.168.3.10 的回复: 字节=32 时间<1ms TTL=64
来自 192.168.3.10 的回复: 字节=32 时间<1ms TTL=64

192.168.3.10 的 Ping 统计信息:
    数据包: 已发送 = 4, 已接收 = 4, 丢失 = 0 <0% 丢失>,
往返行程的估计时间<以毫秒为单位>:
    最短 = 0ms, 最长 = 1ms, 平均 = 0ms
```

图 9-40　检测邮件服务器 IP 地址连通性

```
C:\Users\Administrator>ping mail.pcbjut.cn

正在 Ping mail.pcbjut.cn [192.168.3.10] 具有 32 字节的数据:
来自 192.168.3.10 的回复: 字节=32 时间=1ms TTL=64
来自 192.168.3.10 的回复: 字节=32 时间<1ms TTL=64
来自 192.168.3.10 的回复: 字节=32 时间<1ms TTL=64
来自 192.168.3.10 的回复: 字节=32 时间<1ms TTL=64

192.168.3.10 的 Ping 统计信息:
    数据包: 已发送 = 4, 已接收 = 4, 丢失 = 0 <0% 丢失>,
往返行程的估计时间<以毫秒为单位>:
    最短 = 0ms, 最长 = 1ms, 平均 = 0ms

C:\Users\Administrator>
```

图 9-41　检测邮件服务器域名连通性

（3）前面已经安装过 telnet，进入计算机的 telnet。在 DOS 界面下输入"telnet 192. 168.3.10"命令连接计算机，如图 9-42 所示。默认端口为 23。输入账户名 aaa 及其密码后可以成功登录，如图 9-43 所示。

注意：如果仍然无法登录，需要关闭服务器端的防火墙。下面从计算机用 mail 命令给账户 bbb 发邮件。

从计算机以账户 bbb 的身份通过 telnet 方式登录到邮件服务器上，用 mail 命令查看邮件，如图 9-44 所示。

```
C:\Users\Administrator>telnet 192.168.3.10
```

图 9-42　连接 telnet

```
Telnet 192.168.3.10

Red Hat Enterprise Linux Server release 5 (Tikanga)
Kernel 2.6.18-8.el5xen on an i686
login: aaa
Password:
```

图 9-43 使用账户 aaa 登录 telnet

```
[aaa@localhost ~]$ mail bbb@[192.168.3.10]
Subject: hello aaa 2
hello
Cc:
[aaa@localhost ~]$ su - bbb
墓 d 护锛?
[bbb@localhost ~]$ mail
Mail version 8.1 6/6/93.  Type ? for help.
"/var/spool/mail/bbb": 2 messages 2 new
>N  1 aaa@localhost.locald  Wed Jun 22 02:45   16/653    "hello bbb 1"
 N  2 aaa@localhost.locald  Wed Jun 22 03:01   16/649    "hello aaa 2"
& 2
Message 2:
From aaa@localhost.localdomain  Wed Jun 22 03:01:37 2016
Date: Wed, 22 Jun 2016 03:01:37 +0800
From: aaa@localhost.localdomain
To: bbb@localhost.localdomain
Subject: hello aaa 2

hello

&
```

图 9-44 使用账户 aaa 给 bbb 发送邮件

3. 在客户机通过邮件服务器域名发送邮件

(1) 由于先前给邮件服务器 192.168.3.10 已经注册了一个域名 mail. pcbjut. cn。直接在终端窗口中使用 ping 命令测试,如图 9-45 所示。

```
[root@localhost ~]# ping -c 2 mail.pcbjut.cn
PING mail.pcbjut.cn (192.168.3.10) 56(84) bytes of data.
64 bytes from mail.pcbjut.cn (192.168.3.10): icmp_seq=1 ttl=64 time=0.127 ms
64 bytes from mail.pcbjut.cn (192.168.3.10): icmp_seq=2 ttl=64 time=0.049 ms

--- mail.pcbjut.cn ping statistics ---
2 packets transmitted, 2 received, 0% packet loss, time 1000ms
rtt min/avg/max/mdev = 0.049/0.088/0.127/0.039 ms
```

图 9-45 检测邮件服务器域名连通性

(2) 输入命令“vim /etc/mail/sendmail. mc”,修改邮件服务器的模板文件,在 155 行将邮件服务器的域名改成有效域名 mail. pcbjut. cn。保存退出后在终端窗口中使用 m4 命令将 sendmail. mc 文件编译成 sendmail. cf 文件。效果如图 9-46、图 9-47 和图 9-48 所示。

```
                         root@localhost:~
 文件(F)  编辑(E)  查看(V)  终端(T)  标签(B)  帮助(H)
[root@localhost ~]# vim /etc/mail/sendmail.mc
[root@localhost ~]#
```

图 9-46 打开模板文件

(3) 修改“/etc/mail/local-host-names”文件,如图 9-49 所示。在其中加入邮件服务器的域名 mail. pcbjut. cn,如图 9-50 所示。用“service sendmail restart”命令重新启动

Sendmail 服务器的安装与配置

```
root@localhost:~                    _ □ ✕
文件(F)  编辑(E)  查看(V)  终端(T)  标签(B)  帮助(H)
148 dnl #
149 FEATURE(`accept_unresolvable_domains')dnl
150 dnl #
151 dnl FEATURE(`relay_based_on_MX')dnl
152 dnl #
153 dnl # Also accept email sent to "localhost.localdomain" as local email.
154 dnl #
155 LOCAL_DOMAIN(`mail.pcbjut.cn')dnl
156 dnl #
157 dnl # The following example makes mail from this host and any additional
158 dnl # specified domains appear to be sent from mydomain.com
159 dnl #
160 dnl MASQUERADE_AS(`mydomain.com')dnl
161 dnl #
162 dnl # masquerade not just the headers, but the envelope as well
163 dnl #
164 dnl FEATURE(masquerade_envelope)dnl
165 dnl #
166 dnl # masquerade not just @mydomainalias.com, but @*.mydomainalias.com as we
    ll
167 dnl #
168 dnl FEATURE(masquerade_entire_domain)dnl
169 dnl #
                                                    155,28        95%
```

图 9-47　配置模板文件

图 9-48　生成配置文件

sendmail 服务器,如图 9-51 所示。

图 9-49　打开"/etc/mail/local-host-names"文件

图 9-50　编辑/etc/mail/local-host-names 文件

(4) 在计算机上用 telnet 的方式登录邮件服务器,这里以账户 bbb 的身份登录,接着用 "mail aaa@mail. pcbjut. cn"命令给账户 aaa 发送一封邮件。在计算机用 telnet 的方式登录 邮件服务器,这里以账户 aaa 的身份登录。然后用 mail 命令接收邮件,可以看到 bbb 刚刚 发送的邮件。效果如图 9-52 所示。

```
[root@localhost mail]# service sendmail restart
关闭 sm-client:                                          [确定]
关闭 sendmail:                                           [确定]
启动 sendmail:                                           [确定]
启动 sm-client:                                          [确定]
[root@localhost mail]#
```

图 9-51　重启 Sendmail 服务器

```
[bbb@localhost ~]$ mail aaa@mail.pcbjut.cn
Subject: hello bbb 2
hello
Cc:
[bbb@localhost ~]$ su - aaa
鋈 d 护铸?
[aaa@localhost ~]$ mail
Mail version 8.1 6/6/93.  Type ? for help.
"/var/spool/mail/aaa": 2 messages 2 new
>N  1 bbb@localhost.locald  Wed Jun 22 02:44  16/652   "hello aa 1"
 N  2 bbb@localhost.locald  Wed Jun 22 03:13  16/642   "hello bbb 2"
& 2
Message 2:
From bbb@localhost.localdomain  Wed Jun 22 03:13:23 2016
Date: Wed, 22 Jun 2016 03:13:23 +0800
From: bbb@localhost.localdomain
To: aaa@mail.pcbjut.cn
Subject: hello bbb 2

hello
```

图 9-52　使用域名让 bbb 给 aaa 发送邮件

知 识 拓 展

邮件服务器其他相关的软件包,主要包括:

- sendmail：Sendmail 服务器软件包(默认已安装)。
- sendmail-cf：与 Sendmail 服务器相关的配置文件和程序软件包。
- sendmail-doc：Sendmail 服务器的文档软件包。
- sendmail-devel：Sendmail 的开发软件包。
- m4：GNU 宏处理器,Sendmail 通过它转换宏文件(默认已安装)。

邮件服务器的主要配置文件:

/etc/mail/sendmail.cf：Sendmail 服务器的主配置文件(注：由 sendmail.mc 生成)。

/etc/mail/sendmail.mc：Sendmail 服务器主配置文件的模板文件。

/etc/mail/access.db：Sendmail 访问数据库配置文件(注：由 access 生成)。

/etc/mail/access：Sendmail 访问数据库配置文件的文本文件。

/etc/mail/aliases.db：邮箱别名的数据库文件(注：由 aliases 生成)。

/etc/mail/aliases：邮箱别名数据库文件的文本文件。

/etc/mail/local-host-names：Sendmail 的别名文件。

/etc/dovecot.conf：Sendmail 的 POP3 和 IMAP 文件。

Sendmail 服务器的安装与配置

本 章 小 结

本章主要介绍邮件服务器的基本概念、Sendmail 服务器的安装及其配置。通过本章的学习,应该掌握以下内容:

- Sendmail 服务器的基本知识。
- 邮件服务器的协议。
- Sendmail 服务器的主要配置文件 sendmail. cf(重点)。
- Sendmail 服务器的安装的方法。
- Sendmail 服务器配置的方法。

操作与练习

一、选择题

1. 下列选项中,属于 Sendmail 的主配置文件的是(　　)。
   A. /etc/mail/sendmail. cf
   B. /etc/sendmail. cf
   C. /etc/sendmail. mc
   D. /etc/mail/sendmail

2. TCP/IP 体系的电子邮件系统规定电子邮件地址为(　　)。
   A. 收信人的邮箱名! 邮箱所在主机的域名
   B. 收信人的邮箱名? 邮箱所在主机的域名
   C. 收信人的邮箱名@邮箱所在主机的域名
   D. 收信人的邮箱名♯邮箱所在主机的域名

3. 一般来说,SMTP 服务器会使用(　　)端口开展邮件服务。
   A. 23
   B. 25
   C. 80
   D. 21

4. 通过配置(　　)选项可以使得非本地用户能够通过 Web 方式登录邮件系统。
   A. MAP daemon
   B. Apache Mail interface
   C. POP3 daemon
   D. sendmail-Web interface

5. Sendmail 默认用户邮件放在(　　)目录下。
   A. /var/mail/spool/
   B. /var/spool/mail/
   C. /var/mail/
   D. ～/mail/

二、操作题

配置 Sendmail 服务器,要求:

(1) 允许从网络上接收和发送邮件。

(2) 允许转发邮件。

步骤:

(1) 打开模板文件: vi /etc/mail/sendmail. mc。

(2) 修改模板文件:

使用 dnl ♯ 注释下面的行,如下所示。

```
dnl ♯ DAEMON_OPTIONS('Port = smtp, Addr = 127.0.0.1, Name = MTA')
```

添加以下语句：

```
FEATURE('promiscuous_relay')dnl
```

然后在同一个目录下，编译模板文件 sendmail. mc，生成配置文件 sendmail. cf。

```
♯m4 /etc/mail/sendmail.mc > /etc/mail/sendmail.cf
```

（3）保存退出。

（4）启动服务器：♯service sendmail start 。

Sendmail 服务器的安装与配置

参 考 文 献

[1] 孟庆昌. Linux 教程(第 2 版). 北京：电子工业出版社,2011.

[2] 郁涛. Linux 网络服务器配置与管理. 北京：机械工业出版社,2010.

[3] 杨云. 网络服务器搭建、配置与管理——Linux. 北京：人民邮电出版社,2011.

[4] 潘志安,沈平,魏华. Red Hat Enterprise Linux 6 操作系统应用教程. 北京：高等教育出版社,2015.

[5] 梁如军等. Linux 应用基础教程：Red Hat Enterprise Linux/CentOS 5. 北京：机械工业出版社,2011.

[6] 何明. Linux 系统管理. 北京：清华大学出版社,2013.

[7] 白戈力. Red Hat Enterprise Linux 服务器配置实例教程. 北京：机械工业出版社,2011.

[8] 周奇. Linux 网络服务器配置、管理与实践教程. 北京：清华大学出版社,2011.

[9] 董良,宁方明. Linux 系统管理. 北京：人民邮电出版社,2012.

[10] 朱居正. Red Hat Enterprise Linux 系统管理. 北京：清华大学出版社,2012.

图 书 资 源 支 持

感谢您一直以来对清华版图书的支持和爱护。为了配合本书的使用,本书提供配套的素材,有需求的用户请到清华大学出版社主页(http://www.tup.com.cn)上查询和下载,也可以拨打电话或发送电子邮件咨询。

如果您在使用本书的过程中遇到了什么问题,或者有相关图书出版计划,也请您发邮件告诉我们,以便我们更好地为您服务。

我们的联系方式:

地　　址：北京海淀区双清路学研大厦 A 座 707

邮　　编：100084

电　　话：010－62770175－4604

资源下载：http://www.tup.com.cn

电子邮件：weijj@tup.tsinghua.edu.cn

QQ：883604(请写明您的单位和姓名)

用微信扫一扫右边的二维码,即可关注清华大学出版社公众号"书圈"。

扫一扫
资源下载、样书申请
新书推荐、技术交流